AF356172

DICTIONNAIRE

PORTATIF

DE L'INGÉNIEUR,

Où l'on explique les principaux termes des Sciences les plus néceſſaires à un Ingénieur, ſçavoir :

L'ARITHMETIQUE.
L'ALGEBRE.
LA GEOMETRIE.
L'ARCHITECTURE CIVILE.
LA CHARPENTERIE.
LA SERRURERIE.
L'ARCHITECTURE HYDRAULIQUE.

L'ARCHITECTURE MILITAIRE.
LA FORTIFICATION.
L'ATTAQUE ET LA DEFENSE DES PLACES.
LES MINES.
L'ARTILLERIE.
LA MARINE.
LA PYROTECHNIE.

Par M. BELIDOR, *Colonel d'Infanterie, Chevalier de l'Ordre militaire de Saint Louis, &c.*

A PARIS.

Chez CHARLES-ANTOINE JOMBERT, Imprimeur-Libraire du Roi pour l'Artillerie & pour le Génie, rue Dauphine, à l'Image Notre-Dame.

M. DCC. LV.

Avec Approbation & Privilege du Roi.

AVERTISSEMENT
DU LIBRAIRE.

LE petit *Dictionnaire* que nous préfentons au Public a été compofé, il y a long-tems, par Mr. *Belidor*, pour faciliter l'intelligence des divers ouvrages qu'il a mis au jour fur les Mathématiques, fur la conftruction des ouvrages de fortification & d'Architecture civile, fur quelque partie de l'Artillerie, & fur les différens travaux qui dépendent de l'Architecture hydraulique. Comme toutes les matieres qui font traitées dans ce *Dictionnaire* regardent particulierement les Ingénieurs, on a cru qu'il convenoit de l'annoncer fous un titre qui indiquât plus diftinctement fa deftination ; c'eft ce qui l'a fait nommer *Dictionnaire portatif de l'Ingénieur*. Dans cette intention, l'Auteur a tâché d'y raffembler, autant que la petiteffe du volume a pû le permettre, les connoiffances les plus néceffaires aux perfonnes qui fe deftinent à cette noble profeffion ; & comme l'Arithmétique & la Géométrie en font la bafe fondamentale, il a donné de courtes définitions des termes qui appartiennent à ces deux fciences, auxquelles il a affocié ceux de l'Algebre, dont un

Ingénieur doit du moins avoir une notion générale.

Les Architectures civile, militaire, & hydraulique, constituent essentiellement la science propre de l'Ingénieur ; il n'est estimé habile qu'autant qu'il a sçu approfondir ces trois parties de l'art de bâtir : c'est aussi celles qu'on s'est efforcé d'analyser avec le plus de soin. On a fait ensorte de n'omettre aucun des termes qui y ont rapport, & l'on a tâché, toutes les fois que l'occasion s'en est présentée, de faire sentir la liaison & l'affinité que ces trois branches de l'Architecture ont ensemble, & avec les principes communs sur lesquels elles sont fondées. En effet un Ingénieur, pour peu qu'il soit employé, ne tarde pas à se trouver dans le cas de faire usage de ces trois manieres de bâtir, soit dans les différens travaux qu'il est chargé de conduire, soit dans les divers départemens où il est envoyé ; & c'est alors qu'il s'apperçoit de la nécessité de s'y être exercé auparavant, & d'en avoir acquis une théorie suffisante pour le guider dans la pratique.

La fortification, l'attaque & la défense des places, l'artillerie, & les mines, ne sont pas moins essentielles pour former un bon Ingénieur. Il ne lui suffit pas d'être Architecte, il faut de plus qu'il soit homme de guerre. Aussi tous les termes qui regardent l'art militaire ont-ils été insérés avec la même exactitude

dans ce Dictionnaire. Au défaut des ouvrages
de M. *Belidor*, fur ces différentes parties de
la guerre, qui ne font pas encore en état de
voir le jour, on a eu recours à ceux de MM.
Feuquieres, Follard, de Vauban, le Blond,
&c ; on en a dit affez pour rappeller à un Ingénieur les connoiffances qu'il eft fuppofé avoir
fur cette matiere, & l'on a cru devoir lui indiquer en même tems les fources où il peut
puifer celles qui lui manquent.

Enfin comme un Ingénieur fe trouve fouvent
en réfidence dans des villes maritimes & dans
des ports de mer, il eft à propos qu'il con-
noiffe du moins les termes ufités parmi les
marins, qu'il fçache le nom & l'ufage des différens bâtimens qui fe conftruifent tant fur
l'Ocean que fur la Méditerrannée, & qu'il ait
une légere idée des principales manœuvres qui
fe font fur un vaiffeau, fuivant les circonftances & les occafions où l'on fe trouve ; c'eft
pourquoi l'on n'a pû fe difpenfer de donner
de fimples définitions de toutes ces chofes,
& d'expliquer briévement les termes de marine les plus néceffaires à un Ingénieur. Tel
eft le plan de ce petit *Dictionnaire* ; telle eft
la méthode que l'on a fuivie pour le rendre
utile aux perfonnes pour lefquelles il eft compofé.

Au refte, quoique l'Auteur ait ébauché cet
ouvrage dans fa jeuneffe, on ne laiffe pas que
d'y remarquer beaucoup de précifion dans la dé-

finition de chaque chofe , qui eft rendue en peu de mots , & énoncée dans les feuls termes qui paroiffent lui convenir. S'il a toujours différé jufqu'à préfent de le mettre au jour , c'étoit pour le rendre plus complet , en l'enrichiffant des nouveaux termes qui fe préfenteroient à fon efprit à mefure qu'en travaillant il acquereroit de nouvelles connoiffances. Il vouloit principalement attendre qu'il eut mis la derniere main à fon *Traité de fortification* , pour en tirer tous les termes qui regarderoient cette partie de l'art militaire ; mais comme il ne pourra paroître que dans quelques années , nous n'avons pas cru devoir fufpendre plus long-tems l'impreffion de ce Dictionnaire , & nous avons enfin cédé à l'impatience de plufieurs Militaires , qui ont paru defirer qu'on le leur donnât dans l'état où il fe trouve actuellement. A cette occafion, il eft à propos de prévenir les perfonnes à qui ce petit ouvrage paroîtra peut-être trop abrégé , que nous venons de mettre au jour une nouvelle édition du *Dictionnaire d'Architecture de d'Aviler* , confidérablement augmentée , & dans laquelle on s'eft attaché fur-tout à détailler , autant qu'il a été poffible , tous les termes qui ont rapport à l'*Architecture hydraulique* : ainfi on pourra y avoir recours au défaut de cet abrégé. Ce *Dictionnaire d'Architecture* eft en un volume *in quarto* , de même format & grandeur que la nouvelle édition du *Cours d'Architecture*

du même Auteur , qui a paru il y a quelques
années , & dont il fait le fecond volume.

Pour revenir au *Traité de fortification* de M.
Belidor, dont nous venons de parler , & qui
a été annoncé dès 1720, nous pouvons affurer que ce grand ouvrage eft digne en effet
de l'attention des connoiffeurs , & qu'il répond
parfaitement à la haute idée que le Public en
a conçue. L'Auteur ne s'y eft pas borné à la
fortification , proprement dite , mais il a voulu
l'accompagner en même tems des autres parties de l'Art militaire qui en dépendent. Le
tout formera deux grands volumes *in quarto*,
contenant chacun deux Livres , & enrichis de
plus de quatre - vingt planches , magnifique-
ment gravées. Cet ouvrage fera donc fub-
divifé en quatre Livres. Le premier compren-
dra ce que l'on peut dire de plus intéreffant
fur *la fortification* , relativement au fervice de
l'Infanterie , & à celui de l'Artillerie. Le fecond traitera de *l'attaque & de la défenfe des
places*. Dans le troifiéme , on donnera un traité
fur *l'Artillerie* , eu égard à fes différentes manœuvres, & à fes effets. Le quatriéme expliquera
toutes les rufes de *la guerre fouterreine* , & le
meilleur ufage qu'on peut y faire *des mines &
des contremines*.

Si l'on s'en rapporte aux habiles gens du
métier qui connoiffent cet ouvrage, il eft rempli
de quantité de vûes nouvelles & extrêmement
utiles , qui ne peuvent être que le fruit d'une

longue expérience, & des circonſtances uniques dans leſquelles l'Auteur s'eſt trouvé. Pour dire un mot de la façon dont il ſera exécuté, nous pouvons aſſurer d'avance que nous ne négligerons ni ſoins ni dépenſes pour le rendre digne de l'attention & de la curioſité du public. Dans quelque tems, nous en publierons un *Proſpectus*, dans lequel l'Auteur entrera dans un détail plus circonſtancié ſur chacune des parties qui doivent compoſer ce *Traité* complet *de fortification*, mais nous ne le ferons que quand la gravure des planches, auſquelles on travaille actuellement, & le manuſcrit, ſeront aſſez avancés pour être certain de tenir parole pour le tems auquel on le promettra.

En finiſſant cet avertiſſement nous croyons pouvoir annoncer ici un Livre, que nous venons d'imprimer, ſur une matiere également intéreſſante pour un Militaire; il a pour titre, *l'Art de la guerre pratique*, par M. *Ray de Saint-Geniés*. On y traite des préparatifs & de la diſpoſition générale d'une guerre, ſoit offenſive, ſoit défenſive; de l'aſſemblée d'une armée, des camps & des poſtes, des camps retranchés; des fourrages & des convois, de leur eſcorte & de leur attaque; des partis, des embuſcades, des ſurpriſes, &c. Enfin on a tâché de raſſembler dans ce petit ouvrage tout ce que les Auteurs anciens, ainſi que les modernes, ont écrit de mieux fur la Tactique, & fur les diverfes opérations de guerre, pour en former un corps de fcience militaire à l'ufage des jeunes Officiers. Les maximes de guerre répandues dans ce Livre, font appuyées par des traits d'hiftoire tirés de la vie des plus grands Capitaines, & par des obfervations & des réflexions judicieufes de l'Auteur fur la conduite que ces grands hommes ont tenue dans les différentes fituations où ils fe font trouvés. Le tout forme deux volumes *in douze*, du prix de cinq livres, reliés.

de fois que bon lui femblera, & de les vendre, faire vendre & débiter par tout notre Royaume pendant le tems
de *neuf années* confécutives, à compter du jour de la
date defdites préfentes. Faifons défenfes à toutes fortes
de perfonnes de quelque qualité & condition qu'elles
foient , d'en introduire d'impreffion étrangere dans aucun lieu de notre obéiffance ; comme auffi à tous Libraires , Imprimeurs & autres, d'imprimer, faire imprimer , vendre , faire vendre , débiter ni contrefaire lef-
dits Ouvrages , ni d'en faire aucuns extraits, fous quelque prétexte que ce foit , d'augmentation , correction ,
changemens ou autres , fans la permiffion expreffe &
par écrit dudit expofant ou de ceux qui auront droit de
lui ; à peine de confifcation des exemplaires contre-
faits , de fix mille livres d'amende contre chacun des
contrevenans, dont un tiers à Nous , un tiers à l'Hôtel-
Dieu de Paris , l'autre tiers audit expofant , & de tous
dépens , dommages & intérêts : à la charge que ces
préfentes feront enregiftrées tout au long fur le regiftre
de la Communauté des Imprimeurs & Libraires de
Paris , dans trois mois de la date d'icelles ; que l'impreffion defdits Ouvrages fera faite dans notre Royaume,
& non ailleurs , en bon papier & beaux caracteres , fuivant la feuille imprimée & attachée pour modéle fous
le contrefcel des préfentes ; que l'impétrant fe confor-
mera en tout aux réglemens de la Librairie , & notam-
ment à celui du 10 Avril 1725 ; & qu'avant de les expo-
fer en vente, les manufcrits ou imprimés qui auront fervi
de copie à l'impreffion defdits Ouvrages , feront remis
dans le même état où l'approbation y aura été donnée ,
ès mains de notre très-cher & féal Chevalier Chancelier
de France , le *Sieur de Lamoignon* , & qu'il en fera
enfuite remis deux exemplaires de chacun dans notre
Bibliothéque publique , un dans celle de notre Château
du Louvre , un dans celle de notredit très-cher & féal
Chevalier Chancelier de France, le *Sieur de Lamoignon* ,
& un dans celle de notre très-cher & féal Chevalier Garde
des Sceaux de France , le *Sieur de Machault* , Comman-

deur de nos Ordres ; le tout à peine de nullité des préfentes : du contenu defquelles vous mandons & enjoi-
gnons de faire jouir ledit expofant ou fes ayans caufe,
pleinement & paifiblement, fans fouffrir qu'il leur foit
fait aucun trouble ou empêchement. Voulons que la
copie defdites préfentes, qui fera imprimée tout au
long au commencement ou à la fin defdits Ouvrages,
foit tenue pour duement fignifiée, & qu'aux copies,
collationnées par l'un de nos amés & féaux Confeillers-
Secrétaires; foi foit ajoutée comme à l'original. Com-
mandons au premier notre Huiffier ou Sergent de
faire pour l'exécution d'icelles tous actes requis &
néceffaires, fans demander autre permiffion, & no-
nobftant clameur de haro, Charte normande, & Lettres
à ce contraires ; car tel eft notre plaifir. Donné à
Fontainebleau le vingt-huitiéme jour du mois d'Octobre,
l'an de grace mil fept cens cinquante - quatre, & de
notre regne le quarantiéme. Par le Roi en fon Confeil.

PERRIN.

*Regiftré fur le Regiftre XIII. de la Chambre Royale
des Libraires & Imprimeurs de Paris, N°. 429. fol.
334. conformément aux anciens Réglemens, confirmés
par l'Edit du 28 Février 1723. A Paris le 5 Novembre
1754.*

DIDOT, *Syndic.*

DICTIONNAIRE
DE
L'INGÉNIEUR.

ABAJOUR. C'eſt une petite fenêtre en maniere de ſoupirail, dont l'embraſement de l'appui eſt en talut pour recevoir le jour d'en haut. Il ſert à éclairer les étages ſouterreins.

ABAQUE, *terme d'Architecture*. C'eſt la partie ſupérieure ou le couronnement d'un chapiteau ; il eſt ordinairement quarré au Toſcan, au Dorique, & à l'Ionique, & échancré ſur les faces aux chapiteaux Corinthien & Compoſite.

ABBATIS, *terme d'Architecture*. Ce ſont les pierres qu'on a abattu dans une carriere.

ABBATIS, *terme de Tactique*. C'eſt une quantité de grands arbres abattus, dont on entrelace les branches, & qu'on entaſſe les uns ſur les autres pour boucher le paſſage à l'ennemi.

ABOUT. C'eſt, en termes de Charpente, la partie d'une piéce de bois, qui eſt entre un des bouts de la piéce & une mortaiſe.

ABREUVOIR. Petit auget fait de mortier pour remplir de coulis les joints en le fichant entre les pierres. Ce mot ſe dit auſſi des petites tranchées qu'on fait dans les lits de pierres.

A

ABSCISSES. Ce font des lignes indéterminées, principalement affectées à la parabole, & qui expriment la diftance du fommet de l'axe ou d'un diametre à une ordonnée quelconque, menée à l'axe ou à ce diametre.

ACANTHE. C'eft une plante dont les feuilles font larges & refendues. Il y en a de deux fortes, l'une épineufe, & l'autre cultivée. Celle-ci, qui eft en ufage en Architecture, eft appellée *Branche urfine*, & c'eft d'après cette plante que fut inventé le chapiteau Corinthien.

ACERER. C'eft mettre de l'acier avec du fer ; ainfi l'on dit que les pointes des outils font bien acérées, lorfqu'il y a de bon acier.

ACCELERATION. *Voyez* Mouvement accéléré.

ACCOTEMENT, *terme de Paveur*. C'eft un efpace de terrein entre les lambourdes d'un pavé & le foffé d'un chemin, qui eft d'une toife delarge, ou de telle autre mefure qu'on veut lui donner, qui doit être de niveau avec les bordures du pavé pour lui fervir d'élargiffement. *Defaccôtement* eft le contraire, quand les bordures font à découvert par les côtés. On dit qu'un chemin eft *defaccôté* quand nul terrein ne retient les bordures.

ACCROISSEMENT, *Calcul des accroiffemens* ; calcul où l'on confidere les rapports des quantités après qu'elles font formées, c'eft-à-dire où l'on employe des quantités finies, au lieu des quantités infiniment petites.

ACROTERES, en Architecture. Petits piédeftaux que l'on place au milieu & aux extrêmités d'un frontifpice pour y pofer des figures. Ce mot fe dit quelquefois des extrêmités ou faîtes des bâtimens.

ADAPTER. C'eft en Architecture approprier une faillie ou un ornement à quelque corps.

ADDITION. Opération par laquelle on ajoûte plufieurs quantités enfemble pour en avoir la fomme. C'eft la premiere des quatre regles de l'Aritmétique.

ADOSSER. Ce terme en général fignifie appuyer une chofe contre une autre, & on s'en fert particulierement dans l'Architecture. Par exemple, on dit adoffer une cheminée ou un toît contre un pignon.

ADOUBER ou **RADOUBER**, *terme de Fontainier*. C'eſt boucher des trous dans une fontaine, dans une machine, &c.

ADOUCISSEMENT, en Architecture, c'eſt le raccordement qui ſe fait d'un corps avec un autre par un *chanfrein* ; comme, par exemple, le raccordement du ſoubaſſement d'un mur avec le reſte du mur.

ÆOLIPILE, *terme de Phyſique*. Globe concave d'airain, que l'on remplit à moitié d'eau par un trou fort petit, qu'on met enſuite ſur des charbons ardens ; la chaleur fait tellement rarefier l'eau qui eſt dedans, qu'elle la réduit en vent, qui ſort par le même trou avec un ſiflement impétueux.

AFFAISSÉ. L'on dit qu'un bâtiment eſt *Affaiſſé*, lorſqu'étant bâti ſur un terrein de mauvaiſe conſiſtance, il ſemble ſe dérober ſous la fondation. On peut dire auſſi qu'un rempart, un parapet eſt *Affaiſſé*, lorſqu'étant nouvellement fait, les terres ſe ſont baiſſées.

AFFLEURER. C'eſt mettre deux choſes à même niveau.

AFFUT, en Artillerie, eſt une eſpece de chariot étroit & renforcé pour monter & conduire les piéces d'artillerie, & en faciliter l'exécution. Il eſt compoſé de deux groſſes piéces de bois appellées *flaſques*, qui ſont jointes & unies par des entretoiſes, & que l'on fait mouvoir par le moyen de deux fortes roues.

AFFUT DE MORTIER. Eſt une eſpece de plateforme ou ſemelle, ſans roue, ſur laquelle on monte & l'on pointe le mortier.

AFFUT MARIN. Eſt un peu différent de ceux de campagne & de places, parce qu'il n'eſt élevé que ſur des roulettes, au lieu que les autres ont des roues ordinaires.

AIGREMORE, *terme d'Artificier*. C'eſt le charbon pulvériſé qui ſert à faire de la poudre & des compoſitions d'artifice.

AIGUILLES, en Charpenterie. Pieces de bois debout, ſervant à entretenir le ſou-faîte avec le faîte dans l'aſſemblage d'un comble.

AIGUILLES, *terme d'Hydraulique*. Sont des pieces de bois rondes ou quarrées, qui fervent à lever & à baiffer une vanne aux petites éclufes qu'on pratique dans les joüillieres ou dans les portes des grandes éclufes.

'AIGUILLES POUR LE ROC, *terme de Mineur.* Ce font auffi des barres ou piéces de fer dont on fe fert pour travailler dans le roc, par le moyen defquelles on creufe des petites chambres ou mines que l'on charge de poudre pour faire un plus grand déblai.

'AILERONS, que l'on nomme auffi *Aubes,* font les *planchettes* qui font autour des moulins à eau, fur lefquelles tombe l'eau qui donne le mouvement aux roues.

'AILERONS fe prend encore pour des petites avances en forme d'éperons, qui fe font au long du rivage des eaux pour en détourner le cours, afin de préferver le pied de quelque édifice que la file de l'eau mine & détruit. Au lieu d'*Ailerons,* il vaut mieux dire épis.

'AILERONS DE LUCARNES. Efpece de confole en amortiffement à chaque côté d'une lucarne.

'AILES, en Fortification, font des grands côtés qui terminent à droite & à gauche les ouvrages, comme ceux à corne ou à couronne.

'AILES D'UNE ÉCLUSE. Ce font les murs qui la renferment, qui font plus ouverts à leurs extrêmités que dans le milieu.

'AILES DE PAVÉ. Ce font les deux côtés en pente de la chauffée, depuis le tas droit jufqu'aux bordures.

AILES D'UN BATIMENT. C'eft le côté en retour d'angle, qui tient au corps du milieu d'un bâtiment : on dit *Aîle droite* & *Aîle gauche,* par rapport au bâtiment où elles tiennent, & non pas à la perfonne qui les regarde.

'AILES DE MOULIN A VENT. Ce font quatre bràs qui forment une croix, ou quatre grands chaffis couverts de toile, & garnis d'échelons qui traverfent l'effieu en dehors, & reçoivent le vent pour faire tourner le moulin ; quelques-uns les appellent *volans.*

AIRE. C'eft toute fuperficie plane fur laquelle on marche.

AIRE, *terme de Géométrie.* C'eft l'efpace que contient une

figure renfermée par des lignes droites ou courbes.

AIRE DE MOILON. Petite fondation que l'on fait au rez-de-chauffée pour y pofer des lambourdes, des carreaux, ou des dales de pierre.

AIRE DE CHAUX ET DE CIMENT, fe dit d'un maffif en maniere de chape, propre à conferver les voûtes qui font à l'air.

AIRE DE PLANCHER. C'eft la capacité du plancher d'une chambre ou autre appartement, que l'on couvre de carreaux, de plâtre, ou de planches.

AIS. Planches fort minces fervant dans la menuiferie.

AIS D'ENTREVOUX. Ce font les planches qui couvrent l'efpace d'entre les folives.

AISSELIERES. Sont deux piéces de bois de fept à huit pouces d'équarriffage, qui fervent dans les fermes des combles à lier les jambes de force avec l'entrait.

AISSIEU, *terme de Méchanique*. C'eft un cylindre de bois ou de fer qui traverfe à angle droit une grande roue. Cet *Aiffieu* eft auffi nommé *tympan* ou *tambour*, autour duquel file ordinairement une corde à laquelle eft attaché un poids pour l'enlever.

AJUTAGES, *terme de Fontainier*. Tuyaux de fer-blanc ou de cuivre tournés à vis ou fans vis, que l'on met à l'ouverture d'un jet-d'eau pour faire des jets de différentes fortes.

ALAISE, en Menuiferie, eft une planche étroite qui acheve de remplir un panneau d'affemblage, dans une porte collée & emboîtée.

ALEGES. On nomme ainfi en Architecture les pierres fous les piédroits d'une croifée, qui jettent des harpes pour faire liaifon avec le parpain d'appui.

ALETTE, en Architecture, c'eft le côté d'un trumeau qui eft entre deux arcades : on appelle auffi les *Alettes*, jambages ou piédroits.

ALEZER, *terme d'Artillerie*. C'eft nettoyer l'ame d'une piéce de canon, l'aggrandir, & la rendre du calibre qu'elle doit avoir.

ALEZOIR. C'eft un chaffis de charpente fufpendu en

l'air, bien fermé, dans lequel on place une piéce de canon la bouche en bas, pour en arrondir & aggrandir l'ame ou *calibre*, par le moyen d'un couteau bien acéré & fort tranchant, emboîté dans une boîte de cuivre, que l'on difpofe immédiatement fous la piéce & que l'on fait tourner par le moyen des hommes & des chevaux, pour emporter le métal.

ALEZURES. C'eft le métal qui provient des piéces que l'on aleze.

ALGEBRE. Calcul par le moyen duquel on réfout tout problême poffible.

ALICHONS, *terme de Méchanique*. On nomme ainfi les dents dont l'on garnit les roues dentelées pour l'ufage des moulins & des autres machines ; on les travaille ordinairement de bois de *cormier*.

ALIDADE. Eft une regle, ordinairement de cuivre, arrêtée par le milieu au centre du demi-cercle d'un graphometre, pouvant tourner librement pour prendre l'ouverture des angles. Cette *Alidade* eft accompagnée d'une *pinnule* à chacune de fes extrêmités.

ALIGNEMENT. Donner un *Alignement*, c'eft s'aligner avec quelque chofe. Par exemple, faire une muraille dont la bafe foit en ligne droite avec une autre. On peut dire auffi que toutes les maifons d'une rue font d'*Alignement*, lorfqu'elles n'avancent pas plus l'une que l'autre.

ALIQUOTES, parties aliquotes. Parties d'un nombre qui y font contenues exactement un certain nombre de fois. Par exemple les *parties Aliquotes* de 18 font, 2, 3, 6, 9.

ALLIAGE, *terme d'Artillerie*. C'eft le mêlange des métaux qui s'employent particulierement pour la fabrication du canon, des mortiers, &c.

ALLIAGE, *regle d'Alliage*. C'eft une regle d'Arithmétique, par laquelle on réduit deux quantités égales à une quantité moyenne qui leur eft équivalente.

ALLOGNE, *terme d'Artillerie*. Eft un cordage qui fert aux pontons.

ALTIMÉTRIE. La science qui apprend à mesurer les hauteurs accessibles & inaccessibles. Elle fait partie de la Géométrie pratique.

AMARRER, *terme de Marine*, qui signifie attacher une chose à une autre par le moyen d'un cable.

AMBLÉE, ou **EMBLÉE**, *terme de guerre*. Se rendre maître d'un ouvrage d'*Amblée*, l'emporter de vive force.

AME. C'est en Artillerie, l'intérieur ou le dedans du canon, du mortier, & des autres armes servant à l'Artillerie. Outre cette ame il y a encore une chambre particuliere aux canons & aux mortiers, dont il sera fait mention ci-après au mot CHAMBRE.

AME, *terme d'Artificier*. On appelle ainsi le trou conique, pratiqué dans le corps d'une fusée volante le long de son axe, afin que la flamme s'y introduise assez avant pour l'élever & la soutenir en l'air.

AMOISE, en terme de Charpente, est une piéce de bois qui est interposée entre deux *moises*, pour entretenir l'assemblage d'une ferme.

AMONT. Se prend pour le dessus du courant des eaux, & *Aval* pour le dessous.

AMORCES, *terme de Maçonnerie*. Quand on éleve un mur d'une certaine longueur, & que le progrès de l'ouvrage n'est point égal sur toute son étendue, on laisse des briques en saillie, ou d'autres pierres, que l'on nomme *Amorces*, parce qu'elles servent à lier la nouvelle maçonnerie avec l'ancienne.

AMORCE, *terme d'Artillerie*. C'est de la poudre fine & grenée que l'on met à la lumiere des canons & des mortiers, & dans le bassinet des fusils & pistolets, pour y mettre le feu.

AMORCE, *terme d'Artificier*. C'est une pâte de poudre écrasée & humectée avec de l'eau, que l'on met à l'orifice d'une fusée ou autre piéce d'artifice, pour y donner le feu lorsqu'elle sera séche : on y joint ordinairement un bout de méche nommée *étoupille*.

AMORTISSEMENT ou **COURONNEMENT.** C'est un corps d'Architecture ou ornement de Sculpture,

qui s'éleve en diminuant pour terminer quelque décoration.

'AMPLITUDE DE PARABOLE. , *terme d'Artillerie.* C'eſt
le chemin horizontal d'une bombe , depuis ſa ſortie
du mortier, juſqu'à l'endroit de ſa chûte. L'on nomme
auſſi cette diſtance *ligne de but* , ſoit que la ligne ſe
trouve horizontale ou oblique ; au lieu que le terme
d'*Amplitude d'une parabole* ne convient qu'à une ligne
horizontale.

'AMPOULETTE , *terme d'Artillerie.* On donne ce nom
au bois de la fuſée des bombes & des grenades.

'ANALYSE , *terme de Géométrie.* L'art de découvrir la
vérité ou la fauſſeté , la poſſibilité ou l'impoſſibilité
d'une propoſition par un ordre contraire à ſa compoſition (c'eſt à dire à la méthode de la ſynthèſe) , en ré-
ſolvant, en décompoſant , en un mot en analyſant les
parties de la choſe qu'on veut connoître.

'ANCRE. Eſt un morceau de fer qui ſert à retenir une
poutre qui repoſe ſur deux pignons, ou pour retenir
des pilots de garde , dont on garnit les devants des
quais dans les ports de mer, afin de recevoir le frottement des vaiſſeaux.

'ANEMOMETRE. Nom d'une machine qui marque les
divers dégrés de la force du vent.

'ANEMOSCOPE. Petit inſtrument qui annonce le changement du temps.

'ANGLE , en Géométrie, eſt un eſpace indéfini , cauſé par
l'inclinaiſon de deux lignes qui ſe coupent : on l'appelle *Angle rectiligne* , lorſqu'il eſt formé par deux
lignes droites.

'ANGLE MIXTILIGNE. Eſt quand l'une de ſes deux lignes
eſt *droite* , & l'autre *courbe.*

'ANGLE CURVILIGNE. Eſt quand les deux lignes qui le
forment ſont *courbes.*

'ANGLE SPHÉRIQUE. Quand les deux lignes ſont ſur une
ſurface *ſphérique.*

'ANGLE PLAN. Eſt celui dont les deux lignes ſe trouvent
ſur un *plan.*

ANGLE DROIT. Eſt celui dont les deux lignes ſont perpendiculaires entr'elles.

ANGLE OBLIQUE. Eſt celui qui ſe fait par la rencontre de
deux lignes *obliques*, c'eſt-à-dire de deux lignes qui
ne ſont pas perpendiculaires entr'elles, ou qui ſe coupent à angles inégaux.

ANGLE OBTUS. Eſt celui qui eſt plus ouvert ou plus grand
qu'un droit.

ANGLE AIGU. Eſt celui qui eſt plus petit, ou moins ouvert qu'un droit.

ANGLE DU CENTRE. Eſt celui qui ſe forme au centre d'un
polygone régulier, par deux lignes droites tirées du
centre du polygone aux deux extrêmités de l'un de ſes
côtés.

ANGLE DU POLYGONE. Eſt celui qui eſt formé par deux
côtés d'un polygone regulier.

ANGLE D'UN SEGMENT DE SPHERE. Eſt celui qui ſe forme
au centre de la ſphere par deux rayons tirés aux extrêmités d'un des diametres de la baſe du ſegment de
ſphere, plus petit qu'un hemiſphere.

ANGLE D'UN SEGMENT DE CERCLE. Celui qui ſe fait au
centre du cercle par deux rayons tirés aux extrêmités
de l'arc du ſegment moindre qu'un demi-cercle, &
cet angle eſt auſſi celui du *ſecteur du cercle*.

ANGLE SOLIDE. Eſt un eſpace indéfini, terminé par plus
de deux plans qui ſe coupent en un point.

ANGLE D'INCIDENCE, ET DE RÉFLEXION. Pour les bien entendre, on remarquera que quand une bille a été
chaſſée obliquement contre la bande d'un billard,
elle ſe réflechit, & va du côté oppoſé ; or la ligne
qu'elle parcourt pour aller d'abord rencontrer la bande, forme avec la bande même un angle aigu, qui eſt
ce que l'on nomme *Angle d'incidence*, & l'autre angle
aigu qu'elle forme en ſecond lieu par la ligne qu'elle
parcourt & la même bande, eſt celui que l'on nomme
Angle de réflexion ; & il y a cela de particulier que
l'*Angle d'incidence* eſt toujours égal à celui de ré-
flexion.

'**Angle flanqué.** En fortification, est l'*Angle* formé par deux faces du bastion.

'**Angle flanquant.** Est composé de la ligne de défense & du flanc.

'**Angle de l'épaule.** Est celui qui est compris par la courtine & le flanc.

'**Angle de la gorge.** Est celui qui est formé par le prolongement de deux courtines jusqu'au point où elles se rencontrent dans la gorge du bastion.

'**Angle de la courtine.** Est celui qui est compris par la courtine & le flanc.

'**Angle du fossé.** Est celui qui se fait devant la courtine où il se coupe.

'**Angle rentrant.** Est celui qui se retire en dedans.

Angle saillant. Est celui qui s'avance vers la campagne.

'**Angle de paveur.** C'est la jonction de deux pavés, l'un à deux aîles pour l'ordinaire, & l'autre à deux revers.

Anglet, en Architecture, est une petite cavité fouillée en angle droit, comme font celles qui séparent les bossages ou pierres de refend.

'**ANNELET**, *terme d'Architecture.* On nomme ainsi les trois petits filets qui décorent ordinairement le chapiteau Dorique.

'**ANSE DE PANIER**, *terme d'Architecture.* C'est la courbure d'une arcade ou d'une voûte surbaissée ; il y en a de *rampantes* & de *biaises*.

'**Anses des pieces**, *terme d'Artillerie.* Les piéces de canon de fonte ont deux anses, & les mortiers & pierriers, une ; les piéces de fer n'en ont pas pour l'ordinaire. Les anses servent à passer les léviers & les cordages pour remuer aisément ces fardeaux.

'**ANTER**, *terme de Charpenterie.* C'est joindre bout à bout une piéce de bois avec une autre. Par exemple, *Anter* un pilot, c'est l'allonger en le joignant à un autre, ce qui se fait par *entaille* ou autrement. On dit aussi *Anter* les voussoirs d'une *voûte* ou d'une *arche*, lorsqu'on les allonge pour leur donner la longueur convenable ; ce qui fe fait en appliquant deux pierres l'une contre l'autre, que l'on joint enfemble par des crampons de fer fcellés en plomb.

'ANTES. Pilaftres angulaires, que l'on nomme auffi pilaf- tres cormiers. Ils fe placent dans les encoignures des bâtimens décorés d'Ordres d'Architecture.

'APLOMB. Terme d'Ouvriers qui fignifie *perpendicu- laire* ou *vertical*. On dit qu'un mur eft *Aplomb* quand il n'a point de talut, & on dit qu'il *furplombe* quand il femble menacer ruine.

'APPAREIL, *terme d'Architecture*. C'eft la maniere de tracer les pierres & de les pofer. Il fe dit auffi de la hauteur que porte une pierre nette & taillée, comme *pierre de haut* ou *de bas Appareil*.

'APPAREILLEUR. Eft l'ouvrier qui conduit les piéces de trait, & qui les trace fur le chantier.

APPENTIS, en Charpenterie, eft un demi-comble à un feul égoût, qui fert de magafin dans les atteliers. *Voyez* Hangar.

'APPROCHES. C'eft le nom qu'on donne à toutes fortes d'ouvrages que l'affiégeant fait pour fe couvrir du feu des affiégés en s'approchant de la place.

'APPROXIMATION, *terme d'Algebre*. C'eft la maniere d'approcher toujours de plus en plus d'une racine fourde, fans s'attendre de l'avoir jamais.

'APPUI. Eft un petit mur qui eft élevé entre les deux piédroits d'une croifée, à telle hauteur qu'on s'y puiffe appuyer ; il eft quelquefois couvert d'une pierre qu'on nomme *acoudoir*.

'Appui, Point d'appui, *terme de Méchanique*. On ap- pelle ainfi dans la Statique un point fixe & inébran- lable, capable de réfifter aux plus grands efforts. Ce point d'*Appui* a lieu dans le treuil & dans le levier, dont il change le nom fuivant l'endroit où il eft placé. *Voyez* Levier.

AQUEDUC. C'eft un édifice conftruit pour la conduite des eaux. Il y en a de deux fortes, les uns font éle- vés ordinairement fur des *arcades*, & fervent à paffer les eaux par deſſus quelque terrein creux, & les autres enterrés, que l'on fait pour paſſer les eaux au travers de quelque montagne, ou deſſous un canal de navigation.

ARAIGNÉE. *Voyez* RAMEAU DE MINE.

ARASEMENT, en Maçonnerie, c'eſt la derniere aſſiſe d'un mur à hauteur de plinthe.

ARASER. C'eſt conduire de même hauteur les aſſiſes de maçonnerie.

ARASES. Ce ſont des pierres plus baſſes ou plus hautes que les autres cours d'aſſiſes, pour parvenir à une certaine hauteur déterminée.

ARBALÊTRE ou ARBALÊTRILLE. Inſtrument dont ſe ſervent les Marins pour obſerver les aſtres. Il eſt compoſé de deux piéces principales, la fléche & le marteau : on l'appelloit autrefois *bâton de Jacob*.

ARBALÊTRIER. C'eſt en Charpenterie une piéce de bois qui ſert à ſoutenir & à contreventer les couvertures.

ARBRE. C'eſt dans les machines, la plus forte piéce de bois, ſur laquelle tournent les autres piéces qu'elle porte.

ARC, en Géométrie eſt une portion de cercle, dont la baſe ſe nomme *corde*.

ARC EN PLEIN CEINTRE, en Architecture, eſt celui qui eſt formé d'un demi-cercle parfait.

ARC EN ANSE DE PANIER. Celui qui eſt ſurbaiſſé, & qui ſe trace par trois centres.

ARC BIAIS OU DE COTÉ. Celui dont les piédroits ne ſont point d'équerre par leurs plans.

ARC RAMPANT. Celui qui dans un mur à plomb eſt incliné ſuivant une pente douce.

ARC EN TALUT. Celui qu'on fait pour ſoulager une *plate-bande* ou un *poitrail*, & dont les *retombées* portent ſur les ſommiers. On nomme encore *Arc en talut*, celui qui eſt percé dans un mur en talut.

ARC EN TIERS-POINT, ou GOTHIQUE. Eſt celui qui eſt fait de deux portions de cercle, qui ſe coupent au point de l'angle au ſommet.

ARC DE CLOITRE. *Voyez* VOUTE *en Arc de cloître.*

ARC à L'ENVERS. Eſt un arc ou ceintre renverſé, pour entretenir les piles d'un pont entre les arches, afin qu'elles ne taſſent & ne s'affaiſſent point ; ce qui ſe pratique dans un terrein de foible conſiſtance.

ARCADE. C'eſt toute fermeture ceintrée de voûte, de baye, de porte, ou de croiſée.

ARC BOUTANT, en terme de charpente, eſt toute piéce de bois qui ſert à contretenir les pointals des échafauds.

ARC-BOUTER ou CONTREBOUTER. C'eſt contretenir la pouſſée d'un arc ou d'une plate-bande avec un pilier ou arc boutant.

ARCEAU. C'eſt la courbure d'un ceintre parfait, ſurbaiſſé, ou ſurmonté d'une voûte ; mais l'on donne principalement ce nom à la petite arche d'un *ponceau.*

ARCHE. C'eſt une voûte qui porte ſur les piles & les culées d'un pont de pierre ; la plus grande & la plus haute, & qui ſe trouve dans le milieu, ſe nomme *maîtreſſe-Arche.*

ARCHE EN PLEIN CEINTRE. Eſt celle qui eſt formée par un demi-cercle parfait.

ARCHE ELLIPTIQUE. Eſt celle qui eſt formée par une demi-ovale.

ARCHE SURBAISSÉE OU EN ANSE DE PANIER. Eſt celle qui eſt de la plus baſſe proportion.

ARCHE EN PORTION DE CERCLE. Eſt celle qui a moins qu'un demi-cercle.

ARCHE EXTRADOSSE'E. Eſt celle dont tous les vouſſoirs ſont égaux en longueur & paralleles à la douelle.

ARCHE D'ASSEMBLAGE. S'entend pour les ponts de charpente qu'on fait d'une ſeule arche.

ARCHITECTURE, l'art de bâtir. Cet Art ſe diviſe en quatre parties ; l'Architecture civile, qui a pour objet la conſtruction des palais & des maiſons des particuliers ; l'Architecture militaire, qui concerne la fortification des places de guerre ; l'Architecture hydraulique, qui enſeigne à fonder dans des terreins aquatiques, & à bâtir dans l'eau ; l'Architecture navale, qui renferme l'art de conftruire les vaiffeaux.

ARCHITRAVE. C'eft , en Architecture , la principale poutre ou poitrail de bois ou de pierre , & la premiere partie de l'entablement qui porte fur les colonnes.

ARCHIVOLTE. C'eft le bandeau orné de moulures , qui regne à la tête des voufloirs d'une arcade, & qui eft porté fur les *impoftes* ; il eft différent felon les Ordres.

ARENER. Se dit d'une poutre ou d'un plancher qui baiffe & s'affaiffe par trop de charge.

AREOMETRE. Inftrument par le moyen duquel on connoît la différence de la gravité fpécifique des liqueurs.

ARESTIER , *terme de Charpenterie.* C'eft la piéce de bois *délardée* qui ferme l'angle d'une croupe , fur laquelle font attachés les *empanons*.

ARESTIER DE PLOMB. C'eft un bout de table de plomb , au bas de l'*Areftier* de la croupe d'un comble couvert d'ardoife.

ARESTIERES. C'eft ainfi que l'on nomme le couchis de plâtre que les Couvreurs mettent aux angles de la coupe d'un comble couvert de tuiles.

ARGANEAU , *terme de Marine.* Eft un gros anneau de fer ou de fonte, qui fert à amarrer ou attacher les vaiffeaux aux quais des ports de mer.

ARITHMÉTIQUE. Science qui apprend à fe fervir des nombres. Elle n'eft , à proprement parler , compofée que de quatre regles, qui font , l'addition , la fouftraction, la multiplication & la divifion. Dans les autres , telles que la regle de trois, celle de compagnie, de fauffe pofition, d'alliage, &c. il n'eft queftion que de l'application variée de ces quatre régles fondamentales. Les fractions font encore partie de l'*Arithmétique*.

ARMATURE , en Architecture, fe dit des barres, clefs , boulons, étriers, & autres liens de fer qui fervent à un grand affemblage de charpente.

ARMÉE. Eft une grande quantité de foldats, divifée par

bataillons & efcadrons , & réunie fous le commandement d'un Officier général.

ARMER UN FOURNEAU DE MINE. C'eft après l'a-
voir chargé de la poudre néceffaire , couvrir le coffre
avec des madriers, pour fervir de bafe aux étançons
qui foutiennent le ciel du *Fourneau* , enfuite fermer la
chambre par plufieurs madriers que l'on nomme *porte* ,
que l'on arcboute avec des étrefillons qui appuyent
contre un des côtés des rameaux oppofés à la chambre.

ARMES DES PIÉCES DE CANON. Ce qu'on appelle
Armes complettes pour une piéce de canon , c'eft une
lanterne ou *cuillier* de cuivre qui fert à porter la poudre dans l'ame de la piéce. Le *refouloir* qui eft la boîte
ou maffe de bois montée fur une hampe, avec laquelle
on foule le fourrage fur la poudre , & enfuite fur le boulet ; & l'*écouvillon* , qui eft une autre boîte montée fur
une hampe , & couverte d'une peau de mouton , qui
fert à nettoyer & à rafraîchir la piéce.

ARPENT. Eft une fuperficie de cent perches quarrées ,
qui eft une grandeur dont les Arpenteurs fe fervent
pour mefurer les prés & les terres labourables ; ainfi
l'arpent quarré eft une furface qui a dix perches de
long fur autant de large.

ARPENTAGE. L'art de mefurer un terrein , & d'en lever le plan.

ARQUEBUSE A CROC. Arme à feu qui reffemble au
moufquet & au fufil, mais qui eft foutenue par un croc
de fer qui tient à fon canon fur une efpece de chevalet.
Elles font ordinairement un peu plus groffes que les
fufils & les moufquets , & l'on s'en fervoit autrefois
pour garnir les meurtrieres des tours antiques.

ARRACHEMENT. En Maçonnerie, s'entend des pierres
qu'on arrache , & de celles qu'on laiffe alternativement pour faire liaifon avec un mur qu'on veut joindre à un autre.

ARRÊTE. En fortification s'entend du dos d'âne qui
forme le glacis du chemin couvert , à l'endroit des angles faillans.

'ARRÊTE eſt auſſi l'angle vif d'une piéce de bois ou d'une barre de fer.

'ARRÊTER. Ce mot s'entend de pluſieurs manieres dans l'art de bâtir. *Arrêter* une pierre, c'eſt l'aſſurer à demeure ; *Arrêter* des *ſolives*, c'eſt les maçonner ; *Arrêter* de la *menuiſerie*, c'eſt attacher des pattes & des crampons pour la retenir ; *Arrêter* ſignifie auſſi *ſceller* en plâtre, en ciment, en plomb.

'ARRIERE-CORPS. *Voyez* AVANT-CORPS.

ARRIERE-GARDE, *terme de guerre.* C'eſt une partie de l'armée qui marche après le corps de bataille.

'ARRIERE-VOUSSURE. C'eſt derriere le tableau d'une porte ou d'une croiſée, une voûte qui ſert pour en décharger la plate-bande, couvrir l'embraſure, & donner plus de jour.

'ARSENAL. Eſt un lieu deſtiné pour renfermer & conſerver toutes les munitions & outils néceſſaires pour l'attaque & la défenſe des places.

'ARTIFICES. Comprend tous les feux qui ſe font avec une compoſition de poudre, de ſoufre, de ſalpêtre, de charbon & autres, ſoit pour la guerre, ſoit pour les réjouiſſances.

'ARTIFICIER. Eſt celui qui fait des feux d'artifice, & qui charge les bombes, les grenades & leurs fuſées.

'ARTILLERIE. L'art de conſtruire les armes à feu & de s'en ſervir. Quelques Auteurs penſent que cet Art a été inventé en 1430, cinquante ans après la découverte de la poudre à canon.

'ARTILLERIE. Par ce nom on entend encore le canon, les bombes, les mortiers, la poudre, le plomb, la méche, les grenades, & généralement toutes les munitions qui ſe portent à la guerre, pour les batailles, ou pour l'attaque & la défenſe des places : il comprend auſſi les Officiers qui ſervent dans ce corps.

'ASCENSION, *terme d'Artillerie*, C'eſt le chemin que parcourt une bombe en ſortant du mortier, pour s'élever auſſi haut que la charge peut la chaſſer, & l'on nomme *deſcenſion de la bombe* le chemin qu'elle parcourt

court depuis le point où elle s'eſt le plus élevée juſqu'à l'endroit de ſa chûte.

'ASSAUT. Eſt le combat que l'on donne pour ſe rendre
maître des chemins couverts, des ouvrages détachés,
& même du corps de la place.

'ASSEMBLAGE. C'eſt l'art d'aſſembler & de joindre pluſieurs morceaux de bois enſemble, qui ſe fait de différentes manieres en charpenterie & en menuiſerie.

'Assemblage par tenon et mortaise. Celui qui ſe fait
par une entaille appellée mortaiſe, qui a d'ouverture
la largeur du tiers de la piéce de bois, pour recevoir
l'about ou tenon d'une autre piéce taillée de juſte
groſſeur pour la mortaiſe qu'il doit remplir, & dans
laquelle il eſt enſuite retenu par une ou deux chevilles.

'Assemblage à clef. C'eſt celui qui, pour joindre enſemble
deux plate-formes de comble ou deux moiſes de file
de pieux, ſe fait par une mortaiſe dans chaque piéce,
pour recevoir un tenon à deux bouts, appellé *clef*.

'Assemblage par entaille. Celui qui ſe fait pour joindre bout à bout, ou à retour d'équerre, deux piéces de
bois par deux entailles de leur demi-épaiſſeur, qui
ſont enſuite retenues avec des chevilles ou des liens
de fer. Il ſe fait auſſi des entailles à queue d'aronde ou
en triangle, à bois de fil, pour le même.

'Assemblage par embrevement. Eſpece d'entaille en
maniere de hoche, qui reçoit le bout démaigri d'une
piéce de bois ſans tenon ni mortaiſe. Cet *Aſſem-*
blage ſe fait auſſi par deux tenons frotans, poſés en
décharge dans leurs mortaiſes.

'Assemblage en cremilliere. Celui qui ſe -fait par entailles en maniere de dents de la demi-épaiſſeur du
bois, qui s'encaſtrent les unes dans les autres, pour
joindre bout à bout deux piéces de bois, parce qu'une
ſeule ne porte pas aſſez de longueur : cet *Aſſem-*
blage ſe pratique pour les grands *entraits* & *tirans*.

'Assemblage en triangle. Celui qui pour enter deux
fortes piéces de bois à plomb, ſe fait par deux te-

nons triangulaires, à bois de fil de pareille longueur, qui s'encaſtrent dans deux autres ſemblables,
enforte que les joints n'en paroiſſent qu'aux arrêtes.

ASSEMBLAGE QUARRÉ, en Menuiſerie, celui qui ſe fait
quarrément par entailles, de la demi-épaiſſeur du
bois, ou à tenons & mortaiſes.

ASSEMBLAGE A BOUEMENT. Celui qui ne differe de l'*Aſſemblage quarré*, qu'en ce que la moulure qu'il porte
à ſon parement eſt coupée en anglet.

ASSEMBLAGE EN ONGLET, ou plutôt EN ANGLET. Celui
qui ſe fait en diagonale ſur la largeur du bois, &
qu'on retient par tenon & mortaiſe.

ASSEMBLAGE EN FAUSSE COUPE. Celui qui étant en anglet & hors d'équerre, forme un angle obtus ou
aigu.

ASSEMBLAGE A QUEUE D'IRONDE. Celui qui ſe fait en
triangle, à bois de fil par entaille, pour joindre deux
ais bout à bout.

ASSEMBLAGE A QUEUE PERCÉE. Celui qui ſe fait par tenons
à *queue d'ironde*, qui entrent dans des mortaiſes pour
aſſembler quarrément & en retour d'équerre.

ASSEMBLAGE A QUEUE PERDUE. Celui qui n'eſt différent de la *queue percée*, qu'en ce que ſes tenons ſont
cachés par un recouvrement de demi-épaiſſeur, à bois
de fil & en anglet.

ASSEMBLAGE A REDENT. *Voyez* GRAIN D'ORGE.

ASSEOIR. C'eſt poſer de niveau & à demeure les premieres pierres d'une fondation; on dit auſſi *Aſſeoir* le
carreau, le pavé, &c.

ASSIETE. Se dit en parlant d'un lieu; par exemple, on
peut dire, cet endroit-là eſt dans une bonne ou
mauvaiſe *Aſſiete*.

ASSISE. Se dit d'un rang de pierres de même hauteur
poſées également, & qui n'eſt interrompu que par
les portes & les croiſées.

ASSISE DE PIERRE DURE. Celle que l'on met ſur les fondations d'un mur juſqu'à hauteur de retraite.

ASSISE DE PARPAIN. Sont les pierres qui traverſent un
mur.

ASTRAGALE, en Architecture , est une petite moulure ronde , qui entoure le haut du fust d'une colonne , & qu'on appelle par tout ailleurs *baguette*.

ASTRAGALE en ARTILLERIE. Est un petit membre d'Architecture qui est rond , en forme d'anneau ; on en met trois aux piéces de canon pour leur servir d'ornement.

ASYMPTOTES. Lignes droites adhérentes à une courbe, & qui étant prolongées à l'infini , ne sçauroient se rencontrer. De toutes les courbes du second dégré , telles que les sections coniques, l'hyperbole est la seule qui ait deux asymptotes.

ATMOSPHERE. Substance tout à la fois subtile & élastique, qui environne notre terre, qui gravite sur son centre , & qui participe de tous ses mouvemens.

ATRE. C'est la partie d'une cheminée qui est entre le jambage & le contre-cœur.

ATTAQUE. C'est le travail que l'assiégeant fait pour s'approcher d'une fortification ; il y en a de vraies & de fausses. Les fausses ne se font d'ordinaire que pour partager les forces de l'ennemi ; cependant il arrive quelquefois qu'elles se déterminent en vraies attaques. Enfin *Attaque* s'entend de tout ouvrage dont l'assiégeant veut se rendre le maître.

ATTELIER , en fortification, doit s'entendre de toutes sortes d'ouvrages qui se font par un nombre d'ouvriers dont le travail est conduit par un ou plusieurs Ingénieurs ; & quand on dit qu'un Ingénieur entend bien l'*Attelier*, cela veut dire qu'il est propre à bien conduire un ouvrage, & à bien faire exécuter un projet.

ATTENTE. *Voyez* PIERRE D'ATTENTE.

ATTIQUE , en Architecture, est un petit & dernier étage décoré de pilastres.

ATTIQUE DE CHEMINÉE. Revêtement de plâtre ou de bois, qui se fait depuis le chambranle jusqu'à la premiere corniche.

AVANT-BEC. C'est ainsi qu'on appelle les deux extrémités des piles d'un pont, qui font toujours en pointe du côté du courant de l'eau ; ceux-ci font appellés *Avant-bec d'amont*, & les autres *Avant-bec d'aval*.

AVANT-CORPS. Sont les parties d'un bâtiment qui ont plus de faillie fur la face ; & les *Arrieres-corps*, au contraire, celles qui en ont le moins.

AVANT-DUC. C'eft un pilotage qui fe fait fur le bord & à l'entrée d'une riviere, pour y établir un plancher pour commencer un pont. A l'endroit où *l'Avant-duc* finit, on place des bateaux, & cela fe fait quand une riviere eft trop large, & que l'on n'a pas fuffifamment de bateaux pour faire un pont entier ; on en fait autant de l'autre côté de la riviere.

AVANT-FOSSÉ. Eft une profondeur qui entoure le bord d'un glacis ; il eft ordinairement rempli d'eau, autrement il feroit plus préjudiciable, qu'utile à la place.

AVANT-GARDE. Eft une partie de l'armée qui marche avant le corps de bataille.

AVANT-TRAIN. Comme les affuts de canon n'ont que deux roues, lorfqu'on veut les conduire d'un lieu à un autre, on fe fert d'un *Avant-train*, qui eft compofé d'un aiffieu avec deux petites roues, accompagné de deux limonieres, &, il fe joint à l'affut par une cheville de fer que l'on nomme *cheville ouvriere*, qui entre dans une lunette pratiquée au milieu de l'entretoife qui eft au pied de l'affut.

AUBE. *Voyez* AILERONS.

AUBERON D'UNE SERRURE. C'eft le petit morceau de fer rivé au *moraillon* ou à l'*auberonniere* qui entre dans une ferrure, & au travers duquel paffe le *péne* ou *pele*.

AUBERONNIERE. C'eft le morceau ou la bande de fer, fur laquelle l'*auberon* eft rivé.

AUBIER ou AUBOUR. C'eft dans le bois une partie qui touche immédiatement à l'écorce, qui eft de couleur blanche, tendre, fujette à fe corrompre & à être piquée des vers.

AUGET ET AUGETTE, *terme de Mine*. Ce font des conduits de bois où fe placent les fauciffons de toile qui conduifent la poudre aux fourneaux & aux chambres des mines.

AUNE DE PARIS. Mefure en ufage à Paris, qui contient près de quarante-quatre pouces de Roi, ou trois pieds fept pouces huit lignes.

AXE. C'eft la ligne qui paffe par le centre d'un corps, comme d'un cylindre, d'un cône & d'une pyramide, & qui eft perpendiculaire fur le centre de fa bafe. On dit auffi l'*Axe* d'une *fphere*, en parlant de fon diametre.

AXE D'UNE LIGNE COURBE. Eft une ligne droite tirée en dedans d'une courbe, qui divife en deux également & à angle droit toutes les lignes droites qu'on peut mener paralleles à la tangente qui touche la *courbe* à l'extrêmité de l'*Axe* ; telle eft l'*Axe* d'une *parabole*, d'une *hyperbole*.

AXE D'UNE ELLIPSE, que l'on nomme communément ovale, eft une courbe qui a un grand & petit axe. *Le grand Axe* eft celui qui divifant l'ellipfe en deux également, exprime la diftance des deux points oppofés de l'*ellipfe*, qui fe trouvent les plus éloignés l'un de l'autre ; & le *petit Axe* divife auffi l'*ellipfe* en deux également dans un autre fens, & exprime au contraire la diftance des deux points oppofés de cette courbe, qui font les plus proches l'un de l'autre. Enfin le *grand* & le *petit Axe* fe coupent toujours à angles droits.

AXE DE POMPE. C'eft une *foupape* ronde, qui va fe terminer en pointe par le bas, & qui a la figure d'un cône.

B AC. Eſt une eſpece de boîte faite de groſſes planches, au travers de laquelle on fait couler les eaux, & dont on ſe ſert pour faire paſſer l'eau d'un lieu dans un autre.

BACULAMÉTRIE. Eſt une partie de la Géométrie pratique, qui enſeigne à meſurer les lignes acceſſibles & inacceſſibles ſur la terre avec pluſieurs bâtons, comme, par exemple, trouver la hauteur d'une tour.

BACULE ou BASCULE. Eſt une porte fermée par le moyen d'un pont-levis qui s'ouvre & ſe ferme en maniere de trébuchet ; & la partie qui fait le contrepoids ſe loge dans une cave quand la porte eſt fermée.

BAHU. Eſt le nom qu'on donne aux profils bombés, à la plupart des chauſſées qu'on pave en pleine campagne.

BAHU. Eſt auſſi le profil bombé du chaperon d'un mur de clôture, de l'appui d'un quai, du parapet d'une terraſſe, &c.

BAGUETTE, en Architecture, eſt une petite moulure ronde, ſur laquelle on taille ſouvent des ornemens.

BAGUETTES, *terme d'Artifice*. Il y en a de deux ſortes ; de courtes, qui ſervent à charger les cartouches des fuſées, & à y refouler les matieres combuſtibles dont on les remplit ; & de longues, qu'on attache aux fuſées volantes pour les diriger dans leur courſe, & les maintenir droites lorſqu'elles s'élevent en l'air.

BAIN ou BOUEN. On dit maçonner en bain de mortier, lorſqu'on poſe les pierres pour conſtruire de la maçonnerie, de façon que ces pierres ſoient bien entourées de mortier, & qu'elles nagent, pour ainſi dire, dedans.

BAJOYERS. Les murs qui compoſent les écluſes conſiſtent en pluſieurs parties, dont celles qui ſe trouvent entre les deux aîles ſe nomment *Bajoyers* ou *jouillieres* : c'eſt au long des *Bajoyers* que ſont attachées les portes.

BALANCE, *terme de méchanique*. Eſt une verge droite qu'on ſuppoſe inflexible & ſans peſanteur, mobile autour d'un point fixe, & chargée à l'égard de ce point à droite & à gauche d'un ou pluſieurs poids. On appelle *bras de balance* les deux parties de la balance ſéparées par le point fixe.

BALANCIER D'UNE ECLUSE. C'eſt la groſſe barre qui lui ſert de manivelle pour la tourner en l'ouvrant ou en la fermant, lorſque l'écluſe s'ouvre ou ſe ferme à un ou deux venteaux.

BALANCIER DE POMPE. Eſt le plus ſouvent une piéce de bois ou une barre de fer poſée horizontalement ſur un point d'appui, qui en fait un levier de la premiere eſpece. A une de ſes extrêmités répond un ou pluſieurs piſtons, & à l'autre eſt une *bille pendante*, ou quelqu'autre piéce répondant à une manivelle, qui donne le mouvement au balancier, qui fait alors hauſſer le piſton. On nomme auſſi *Balanciers* les piéces de bois qui ſervent à entretenir les barres de fer qui compoſent les chaînes de la machine de Marly, c'eſt-à-dire des chaînes qui donnent le mouvement aux pompes, du premier & du ſecond puiſard.

BALCON, en Architecture, eſt une conſtruction de pierre ou de bois, qui repoſe ſur des conſoles en ſaillie au-delà du mur d'un bâtiment, renfermée par une baluſtrade de fer.

BALISTE. Étoit une machine dont les Anciens ſe ſervoient pour jetter des pierres dans l'attaque & dans la défenſe des places, comme on fait préſentement les bombes.

BALISTIQUE. C'eſt l'art de jetter les corps peſans, comme les bombes & les boulets de canon, à une diſtance déterminée.

BALISSE. *Voyez* BOUÉE.

BALIVEAUX. Ce ſont de jeunes chênes au deſſous de 40 ans, qui ont depuis 12 juſqu'à 24 pouces de tour.

BALLE A FEU. Eſt une boule creuſe remplie d'artifice & de différentes compoſitions. Il y en a de diverſe grosseur; les unes se jettent à la main, d'autres dans des mortiers, comme les carcasses qui sont une espece de balle à feu.

Balle de Mousquet. Il y a des balles de différentes grosseurs, selon qu'elles doivent servir pour les pistolets, fusils, mousquets, &c; on les fait ordinairement de plomb. Il s'en est quelquefois fondu de fer, mais elles sont d'un mauvais service, étant trop légeres & sujettes à rayer l'ame du fusil. Les balles qui servent à charger le canon se nomment boulets.

BALON. Espece de cylindre creux, rempli de grenades, cailloux, mitrailles, &c. que l'on chasse en l'air par le moyen du mortier. Il y a aussi des balons d'artifice, qui sont des bombes de carton remplies de composition, dont on fait usage dans les réjouissances. Leur effet est de s'élever avec une très-petite apparence de feu; de crever en l'air lorsque le balon est à sa plus grande élévation, & de produire alors une lumiere très-éclatante.

BALUSTRADE. C'est la continuité de plusieurs balustres de fer, de pierre, ou de bois, à hauteur d'appui.

Balustrade feinte. Sont des *Balustres* attachés de leur demi-épaisseur sur un fond.

Balustre, en Architecture, est une petite colonne ronde ou quarrée, ornée de moulures, pour remplir un appui à jour sous une *tablette*.

BANC. Est un lit de pierres dans les carrieres. On appelle *Banc de ciel* celui d'en haut de la pierre la plus dure, soutenu par des piliers de distance en distance.

BANDE. C'est, en Architecture, tout membre plat en longueur sur peu de hauteur, qu'on nomme aussi *face*.

BANDEAU. C'est un chambranle simple qui se fait à l'entour d'une porte ou d'une croisée.

BANDELETTE, en Architecture, est une moulure plate, qu'on appelle aussi *regle*; elle est plus petite que la plate-bande, & est comme celle qui couronne l'Architrave Dorique.

BANDER un *arc* ou une *plate bande*, c'est assembler les

vouſſoirs & les claveaux ſur les ceintres de charpente,
& les fermer avec la clef.

BANQUETTE. C'eſt , en fortification , une petite éminence de terre de quatre pieds de large & de deux ou
trois de hauteur qui regne le long du parapet intérieur d'un ouvrage , ſur laquelle ſont montés ceux
qui font feu ſur l'ennemi.

BANQUETTE. Se prend encore pour un chemin élevé le
long d'un quai ou d'un pont , ſur lequel paſſent les
gens de pied.

BARBACANE. C'eſt une ouverture étroite & longue en
hauteur qu'on laiſſe aux murs qui ſoutiennent une
terraſſe pour donner de l'air & pour écouler les eaux ;
on la nomme auſſi *canonniere & ventouſe.*

BARBETTE. En fortification , eſt une petite batterie
faite vers les angles flanqués ou pointes des ouvrages.
Le canon des *Barbettes* doit tirer par deſſus le parapet , & non pas par des embraſures , ce qui fait que
le parapet n'a d'ordinaire que trois pieds de hauteur ,
tout au plus , en cet endroit-là.

BARDEAU. Petit ais de merrain fait en forme de tuile ,
dont on couvre les apentis & les moulins à vent.

BARIL. Il y a des barils faits de tout bois & de toute
grandeur , pour contenir les munitions, comme la
poudre , le plomb , &c. Il y en a même à bourſe de
cuir par l'ouverture d'en haut , pour tenir la poudre
plus ſûrement aux batteries.

BARILS FOUDROYANS ET FLAMBOYANS. Ce ſont des barils remplis d'artifice , dont on ſe ſert dans les ſiéges
pour brûler les ouvrages de l'ennemi.

BARILLET , que les Ouvriers appellent *ſecret* , eſt un
morceau de bois de figure cylindrique , percé dans le
milieu , couvert d'une ſoupape, qui ſe place dans le
fond du corps d'une pompe aſpirante.

BAROMETRE. Inſtrument qui montre les variations de
la preſſion de l'air , & qui ſert à les eſtimer. On eſt
redevable de ſon invention à Toricelli , diſciple de
Galilée.

BARQUE. Eſt un petit navire qui n'a qu'un pont , & qui ne ſert que pour la marchandiſe ; il a trois mâts , un grand , un de miſène , & un d'artimon. La portée des plus grandes barques n'eſt guères que de 100 tonneaux. On nomme encore barque longue, une barque qui ne ſert que pour la guerre ; c'eſt un petit bâtiment qui n'eſt point ponté , plus bas de bord que les barques ordinaires, aigu par ſon avant , & qui va à voiles & à rames.

BARRE. C'eſt une piéce de bois longue & menue , qui ſert à entretenir les ais d'une cloiſon & à d'autres ouvrages.

Barre ou Barreau de fer. Se dit du fer employé de ſa groſſeur.

Barre de Tremie. Celle qui eſt de fer plat , & ſert à ſoutenir un atre & la hotte d'une cheminée.

Barre d'appui. C'eſt dans une rampe d'eſcalier ou un balcon de fer , la barre de fer applatie ſur laquelle on s'appuye , & dont les arrêtes doivent être rabattues.

Barre de croisée. Se dit de toutes barres de bois ou de fer qu'on met au dedans ſur les volets & contrevents de croiſées , & ſur les autres fermetures.

BARREAU MONTANT DE COSTIERE. C'eſt le *Barreau* où une porte de fer eſt pendue , & *Barreau montant de bâtiment* , celui où la ſerrure eſt attachée.

BARRIERE, en fortification , eſt un aſſemblage à claire-voye de pluſieurs piéces de bois , compoſé de deux battans , ſervant à fermer l'entrée d'un chemin couvert , d'un pont , ou d'un ouvrage. Il y a ordinairement des barrieres aux places d'armes pour faciliter les ſorties.

BAS-BORD , *terme de Marine*. C'eſt le côté gauche d'un vaiſſeau , c'eſt-à-dire le côté qui eſt à la gauche d'une perſonne qui regarde la *proue* ; & *ſtribord* eſt le contraire. On ſe ſert auſſi de ces termes pour exprimer les côtés des écluſes qui ſe trouvent à la gauche & à la droite de celui qui paſſe dedans.

BAS-COTÉS. C'eſt le nom que l'on donne aux galeries baſſes d'une Egliſe, qui ſont à droite & à gauche de la nef.

BASCULE. En fortification, ce terme eſt en uſage pour exprimer une maniere de pont-levis, qui ſe hauſſe & ſe baiſſe par le moyen de deux fleches, auſquelles ſont ſuſpendues des chaînes de fer, qui ſont attachées aux extrêmités des mêmes ponts.

BASE, *terme de Géométrie.* Il en faut conſidérer de deux ſortes, celle des figures planes, & celle des corps ſolides. Par exemple, la *Baſe* d'un triangle ou d'un parallelogramme eſt le côté d'un triangle ou d'un parallelogramme pris indifféremment, ſur lequel on ſuppoſe que le reſte de la figure eſt appuyé ; de même la baſe d'un parallelipipede, d'un priſme, d'un cylindre, d'une pyramide & d'un cône, eſt un plan régulier ou non, qui compoſe une partie de la ſurface, & ſur lequel eſt appuyé le ſolide dont il s'agit.

BASE, en Architecture, ſe dit de tout corps qui en porte un autre avec empattement, mais particulierement de la partie inférieure d'une colonne & d'un piédeſtal.

BAS-RELIEF. Ouvrage de Sculpture qui a peu de ſaillie, qui eſt attachée ſur un fond. On y repréſente des ornemens de feuillages, ou quelque ſujet intéreſſant.

BASILIQUE. C'étoit chez les Anciens une maiſon royale, où les Souverains rendoient eux-mêmes la juſtice.

BASSIN, dans la marine, eſt un eſpace approfondi, lequel eſt environné de murs qui en occuppent le pourtour. A ſon entrée eſt une écluſe par où paſſent les vaiſſeaux que l'on veut garder à flot dans le baſſin en temps de baſſe mer. Ce *Baſſin* s'appelle auſſi *Darcine.*

BASSIN DE PARTAGE. Eſt dans un canal fait par artifice, l'endroit où eſt le ſommet du niveau de pente, & où les eaux ſe joignent pour la continuation du canal. Le repaire où ſe fait cette jonction, eſt appellé le *point de partage.*

BASSIN A CHAUX. Dans les atteliers, ſe dit d'un lieu

qu'on y prépare pour y éteindre la chaux, ou pour y faire du mortier.

Bassin. Se dit pareillement d'un grand reservoir d'eaux, qu'on amaffe pour entretenir les éclufes & les canaux de navigation.

BASTION. Eft une maffe de terre revêtue de maçonnerie, que l'on éleve d'ordinaire fur l'angle de la place que l'on fortifie. Il eft compofé d'une *gorge*, de deux *flancs* & de deux *faces*; il y en a qui font pleins, & d'autres vuides. Le *Baftion plein* eft celui dont le rempart occupe tout l'efpace ; le *Baftion vuide* eft celui qui a un rempart feulement le long de fes faces & de fes flancs, & un vuide dans le milieu. Il y a auffi des *Baftions à orillons* qui font fort en ufage. *Voyez* Orillon.

Bastion détaché. Eft celui qui ne tient pas au corps de la place, ou, s'il y eft joint, ce n'eft que par des traverfes, ou des petites murailles pratiquées dans le foffé à l'endroit de fa gorge.

Bastion plat. Eft celui que l'on met fur une ligne droite, lorfqu'elle eft trop longue pour être fuffifamment défendue des *Baftions* qui font à fes extrêmités.

BATARDEAU, en Fortification, eft un mur épais de fept à huit pieds, qui fe fait dans les foffés pleins d'eau d'une place de guerre. Au milieu de ce *Batardeau* eft le plus fouvent pratiquée une ouverture fermée par une vanne, qui fert à introduire l'eau d'un foffé dans un autre. Le deffus du *Batardeau* qui eft en dos d'âne, s'appelle *cape* du *Batardeau*. Sur cette *cape* eft une tourelle qu'on appelle *dame*, qui fert à empêcher la défertion des foldats.

Batardeau. Se peut prendre encore pour toutes fortes d'ouvrages conftruits dans l'eau avec des madriers & des pilots, qui forment une efpece de coffre, qu'on remplit de terre glaife propre à retenir les eaux.

BATI. Ce mot fe dit en menuiferie de l'affemblage des montans & traverfes, qui renferment un ou plufieurs panneaux.

BATIMENT. Eſt toute forte de lieu élevé par artifice ;
ils peuvent être réguliers ou irréguliers.

BATIMENT ISOLÉ. Eſt celui qui n'eſt adoſſé à aucun autre.

BATTAGE, *terme d'Artillerie.* Se dit du temps qui s'employe à battre la poudre dans le moulin ; les pilons
font de bois & armés de fonte, & les mortiers font
de bois creuſés dans une poutre. Pour faire la bonne
poudre, il faut un battage de vingt-quatre heures,
à 3500 coups de pilon par heure, ſi le mortier contient ſeize livres de compoſition.

BATTELEMENT. C'eſt l'extrêmité d'un toît, & l'endroit par où l'eau tombe dans une gouttiere.

BATTEMENT. Tringle de bois qui cache l'endroit où
les venteaux d'une porte ſe joignent.

BATTERIE. Eſt un lieu couvert d'un parapet, où l'on
met du canon pour tirer ſur l'ennemi.

BATTERIE ENTERRÉE. Eſt celle dont le terre-plein ou
la plate-forme eſt enfoncée dans le niveau de la campagne, & dont les embraſures font taillées dans le
terrein même.

BATTERIE EN ÉCHARPE, OU PAR BRICOLE. Sont celles qui
battent un peu par réflexion.

BATTERIE D'ENFILADE. Eſt celle qui découvre tout le
long d'une ligne droite, comme, par exemple, une
face une *courtine*, une branche d'ouvrage à corne ou
du chemin couvert, & qui bat le canon en rouage.

BATTERIES DE REVERS, OU MEURTRIERES. Sont celles
qui battent l'ennemi à dos.

BATTERIES PAR CAMARADE. Sont celles dont les piéces
tirent à la fois ſur une même ligne.

BATTERIES A REDENS. Celles dont le parapet ſe fait par
redens, quand on ne peut la faire en ligne droite par
la ſujetion du terrein.

BATTERIES A RICOCHET. Sont celles qui enfilent & battent de revers les chemins couverts & autres ouvrages.
L'on charge les piéces d'une petite quantité de poudre ſuffiſante, qui néanmoins puiſſe porter les boulets à toute volée dans les ouvrages qu'elles enfilent,

& dans lesquels ils font plusieurs bonds & ricochets après leurs chûtes.

BATTRE EN BRÉCHE. C'est faire tomber une muraille ou le revêtement d'un bastion, ou de quelqu'autre ouvrage, pour y donner l'assaut. L'on dit aussi *Battre* de toutes les maniéres différentes que l'on vient de voir, en parlant des batteries.

BATTEURS D'ESTRADE, *terme de Guerre.* Sont des cavaliers détachés d'une armée, & qui s'éloignent de la tête & des aîles environ une lieue, pour reconnoître le pays & en donner avis au Général.

BAVETTE, en Architecture, est une bande de plomb, au devant du cheneau, ou au dessus d'un bourseau.

BAUGE. Mortier de terre franche & de paille, ou de foin corroyé, comme celui de chaux & de sable ; on s'en sert faute de meilleure qualité.

BAYE, Bée, ou Jour. En Architecture, ces mots se disent de toutes sortes d'ouvertures percées dans les murs, comme des portes ou des croisées, & même des passages de cheminées.

BAYE, *terme de Marine.* Petit golphe ou bras de mer qui s'ouvre entre deux terres, où les vaisseaux sont en sûreté, & qui est beaucoup plus large par le dedans que par l'entrée.

BAYONNETTE. Espece de coûteau ou d'épée fort courte, qui s'emmanche au bout du fusil, & qui y est retenu par deux petits boutons.

BEC, en Architecture, c'est ce petit filet qu'on laisse au bord d'un larmier qui forme un canal, & fait la *mouchette pendante.*

BEFROI. Espece de donjon élevé pour découvrir de loin, & où l'on tient une cloche pour sonner le tocsin en cas d'allarme.

BELANDRE. Est un bâtiment fort plat de varangue, ayant son appareil de mâts, de voiles, semblable à celui d'un heu, & dont la couverte ou le tillac s'éleve de proue à poupe, d'un demi-pied plus que le plat-bord. Ainsi entre le plat-bord & le tillac, il y

a un espace d'environ un pied & demi qui regne en
bas, tant à stribord qu'à bas-bord. Les *Belandres* servent au transport des marchandises, & les plus grandes, qui sont de quatre-vingt tonneaux, se peuvent
conduire par trois ou quatre personnes. Elles vont à
la bouline comme le heu, & ont des semeles pour
cela. On s'en sert principalement dans la basse
Flandre, étant fort propres à naviger sur les canaux
& sur les rivieres.

BELIER. Machine de guerre dont les Anciens se servoient pour abattre les murailles des villes qu'ils af-
siégeoient. C'étoit une très-grosse poutre suspendue
en l'air, & terminée par une tête de bélier, qu'on
lançoit avec violence contre les murs où l'on vouloit faire bréche; les coups redoublés qu'elle y don-
noit, ne tardoient pas à les renverser, & ouvroient ainsi
un passage à l'assiégeant.

BELVEDERE. Est un donjon ou pavillon élevé, ou une
éminence en maniere de plate-forme, pour découvrir la campagne.

BERCEAU. Est une voûte en plein ceintre.

BERGE. Bord d'une riviere élevé ou escarpé. Le *rivage*
c'est le bord où l'eau arrive, mais la *Berge* est la terre
qui est élevée auprès, qui garantit la campagne des
inondations.

BERME ou RELAIS. Est un espace au rez-de-chaussée,
en forme de chemin ou petite allée, qu'on laisse au
pied extérieur du rempart, qui n'est pas revêtu, tant
pour soutenir la masse de terre, que pour recevoir
les débris des parapets; on plante des palissades sur la
Berme, ou bien une haie vive.

BEZEAU, *terme de Charpenterie*, dont on se sert en parlant d'une piéce de bois, dont une des extrêmités a été
coupée en *siflet*, c'est-à-dire obliquement à l'écart
de la piéce. Par exemple, les coyaux sont des bouts
de chevrons, dont l'une des extrêmités est coupée en
Bezeau, pour être appliquée sur les chevrons.

BIEZ. C'est le nom qu'on donne à la partie d'un canal de

navigation qui se trouve comprise entre deux sas , &
d'où l'on tire l'eau pour faire monter & descendre les
bateaux aux endroits où il y a des chûtes.

BILBOQUETS. Les ouvriers appellent ainsi tous petits
quartiers de pierre , qui ayant été sciés d'une plus
grosse , restent dans le chantier.

BILLE PENDANTE. Dans les machines hydrauliques, on
le dit en parlant d'une piéce de bois pendue à l'extrêmité d'un balancier , servant à faire mouvoir quelqu'autre piéce essentielle. Par exemple , à la machine
de Marly , ce sont les *Billes pendantes* qui font aller
les *varlets* ; il y a aussi des *Billes couchées* qui s'approchent & se reculent , selon que la roue à aubes fait
son tour.

BINARD. Chariot fort à quatre roues , qui sert à porter
de gros blocs de pierre.

BINOME, *terme d'Algebre*. C'est une quantité composée
de deux autres. On en distingue de plusieurs espéces.

BISCUITS. En Maçonnerie , ce sont des cailloux dans les
pierres à chaux qui restent dans le bassin après qu'elle
est détrempée.

BIVOUAC , *terme de Guerre*. C'est une garde de nuit &
une faction de l'armée entiere , qui faisant un siége ,
ou se trouvant en présence de l'ennemi , sort tous les
soirs de ses tentes & de ses barraques sur le déclin du
jour , & vient par escadrons & bataillons border les
lignes de circonvallation , ou se poster à la tête du
camp , & y passer la nuit sous les armes pour assurer
ses quartiers , empêcher les surprises , & s'opposer
aux secours. *Lever le Bivouac* , c'est renvoyer l'armée dans ses tentes & dans ses barraques , quelque
temps après la pointe du jour.

BLANCHIR. C'est , en Peinture , faire une ou plusieurs
impressions de blanc à colle sur un mur sale , après y
avoir passé un lait de chaux , pour rendre quelque
lieu plus clair & plus propre.

BLANCHIR. En Menuiserie , c'est raboter de file les planches avec la varlope , pour en ôter les traits de scie ,

ce qui les rend plus blanches. En Serrurerie , c'eft li-
mer le fer avec le gros carreau.

BLINDES. En fortification , il y en a de deux fortes ; la
premiere eft faite d'une forte planche d'environ neuf
à dix pieds de long fur trois de large , aux deux côtés
de laquelle on met des piquets de trois ou quatre pieds
de long pour foutenir les fafcines qu'on met entre
deux. La feconde maniere de *Blindes* , eft une efpece de brancard propre à couvrir une demi-fape ou
un boyau étroit , en mettant des fafcines ou des facs
à terre fur ces *Blindes*.

BLOC. C'eft un gros quartier de pierre ou de marbre qui
n'a point été taillé. On appelle *Bloc d'échantillon* ,
celui qui étant commandé à la carriere , y eft taillé
de certaine forme & grandeur.

Bloc. Se dit d'un marché de Maçonnerie , ou autres ouvrages concernant les bâtimens , fans s'arrêter au détail des matériaux & des journées des ouvriers. On dit
aufli faire marché en *tâche* & en *Bloc*.

BLOCAGES. Ce font de menues pierres ou petits moilons qu'on jette à bain de mortier pour garnir le dedans des murs ou fonder dans l'eau à pierres perdues.

BLOCHETS. En Charpenterie ; petites piéces de bois
qui portent des chevrons , & font entaillées fur des
plate-formes. On nomme *Blochet d'areftier* , celui
qui pofé à l'encoignure d'une croupe , reçoit dans fa
mortaife le tenon du pied de l'areftier ; & *Blochet
mordant* , celui dont les tenons & les entailles font
en queue d'ironde.

BLOCUS , *terme de Guerre*. Eft une efpece de fiége formé par des troupes diftribuées fur les avenues d'une
place , pour empêcher que rien ne puiffe y entrer ni
en fortir.

BLOQUER. C'eft dans la conftruction de la Maçonnerie , élever les murs de moilon d'une grande épaiffeur le long des tranchées , fans les aligner au cordeau , comme on fait les murs de pierres féches. C'eft
aufli remplir les vuides de moilon & de mortier fans

ordre, comme on le pratique pour les ouvrages fondés dans l'eau.

BLOQUER une place. *Voyez* **BLOCUS**.

BLOQUER. En terme de Marine, eſt mettre de la bourre ſur du goudron entre deux bordages, quand on double un vaiſſeau.

BOËTES POUR LES RÉJOUISSANCES. Ce ſont de petits canons très-courts, de fonte ou de fer, que l'on poſe en ſituation verticale, après les avoir chargés de poudre à canon & bouchés d'un tampon de bois chaſſé à force. On y met le feu, comme au canon, par une lumiere placée au bas de la *Boîte*. Les traînées pour y porter le feu, ſe font avec du ſon & de la poudre par deſſus, à cauſe de l'humidité de la terre.

BOËTE. Eſt encore un bouton de bois de figure cylindrique au bout d'une hampe, ſur quoi eſt clouée la lanterne qui ſert à charger le canon. On donne auſſi le nom de *Boîte* à la partie de l'écouvillon, ſur laquelle eſt attachée la peau de mouton ſervant à nettoyer l'ame du canon ; enfin la tête du refouloir s'appelle encore *Boîte*.

BOËTE. Eſt auſſi le nom qu'on donne à la partie de fer ou de fonte que l'on met aux extrêmités du trou pratiqué aux moyeux des roues des affuts de canon & autres, & dans lequel entre le bout de l'eſſieu.

BOËTE, *terme d'Artillerie*. C'eſt un outil de cuivre, auquel eſt emmanché un couteau bien acéré, qui ſert à diminuer le métal des piéces dont on veut aggrandir le calibre ; c'eſt ce qu'on appelle *allezer*.

BOIS. Matiere tirée du corps des arbres, qui ſert à divers uſages dans les bâtimens, & qui doit être conſidérée ſelon ſes eſpeces, ſes façons & ſes défauts.

Bois ſelon ſes eſpeces.

BOIS DE HAUTE FUTAYE. Eſt un bois planté de grands arbres de tige, tels que ſont le *chêne*, le *hêtre*, le *charme*, le *tilleul*, le *pin*, &c. qu'on laiſſe croître ſans y rien couper juſqu'à ce qu'ils approchent de leur retour. Quand un bois occupe une grande étendue de pays, on l'appelle *forêt*; on en tire le bois à bâtir.

Bois de chêne rustique ou dur. Celui qui a le plus gros fil, & qui ſert pour la Charpenterie.

Bois de chêne tendre. Celui qui eſt gras, c'eſt-à-dire moins poreux que le dur, & avec peu de fil; il eſt propre pour la Menuiſerie & la Sculpture.

Bois léger. C'eſt tout bois blanc, tel que le *ſapin*, le *tilleul*, le *tremble*, &c. qui ſert à faire les cloiſons & les planches, au défaut du chêne.

Bois sain & net. Celui qui eſt ſans *malandre*, nœud vicieux, fiſtule, gale, &c.

Bois ſelon ſes façons.

Bois en grume. Celui qui eſt ébranché, & dont la tige n'eſt pas équarrie; il ſert de toute ſa groſſeur pour les pieux des palées & pilotis.

Bois de brin ou de tige. Celui dont on a ſeulement ôté les quatre *doſſes flaches* pour l'équarrir.

Bois de sciage. Celui qui eſt propre à refendre, ou qui eſt débité à la ſcie, en chevrons, membrures ou planches.

Bois d'équarrissage. Celui qui eſt équarri au deſſus de ſix pouces, & qui a différens noms ſuivant ſes groſſeurs.

Bois de refend. Celui qui ſe refend par éclats pour faire du merrain, des lattes, des échalats, du bois de boiſſelerie, pour les treillages, &c.

Bois méplat. Celui qui a beaucoup plus de largeur que d'épaiſſeur, comme les membrures pour la Menuiſerie.

Bois d'échantillon. On appelle ainſi les piéces de bois de certaines groſſeurs & longueurs ordinaires, comme elles ſont dans les chantiers des marchands.

Bois refait. Celui qui de gauche ou flache qu'il étoit,

est équarri , & dressé au cordeau sur ses faces.

BOIS LAVÉ. Celui dont on ôte tous les traits de la scie & de rencontre avec la besaiguë.

BOIS CORROYÉ. C'est celui qui est repassé au rabot, en Charpenterie, & applani à la varlope, en Menuiserie.

BOIS VIF. Celui dont les arrêtes sont bien vives & sans flache , & dont il ne reste ni écorce , ni aubier.

BOIS FLACHE. Celui qui ne peut être équarri sans beaucoup de déchet, & dont les arrêtes ne sont pas vives. Les ouvriers appellent *cantibay*, celui qui n'a du flache que d'un côté.

BOIS TORTU. Celui qui n'est bon qu'à faire des courbes.

BOIS GAUCHE OU DEVERSÉ. Celui qui n'est pas droit par rapport à ses angles & à ses côtés.

BOIS BOUGE. Celui qui a du bombement , ou qui courbe en quelque endroit.

BOIS AFFOIBLI. Celui dont on a diminué considérablement de la forme d'équarrissage, pour le rendre d'une figure courbe , droite ou rampante , ou pour laisser des bossages, comme aux poinçons des corbeaux, aux poteaux de membrures , &c. Ces bois se toisent de la grosseur de leur équarrissage, pris au plus gros de leur bossage.

BOIS APPARENT. Celui qui mis en œuvre dans les planchers, cloisons , ou pans de bois , n'est point recouvert de plâtre.

Bois selon ses défauts.

BOIS GÉLIF. Celui qui a des gersures , ou fentes causées par la gelée.

BOIS CARIÉ OU VICIÉ. Celui qui a des malandres & nœuds pourris.

BOIS BLANC. Celui qui tient de la nature de l'aubier , & se corrompt facilement.

BOIS VERMOULU. Celui qui est piqué des vers.

BOIS ROUGE. Celui qui s'échauffe & est sujet à se pourrir.

BOIS QUI SE TOURMENTE. Celui qui se déjette , n'étant pas sec lorsqu'on l'employe.

Bois mort en pied. Celui qui eſt ſans ſubſtance, & n'eſt bon qu'à brûler.

Bois coupé. C'eſt-à-dire qui n'eſt pas de fil.

BOISER. C'eſt revêtir des murs & cloiſons par dedans de lambris de menuiſerie.

BOMBARDE. C'étoit une groſſe piéce d'artillerie que l'on chargeoit avec de la poudre & des boulets de pierre ; elle n'eſt plus d'uſage.

BOMBARDEMENT. C'eſt le dégat que l'on fait en jettant des bombes dans une place ou ailleurs.

BOMBARDIER. C'eſt celui qui charge & qui tire les mortiers & les bombes.

BOMBE. Eſt une boule creuſe, de fer, armée de deux anſes, plus épaiſſe de métal dans ſon culot que dans ſa partie ſupérieure, à laquelle il y a un trou pour mettre la fuſée qui doit communiquer le feu à la poudre renfermée dans la bombe. Son uſage eſt d'être jettée avec le mortier dans une place, ſoit pour y mettre le feu, ou pour démonter l'artillerie des ennemis.

BOMBÉ ou COURBÉ. Se dit d'un trait de portion circulaire fort plate, comme celui qui ſe fait ſur la baſe d'un triangle équilatéral, dont l'angle au ſommet eſt le centre.

BOMBEMENT. Se dit pour *curvité, convexité* & *renflement.*

BONNASSE, *terme de Marine.* La *Bonnaſſe* eſt quand le ſoufle du vent eſt modéré, que le ciel eſt ſerein, que l'air & la mer ſont tranquilles.

BONNET A PRÊTRE. En Fortification, eſt une piéce détachée, qui forme à la tête deux angles rentrans & trois ſaillans, avec deux grandes branches, dont les extrêmités vers la gorge vont en s'approchant, comme en queue d'ironde. Cet ouvrage n'eſt plus d'uſage, parce que les parties en ſont mal défendues.

BORDAGE. En terme de marine ; on appelle ainſi les planches qui recouvrent les côtés extérieurs des vaiſſeaux, enſorte qu'une planche ou un *Bordage* eſt la même choſe.

BORDÉE, *terme de Marine*. La *Bordée* est le cours d'un vaisseau, depuis un revirement jusqu'à l'autre ; c'est aussi l'artillerie qui est dans le sabord de l'un des deux côtés du vaisseau.

BORDURE. En Architecture, est un profil, en relief, rond ou ovale ; celle qui est quarrée est appellée *cadre*, & sert à renfermer quelque tableau ou panneau.

BORDURE DE PAVÉ. Les paveurs appellent ainsi les deux rangs de pierre dure & rustique, qui retiennent le pavé d'une chauffée.

BORNE. Espece de cône tronqué, de pierre dure, à hauteur d'appui, placé à l'encoignure ou au devant d'un mur, pour le défendre des charrois. Ces *Bornes* sont adossées aux murs, ou isolées ; & quand elles renferment une place au devant d'un bâtiment, sur une voye publique, elles déterminent la possession de cette place au particulier qui les a fait planter, sans quoi elle resteroit au public.

BORNOYER. C'est d'un coup d'œil juger par trois ou plusieurs *jalons*, de la droiture d'une ligne, pour ériger un mur droit, ou planter des arbres d'alignement.

BOSSAGE. En Maçonnerie, ce mot se dit de toutes les pierres posées en place, où les moulures ne sont point coupées, & où la sculpture n'est point taillée. Il se dit aussi de certaines pierres avancées, qu'on laisse au dessous des coussinets d'un arc ou d'une voûte, & qui servent de corbeaux pour porter les ceintres, au lieu de faire des trous de *boulins*.

BOSSAGES OU PIERRES DE REFEND. Ce sont les pierres qui semblent excéder le nud du mur, a cause que les joints du lit en sont marqués par des renfoncemens ou canaux quarrés.

BOSSAGE RUSTIQUE. Celui qui est arrondi, & dont les paremens paroissent bruts ou pointillés.

BOSSAGE EN LIAISON. Celui qui représente les carreaux & les boutisses, & qui en est séparé par des joints montans de pareille largeur & renfoncement que ceux du lit.

BOSSE. C'eſt, dans le parement d'une pierre, un petit *Boſſage* que l'ouvrier y laiſſe, pour marquer que la taille n'en eſt pas toiſée, & qu'il ôte après en ra-gréant.

BOUCHE. En Artillerie, ſe dit pour l'embouchure d'une piéce de canon, pour celle d'un mortier, d'un fu-ſil, d'un mouſquet, & de toute arme à feu.

BOUCHIN, *terme de Marine.* Le *Bouchin* eſt la partie la plus large du vaiſſeau, de dehors en dehors, ce qui ſe rencontre toujours à ſtribord & à bas-bord du grand mât; c'eſt le lieu où ſe met la maîtreſſe-côte, ou le premier membre qui donne au navire ſa plus grande largeur.

BOUCLÉ. En Maçonnerie, on dit qu'un mur eſt *Bou-clé*, quand il fait le ventre, & qu'il eſt prêt à tomber.

BOUÉE, *terme de Marine.* La *Bouée* eſt un morceau de bois ou de liege, & quelquefois un baril relié de fer, qui flotte ſur l'eau, & marque les ancres mouillées dans le port, ou laiſſées dans les rades. On nomme auſſi *Bouée* ou *baliſe*, une piéce de bois qui indique la route qu'on doit ſuivre pour éviter les bancs, les rochers, ou les lieux dangereux. On s'en ſert auſſi pour marquer l'entrée d'un port ou d'un canal; par exemple, il y a des *baliſes* à la tête du canal de Mardik; on les nomme auſſi *guides*.

BOULANGERIE. Eſt un bâtiment où l'on fait le pain de munition pour les troupes.

BOULET. Globe ou boule de fer qui ſe chaſſe avec le canon.

BOULETS ROUGES. Sont des *Boulets* ordinaires que l'on fait enflammer dans une forge dreſſée près d'une bat-terie, & dont on charge le canon, pour tirer dans les lieux où l'on veut mettre le feu.

BOULETS A DEUX TÊTES. C'eſt un boulet coupé en deux, dont les moitiés ſont entretenues par une barre de fer.

BOULETS RAMÉS. Sont ceux qui tiennent enſemble avec une chaîne, pour renverſer les eſcadrons de cavalerie.

BOULEVART. Vieux mot qui signifioit autrefois un baſtion.

BOULINS. Piéces de bois qu'on ſcelle dans les murs, ou qu'on ſerre dans les bayes avec des étréſillons pour échafauder. On appelle *trous de Boulins*, les trous qui reſtent des échafaudages.

BOULON. Groſſe cheville de fer avec une tête ronde ou quarrée, qui retient le limon d'un eſcalier, ou un tirant avec un poinçon, par le moyen d'une clavette qu'on met au bout. Il ſert auſſi à boulonner des *liernes*, des *moiſes* & des *têtes de pilots*, &c. dans les palées des ponts, & dans les pilotis de bordage, pour aſſurer une fondation.

BOURE. *Voyez* MOUSSE.

BOURGUIGNOTE. Armure de tête, faite de fer poli, dont ſe ſervoient autrefois les piquiers.

BOURIQUET. Eſt une machine compoſée de deux chevalets ou ſupports triangulaires, au ſommet deſquels eſt enchaſſé un petit treuil horizontal, ſur lequel file une corde qui leve les corbeilles pleines de terre, par le moyen de deux petits leviers ou manivelles attachés aux extrêmités du même treuil. On s'en ſert pour tirer les terres du puits d'une mine, ou d'une fondation.

BOURNEAUX. C'eſt ainſi que l'on nomme des bouts de tuyaux de bois de quatre à cinq pieds de longueur, percés dans le milieu, & ajuſtés bout à bout les uns avec les autres, ſervant à conduire l'eau d'une ſource aux endroits où on veut l'amener. Dans les Pays bas on ſe ſert de bois d'aune, & dans le voiſinage des Alpes, de *pin*, *ſapin*, ou *meleze*. On peut auſſi y employer du chêne, de l'orme, & du hêtre; mais ces deux derniers doivent être enterrés, ſans ſe reſſentir des impreſſions de l'air.

BOURRELET. C'eſt l'extrêmité d'une piéce de canon du côté de ſon ouverture, qui s'appelle *bouche*; en cet endroit la piéce eſt renforcée de métal, & reſſemble à un *Bourrelet*.

BOURSEAU, *terme d'Architecture.* Moulure ronde fur la *panne de brifis* d'un comble d'ardoife coupé, qui eſt recouvert de plomb.

BOUSIN. C'eſt le tendre du lit d'une pierre, qu'on ôte en l'équarriſſant.

BOUSSOLE. Eſt une boîte couverte d'une vitre, au fond de laquelle il y a une aiguille aimantée, qui fe tourne toujours vers le pôle arctique, à la referve de quelque déclinaifon qu'elle fait en divers endroits. Elle eſt fufpendue fur un pivot élevé au milieu du fond de la boîte, où eſt auſſi une circonférence de cercle divifée en 360 dégrés. Cette *Bouſſole* peut fervir pour mefurer des angles fur la terre, quand on veut lever une carte. On s'en fert auſſi pour orienter un plan, c'eſt-à-dire pour marquer la fituation de ce plan à l'égard des quatre points cardinaux du monde.

La *Bouſſole* dont on fe fert pour la navigation, a fa circonférence divifée en trente-deux parties égales, qui marquent les trente-deux airs ou rumbs de vent ; ce qui fe fait fur une piéce de carton mince, taillée en cercle, que l'on nomme *rofe des vents*, pour repréſenter l'horizon. Cette rofe eſt attachée fur l'aiguille aimantée qui la dirige ; ainſi elle tourne avec l'aiguille même.

La *Bouſſole* nous a donné la connoiſſance du Nouveau monde ; elle contribue à lier tous les peuples de la terre par le commerce. On prétend qu'on en eſt redevable à *Flavio*, Napolitain, qui l'inventa vers l'année 1302. D'autres veulent que *Marc Pol*, Vénitien, voyageant en la Chine, la rapporta de ce pays en 1260 ; auſſi les Chinois prétendent-ils en avoir eu connoiſſance plus de 1100 ans avant J. C. D'autres enfin font voir qu'on la connoiſſoit en France vers l'année 1200, un Auteur de ce temps-là en ayant fait mention fous le nom de la *marinette.* Ce qu'il y a de vrai, c'eſt que les anciens ne la connoiſſoient pas, puifqu'ils n'ont jamais fait que côtoyer les mers.

BOUTE-FEU. Eſt un bâton qui porte à l'une de ſes extrêmités une fourchette, ou un double ſerpentin garni d'une méche allumée par les deux bouts, pour porter le feu aux canons.

BOUTISSE. En Maçonnerie, Eſt une pierre dont la plus grande longueur eſt dans le corps du mur. Elle eſt différente du *carreau*, en ce qu'elle préſente moins de parement, & qu'elle a plus de *queue*.

BOUTON. Eſt le petit corps fondu avec le canon, qui eſt à l'extrêmité du côté de la volée, & qui ſert de mire pour tirer plus droit. Il y a encore le bouton de la culaſſe qui eſt à ſon extrêmité.

BOYAU. Bien que ſous ce nom on entende d'ordinaire le foſſé de la tranchée, ſa vraie ſignification eſt le foſſé bordé d'un parapet que l'on fait pour communiquer deux attaques, ou deux places d'armes, ou deux quartiers d'un ſiege. Les *Boyaux* de communication ſe tirent à peu près paralleles au front de la place.

BRACONS. En Charpenterie, ce ſont des petits potelets aſſemblés avec les traverſines, qui compoſent les venteaux des grandes écluſes.

BRANCHES. Sont des grands côtés, ou remparts bordés de leur parapet, qui terminent les ouvrages à *corne*, à *couronne*, ou à *tenaille*, à droite & à gauche, depuis leur gorge juſqu'à leur front.

BRANCHES D'OGIVES. En Architecture, ce ſont les arcs & diagonales des voûtes gothiques. Il y a de ces *Branches* détachées des *pendentifs* de la douelle, qui en rachetént d'autres ſuſpendues, d'où pend quelque cul-de-lampe ou couronne.

BRANDINS. *Voyez* CHEVRONS.

BRAQUER. Se dit improprement du canon que l'on tourne d'un certain côté; car il faut dire *pointer* un canon. *Voyez* POINTER.

BRASSARD. Armure de fer poli, qui ſervoit à couvrir les bras des gens de guerre lorſqu'ils étoient armés de toutes piéces.

BRAYETTE. *Voyez* Tore corrompu.

BRECHE. Ouverture caufée à un mur de clôture par violence, mal-façon, ou caducité.

Breche. En terme de Fortification, eft l'ouverture, ou
le débris que l'afliégeant fait aux travaux d'une place
fortifiée, en renverfant la maçonnerie, ou les terres,
par le moyen de la mine ou du canon.

BRETELER. En Architecture, c'eft dreffer le parement
d'une pierre, & regrater un mur avec un outil à
dents, comme la *laye*, le *riflard*, la *ripe*, &c.

BRIGADE. Eft une partie ou une divifion d'un corps de
gens de guerre, foit de cavalerie, ou d'infanterie ;
car on diftingue aujourd'hui deux fortes de *Brigades* ;
fçavoir, *Brigade de l'armée*, & *Brigade d'une compagnie de cavalerie*. La *Brigade* de l'armée fe dit indifféremment d'un corps de cavalerie, ou d'un corps
d'infanterie. Pour la *Brigade* d'une compagnie de cavalerie, quand elle eft de quarante à cinquante maîtres,
c'eft la troifiéme partie de la compagnie. On dit auffi
Brigade des *Ingénieurs*, en parlant d'un certain nombre d'Ingénieurs fubalternes, qui font fous les ordres
d'un ancien Ingénieur, qu'on nomme *Brigadier*, qui
monte à fon tour la tranchée avec fa *Brigade*.

Brigade d'artillerie, eft compofée d'un Commiffaire
provincial, d'un certain nombre de Commiffaires
ordinaires & extraordinaires, & d'Officiers poin-
teurs.

BRIGANTIN. Eft un vaiffeau de bas-bord, qui va à
voiles & à rames, & qui eft fans couverte ; il a jufqu'à dix ou douze rames de chaque côté, & n'a qu'un
rameur à chaque rame. C'eft une efpece de galiote
fur la Méditerranée. Les Corfaires s'en fervent ordinairement pour aller en courfe, parce qu'il eft léger,
& que chaque matelot y eft foldat.

BRIQUE. Terre graffe & rougeâtre, qui après avoir été
paîtrie & moulée de certaine grandeur & épaiffeur, &
fechée quelque temps au foleil, eft enfuite cuite au
four, & fert à compofer la maçonnerie. Les revête-

mens des ouvrages de fortification ſe font ordinairement de briques, excepté le ſoubaſſement & les angles ſaillans, qni ſe font de graiſſerie. La *Brique* a
ordinairement huit pouces de long, ſur quatre pouces
de large & deux d'épaiſſeur, parce qu'ainſi elle eſt
fort aiſée à mettre en œuvre.

BRIQUES EN LIAISON. Celles qui ſont poſées ſur le
plat, liées de leur moitié les unes avec les autres.

BRIQUES DE CANT. Celles qui ſont poſées ſur le côté.

BRISE, *terme d'Ecluſe*. C'eſt une poutre poſée en baſcule ſur la tête d'un gros pieu, ſur laquelle elle tourne, & qui ſert à appuyer par le haut les aiguilles d'un
pertuis.

BRISE-COU. Terme vulgaire, pour ſignifier un défaut
dans un eſcalier, comme une marche plus ou moins
haute que les autres, un giron plus ou moins large,
un palier, ou un quartier tournant trop étroit, une
trop longue ſuite de marches à colet, dans un eſcalier
à quatre noyaux.

BRISE-GLACE. C'eſt un ou pluſieurs rangs de pieux du
côté d'amont, & au devant d'une pile de charpente
ou palée, pour la préſerver des glaces, ou du heurte-
ment des corps étrangers, que les inondations en-
traînent. Les pieux des *Briſe-glaces* ſont d'inégale
longueur, enſorte que le plus petit ſert d'éperon.
Ils ſont couverts d'un *chapeau rampant*, qui les tient
en raiſon pour briſer les glaces, & conſerver la palée.

BRISIS. C'eſt en Charpenterie, l'endroit qui forme l'angle où, dans le comble coupé, le vrai comble ſe
joint au faux.

BRISURE, en Fortification. Quand on veut fortifier avec
des baſtions à orillons, ſelon la méthode de M. de
Vauban, on commence à tracer toutes les parties de
l'enceinte comme à l'ordinaire, enſuite on continue l'orillon & le flanc concave : pour cela on prolonge les lignes de défenſe de cinq toiſes, depuis
l'angle de la courtine vers la gorge des baſtions, &
c'eſt cette partie prolongée de cinq toiſes qui s'ap-

pelle *Brifure* ; ainſi l'on voit que la courtine & la *Brifure* forment un angle qui contribue à donner plus d'étendue aux flancs.

BRONZE. Métal compofé d'airain & de potin, dont on fond en cire perdue les figures de bas-relief, & les ornemens.

BROUETTE. Efpece de petit tombereau , ayant une feule roue à fon centre , & qu'un homme pouſſe devant lui en la tenant par les deux bras. Elle fert pour le tranſport des terres.

BRULOT. Eſt un vaiſſeau conſtruit de bois de vieux navires, fort léger , pour aller bien à la voile, rempli de poudre, d'artifices , & d'autres matieres combuſtibles , à deſſein de brûler quelques vaiſſeaux ennemis. Il porte depuis 200 juſqu'à 250 tonneaux.

BRUT. Se dit de tout ce qui n'eſt point dégroſſi , comme la pierre & le marbre au fortir de la carriere.

BUSC D'ECLUSE.. C'eſt la faillie que forment les deux portes d'une éclufe, lorfqu'étant fermées elles préfentent un angle du côté qu'elles foutiennent l'eau.

BUTER. C'eſt , par le moyen d'un arc ou pilier *butant* , contretenir ou empêcher la pouſſée d'un mur, ou l'écartement d'une voûte. On dit *butée*, ou *boutée*.

BUZE , *terme de Mine*. C'eſt un tuyau de bois & de plomb , qui conduit l'air dans les mines par des ouvertures & des puits.

CABESTAN. C'eſt une machine dont on fe fert à élever & traîner les fardeaux. Elle eſt compofée de deux tables de bois , & d'un *treüil* ou *virveau* pofé à plomb, que l'on appelle auſſi *fufée* , autour duquel file le cable. Il eſt mis en mouvement par des leviers qui paſſent au travers , & que des hommes font tourner.

CABLE. Ce mot se dit généralement de tous les cordages nécessaires pour traîner & enlever des fardeaux. Ceux qu'on nomme *brayers* servent pour lier les pierres, baquets à mortiers, bourriquets à moilon, &c. Les *haubans*, pour retenir & haubanner les *engins*, *gruaux*, &c. & les *vintaines*, qui sont les moindres cordages, servent pour conduire les fardeaux en les montant, & pour les détourner des saillies & des échafauds. On dit bander, pour tirer un *Cable*.

CADRE DE CHARPENTE. Assemblage quarré de quatre grosses piéces de bois, qui fait l'ouverture de l'enfoncement d'une lanterne, pour donner du jour dans un sallon, un escalier, &c. & qui sert de chaise à un clocher, ou à un Attique de comble.

CAGE D'ESCALIER. Espace entre quatre murs droits, ou bien un circulaire, qui renferme un escalier. On nomme aussi *Cage*, la cave où on loge la *bascule* des ponts-levis, qui portent ce nom.

CAGE DE CROISÉE. C'est le bâti de menuiserie qui porte en avance au dehors de la fermeture d'une croisée. Ces *Cages*, suivant l'ordonnance, ne doivent avoir que huit pouces de saillie.

CAGE DE CLOCHER. C'est un assemblage de charpente, ordinairement revêtu de plomb, & compris depuis la chaise sur laquelle il pose, jusqu'à la base, ou le *rouet* de la *fleche* d'un clocher.

CAGE DE MOULIN A VENT. C'est un assemblage quarré de charpente en maniere de pavillon, revêtu d'ais, & couvert de bardeau, qu'on fait tourner sur un pivot, posé sur un massif rond de maçonnerie, pour exposer au vent les volans d'un moulin.

CAILLOUX. Petites pierres dures qu'on employe avec le ciment pour paver les aqueducs, grottes & bassins de fontaines.

CAISSON DES VIVRES. Est une espece de chariot couvert en dos d'âne, où l'on enferme le pain de munition pour la subsistance de l'armée.

CAISSON, *terme de Mineur*. Ce sont de petits coffres de deux ou trois pieds de long , fur un pied & demi de large , que l'on remplit de poudre. On y met le feu comme aux mines , par le moyen d'un faucifson.

Caisson de bombes. Efpéce de tonne ou de cuve, qu'on remplit de bombes chargées , & que l'on enterre jufqu'au niveau du rez-de-chauffée , en l'inclinant un peu vers l'ennemi, & en répandant force poudre par deffus. On y met le feu par le moyen d'un faucifson qui répond au fond du caifson , & les bombes s'élevant en l'air vont tomber du côté où l'on veut. Cette invention n'eft plus gueres d'ufage.

CALCUL. Opération par nombres & par lettres , par laquelle on divife un tout en fes parties , & l'on réduit les parties en leur tout ; par laquelle on évalue , on compare plufieurs quantités , pour en découvrir le rapport. On en diftingue de diverfes fortes , le *Calcul arithmétique* , le *Calcul algébrique* , le *Calcul des infiniment-petits* , le *Calcul différentiel* , le *Calcul intégral* , le *Calcul exponentiel* , le *Calcul des accroiffemens* , le *Calcul des probabilités* , &c. Plufieurs de ces *Calculs* feront définis à leur place dans ce Dictionnaire : *Voyez* le mot qui les défigne. Quant à l'hiftoire de leur découverte & à leur expofition , il faut confulter le *Dictionnaire univerfel de Mathématiques, de M. Savérien.*

CALE, *terme de Marine.* C'eft un lieu taludé fur le bord de la mer , où l'on monte & defcend fans marches.

Cale ou fond de cale. C'eft le lieu le plus bas d'un vaiffeau , la partie qui entre dans l'eau fous le franc tillac , & qui eft dans un bâtiment de me ce qu'eft la cave dans un bâtiment de terre ; elle s'étend de poupe à proue.

CALER. En Architecture ; c'eft, pour arrêter la pofe d'une pierre , mettre une cale de bois mince , qui détermine la largeur du joint , pour la ficher.

CALFATER. C'eft travailler à boucher avec du calfat , c'eft-à-dire avec de l'étoupe faite de vieux cables , les joints ou coutures des planches qui servent à recouvrir les côtés des vaiſſeaux : le calfat ſert à les retenir à ſec , après l'avoir recouvert avec du bray. On donne auſſi le nom de *calfat* à l'ouvrier qui calfate, & qui travaille à enfoncer le calfat , pour empêcher que l'eau ne pénétre à travers le radier d'une écluſe. On calfate tous les joints des planchers , de la même façon qu'on le fait pour les vaiſſeaux; on en fait de même aux portes & aux vannes pour les rendre bien étanches.

CALIBRE. A l'égard de toute arme à feu , c'est proprement la grandeur de l'ouverture par où entre & ſort le boulet, ou la balle dont elle eſt chargée; & c'eſt par là que l'on diſtingue la groſſeur d'une piéce d'artillerie. Ainſi quand on dit , en parlant d'une piéce de canon , que ſon *Calibre* eſt de quarante huit , cela veut dire que le boulet dont elle doit être chargée , peſe quarante-huit livres; ainſi des autres.

CALQUER. C'eſt copier un deſſein trait pour trait ; ce qui ſe fait en le poſant ſur un autre papier pour le deſſiner à la vitre. *Décalquer* , c'eſt tirer une contre-épreuve d'un deſſein , en poſant un papier blanc deſſus , & le frottant avec quelque choſe de dur , comme le manche d'un canif , pour lui en faire recevoir l'impreſſion.

CAMBRE ou **CAMBRURE.** C'eſt la courbure d'une piéce de bois , ou du ceintre d'une voûte.

CAMBRER. C'eſt courber les membrures , planches , & autres piéces de bois de menuiſerie , pour quelque ouvrage ceintré ; ce qui ſe fait en les préſentant au feu , après les avoir ébauchées en dedans , & les laiſſant quelque tems entretenues par des outils nommés *Sergens.*

CAMION. Eſt une eſpece de tombereau à trois roues; deux ſur le derrière , & une plus petite ſur le devant. Il ſert à voiturer des matériaux ſur un attelier.

CAMP. Eſt un eſpace de terre ſouvent d'une ſituation avantageuſe , & quelquefois retranché , propre à

camper ou loger un corps de troupes. On donne encore ce nom à tout le terrein compris entre les lignes
de circonvallation d'un siége, & celles de contrevallation.

CAMP VOLANT. Est une partie de l'armée qui bat la campagne, pour favoriser les convois, & s'opposer aux
courses des ennemis.

CAMPAGNE. Est le temps particulier de chaque année,
qui, pendant la guerre, est employé à faire tenir les
troupes en corps d'armée, ou du moins en état de
traverser les progrès de l'ennemi.

CAMPEMENT. Est le logement de l'armée dans ses
quartiers, qui doivent avoir chacun leur commodité,
celle des eaux, & la facilité de se retrancher, ou du
moins les avantages de l'assiete, & être disposés de
telle sorte que les troupes fassent feu par dehors.

CANAL. C'est, dans un aqueduc de pierre ou de terre,
la partie par où passe l'eau, qui se trouve, dans les
aqueducs antiques, revêtu d'un *conroi* de mastic de
certaine composition.

CANAL DE LARMIER. En Architecture, est le plafond
creusé d'une corniche, qui fait la mouchette pendante.

CANAL DE VOLUTE. Est la face des circonvolutions renfermées par un listel dans la volute Ionique.

CANAL DE COMMUNICATION. C'est un canal d'eau fait
par artifice, le plus souvent avec des écluses, & soutenu de levées & turcies, pour communiquer &
abréger le chemin d'un lieu à un autre par le secours
de la navigation.

CANIVEAUX. Ce sont les plus gros pavés, qui étant
assis alternativement avec les contre-jumelles, traversent le milieu du ruisseau d'une rue dans laquelle
passent les charrois.

CANNELURES. En Architecture, ce sont les cavités à
plomb & arrondies par les deux bouts, qui se creu-
sent à l'entour du fust d'une colonne.

CANNELURES A BOSSES. Sont celles que l'on sépare par
des listels.

D

CANNELURES A VIVE ARRÊTE. Celles qui ne font point féparées par des côtes.

CANNELURES TORSES. Celles qui tournent en vis ou en ligne fpirale autour du fuft d'une colonne.

CANON. En Artillerie, eft une arme à feu faite de fer ou de fonte, que l'on charge de poudre & de boulets, & dont l'ufage eft de ruiner les défenfes d'une place, & de faire bréche. Rapin Thoyras, dans fon Hiftoire d'Angleterre, prétend que le premier canon qui a été tiré en France, fe fit entendre à la bataille de Créci, en 1346. Les Anglois en avoient quatre piéces fur une colline, qui cauferent tant d'étonnemeñt aux François, qu'elles furent la premiere caufe de la victoire qu'Edouard III remporta fur Philippe de Valois, qui commandoit fon armée en perfonne.

CANONS DE GOUTIERE. En Architecture, ce font des bouts de tuyau de cuivre ou de plomb, qui fervent à jetter les eaux de pluye au-delà d'un cheneau & d'une cymaife, par les gargouilles.

CANONNER. C'eft battre à coups de canons.

CANOT. Eft un efquif, ou petit bateau deftiné au fervice d'un grand.

CANTONNÉ. On dit qu'un bâtiment eft cantonné quand fon encoignure eft ornée d'une colonne ou d'un pilaftre angulaire, ou de chaînes de pierres de refend en liaifon, ou de boffages, ou de quelqu'autre corps qui excede le nud du mur.

CAPITALE. En Fortification, la capitale d'un baftion eft une ligne tirée depuis l'angle de la figure, jufqu'à l'angle flanqué, ou depuis la pointe d'un baftion jufqu'au milieu de la gorge.

CAPONNIERE. Eft un logement creufé dans les foffés fecs au devant de la tenaille, & dans lequel on place des foldats pour en difputer le paffage.

CARABINE. Efpece de fufil raccourci. Il y a des carabines rayées par le dedans de l'ame, qui portent leur balle extrêmement loin.

CARAVELLE. Vaiffeau rond, équipé en forme de galere, ayant jufqu'à quatre voiles latines, outre les bourfets & les bonnettes à étui. Les *Caravelles* portent jufqu'à 120 ou 140 tonneaux, & paſſent pour les meilleurs voiliers qui foient fur mer.

CARCASSE. Eſt un artifice compofé de plufieurs grenades, avec des bouts de piſtolets, le tout rempli de poudre, & enveloppé dans de la filaſſe trempée d'huile, & mis dans de la toile goudronnée. On place le tout dans une efpece de lanterne faite de cercles de fer. La *Carcaſſe* n'a pas eu tout le fuccès qu'on en attendoit ; on la jette de la même maniere que la bombe.

CARELET, *terme de Charpente. Voyez* Semelle.

CARENE ou CARÉNAGE. Dans un port de mer, eſt un lieu deſtiné pour carener les vaiſſeaux.

Carene, fignifie auſſi en terme de marine, non feulement la quille, mais encore les flancs & le fond du vaiſſeau qui trempent dans l'eau, c'eſt-à-dire toute la partie du bordage qui entre dans l'eau. De là vient que quand on couche un vaiſſeau fur le côté, jufqu'à ce qu'on lui voye la quille, pour le raccomoder aux endroits qui font dans l'eau, cela s'appelle *Carener un vaiſſeau.*

Carener un vaisseau. C'eſt le coucher de côté pour le radouber.

CARREAU. En Maçonnerie, c'eſt une pierre qui a plus de largeur au parement que de queue dans le mur, & qui eſt pofée alternativement avec la boutiſſe, pour faire liaifon.

Carreau de parquet. Petit ais quarré, dont plufieurs fervent à remplir la carcaſſe d'une feuille de parquet.

Carreau de plancher. Terre moulée & cuite de différente grandeur & épaiſſeur, fervant à paver les chambres, les falles d'un bâtiment, & autres lieux.

CARREFOUR. Se dit, dans une ville, de l'endroit où deux rues fe croifent, & où plufieurs aboutiſſent.

CARRELAGE. Se dit de tout ouvrage fait de carreau de terre cuite, de pierre, ou de marbre.

CARRELER. C'eſt paver de carreaux avec du plâtre
mêlé de pouſſiere, ou de recoupes de pierres.

CARRELEUR. Se dit autant du maître qui entreprend
le carreau, que des compagnons qui les poſent.

CARRIERE. C'eſt un lieu creux ſous terre, d'où l'on
tire la pierre pour bâtir.

CARRIERS. S'entend des ouvriers qui tirent la pierre,
& des marchands qui la vendent.

CARTOUCHE. En Artillerie, eſt un rouleau fait de carton ou de gros papier, dans lequel on met la poudre,
les balles & la ferraille, dont on charge une arme à
feu avec beaucoup de diligence ; le canon chargé à
cartouche eſt d'un merveilleux uſage pour la défenſe
du paſſage du foſſé. En ce ſens le mot *Cartouche* eſt
féminin : on dit *déchirez la Cartouche.*

CARTOUCHE, *terme d'Artificier.* Cylindre creux, formé
avec du carton & du papier collés & roulés l'un ſur
l'autre, & que l'on emplit de compoſition propre aux
fuſées que l'on veut charger. Alors ce mot eſt maſculin. On dit *le Cartouche d'une fuſée volante.*

CARTOUCHE OU CARTEL. En Architecture, c'eſt un ornement de ſculpture, fait en maniere de table avec enroulemens, pour y placer des inſcriptions, ou armoiries.

CARYATIDES. C'eſt ainſi qu'on nomme en Architecture, des figures de femme qui ſervent, à la place des
colonnes, pour porter les entablemens.

CASCADE. En terme de mine, ſe dit lorſqu'après avoir
percé une diſtance plus ou moins grande dans le ſolide, on enfonce tout d'un coup à une ou pluſieurs
repriſes, ou que l'on ſe releve de même à une ou
pluſieurs repriſes.

CASCADE, eſt auſſi une chûte d'eau naturelle, ou artificielle.

CASQUE. Arme défenſive, qui ſervoit à couvrir la tête
& le col d'un cavalier. On l'appelle auſſi *heaume.*

CASTRAMÉTATION. L'art de camper, ou de tracer
les camps le plus avantageuſement qu'il eſt poſſible.
Voyez l'Eſſai ſur la Caſtramétation, par M. le Blond,

imprimé à Paris en 1748.

CATAPULTES. Machines dont les anciens se servoient pour lancer des javelots de douze & de quinze pieds de long.

CAVALIER. En Fortification, est une masse de terre qu'on éleve d'ordinaire dans le terre-plein, ou à la gorge d'un bastion, & quelquefois sur une courtine. Le *Cavalier* est composé d'une plate-forme, couverte d'un parapet, afin de placer l'artillerie, pour opposer à un commandement, ou pour mieux découvrir la campagne.

CAVALIER DE TRANCHÉE. Élévation que l'assiégeant fait avec des gabions & des sacs à terre, à la moitié ou aux deux tiers du glacis, pour découvrir ou enfiler le chemin couvert.

CAVET. En Architecture, moulure ronde en creux, qui fait l'effet contraire du quart de rond.

CAVIN. Est un terrein creux propre à faire une place d'armes, lorsqu'il s'en rencontre autour d'une forteresse, à la faveur duquel l'ennemi puisse ouvrir la tranchée à couvert du feu des assiégés.

CAULICOLES. En Architecture, sont de petites tiges d'herbes qui semblent soutenir les volutes du chapiteau Corinthien.

CAZEMATES, *Place basse,* ou *Flanc bas.* Est une plate-forme qui est pratiquée dans la partie du flanc proche la courtine, & qui fait une retraite ou un enfoncement vers la capitale du bastion. Elle est quelquefois composée de trois plate-formes par dégrés, l'une au dessus de l'autre, le terre-plein du bastion étant la plus élevée, ce qui fait donner aux deux autres le nom de *place basse.* Derriere leur parapet, qui fait front sur l'alignement du flanc, on loge du canon chargé à cartouche pour battre le fond du fossé, & ces piéces sont à couvert des batteries de l'ennemi par des masses de terre revêtues de murailles, appellées *orillons,* ou *épaulemens.*

CAZERNES. Sont de grands corps de logis doubles, divisés en plusieurs chambres ; que l'on fait dans les places de guerre pour loger les troupes de la garnison.

CEINTURE. Est une enceinte, ou circuit de muraille, qui renferme un espace. On appelle aussi *Ceinture*, l'ornement qui est en forme d'anneau au bas ou au haut d'une colonne.

CENDRÉE DE TOURNAI. Les environs de Tournai fournissent une pierre très-dure, dont on fait une chaux excellente. Quand cette pierre est dans le four, il s'en détache de petites parcelles qui tombent sous la grille, où elles se mêlent avec la cendre du charbon de terre, & comme cette cendre n'est autre chose que de petites parcelles de houille calcinée, c'est le mêlange qui s'en fait qui compose ce qu'on appelle *Cendrée de Tournai*, qui se débite telle qu'on la tire du four.

CENTRE. En Fortification, se prend ordinairement pour le milieu du corps de la place.

CENTRE D'ATTAQUE. Quand dans le siége d'une place on embrasse un grand front, & qu'on chemine sur trois capitales, celle du milieu, qui conduit ordinairement à la demi-lune, est appellée *l'attaque du centre*.

CENTRE DE MOUVEMENT D'UN CORPS PESANT. Est celui par lequel ce corps étant arrêté, ou suspendu, peut tourner autour. Par exemple, dans la balance, c'est le point où elle est suspendue, & dans le levier, celui qui lui sert d'appui.

CENTRE DE PESANTEUR OU CENTRE DE GRAVITÉ D'UN CORPS PESANT. Est un point par lequel le corps pesant étant soutenu, toutes les parties du corps qui sont autour de ce point, se contrebalancent les unes les autres, & s'empêchant réciproquement de descendre, demeurent en équilibre.

CENTRE DES GRAVES. Se dit du centre de la terre, en le considérant comme le point où tendent à descendre tous les corps pesans.

CENTRE DE PERCUSSION. C'est le point par lequel un

corps, en le mouvant, heurte avec le plus grand effort qui lui eſt poſſible, contre un autre corps qui s'oppoſe à ſon mouvement.

Centre, en Géométrie. Eſt un point qui ſe trouve préciſément au milieu d'une figure réguliere. Par exemple *le Centre du cercle* eſt un point, duquel toutes les lignes droites tirées juſqu'à la circonférence, ſont égales entr'elles. *Centre d'un polygone régulier* eſt un point, dont toutes les lignes tirées aux angles du polygone ſont égales entr'elles. Le *Centre d'un quarré*, ou d'un *rectangle* eſt dans le même cas. *Centre d'une ellipſe* eſt le point où les deux axes, ou les deux diametres, ſe coupent par le milieu ; les *ſolides réguliers*, comme la ſphere, & les *poliedres* ont auſſi leurs centres, mais il eſt ſi naturel de ſe les imaginer, qu'il paroît inutile de les expliquer.

CERCLE. Eſt une ſurface plane, terminée par une ſeule ligne courbe, qu'on nomme *circonference*, au dedans de laquelle il y a un point nommé *Centre*, également éloigné de tous ceux de la circonférence ; & l'on appelle *demi-cercle* les deux parties égales d'un cercle ſéparées par le diametre.

Cercle générateur. *Voyez* Cycloïde.

Cercles concentriques. Sont ceux qui ont été décrits par le même centre, & dont les circonférences ſont paralleles ; & *excentriques*, ceux qui étant compris l'un dans l'autre, n'ont pas été décrits par le même centre, & dont les circonférences ne ſont pas paralleles.

CERVELLE. En parlant d'une terre qui n'a point aſſez de conſiſtance pour ſe ſoutenir par elle-même, quand on creuſe un foſſé, un puits, ou une galerie de mine, & qu'on eſt obligé d'en ſoutenir le côté & le ciel, alors l'on dit qu'on travaille dans des terres qui n'ont point de *Cervelle*.

CHAINE. En Maçonnerie, eſt une hauteur qui comprend pluſieurs aſſiſes de briques, ou de moilons, laquelle regne dans l'épaiſſeur des murs, & contreforts.   D iiij

CHAINES DE PIERRES. Ce font, dans la conſtruction des murs de moilon, des jambes de pierres élevées à plomb d'eſpace en eſpace pour les entretenir. On appelle *Chaîne d'encoignure*, celle qui eſt au coin d'un pavillon, ou d'un avant-corps.

CHAINE D'ARPENTEUR. Meſure faite de pluſieurs morceaux de fil de laiton, ou de fer, longue d'une certaine quantité de perches ou de toiſes, marquées par des anneaux, dont les Arpenteurs ſe ſervent pour meſurer les ſuperficies. Elle eſt plus ſure que le cordeau, parce qu'elle n'eſt pas ſujette à s'étendre & à ſe racourcir.

CHAISE. Aſſemblage de charpente de quatre fortes piéces de bois, ſur lequel eſt poſée ou aſſiſe la cage d'un clocher, ou celle d'un moulin à vent.

CHALAND. Bateau plat, de moyenne grandeur, dont on ſe ſert pour amener à Paris les marchandiſes qui deſcendent ſur la riviere. Il y en a de douze toiſes de long, & de dix pieds de large.

CHALOUPE. Petit bâtiment de mer deſtiné au ſervice des grands vaiſſeaux ; elle ſert auſſi à faire de petites traverſes.

CHAMADE, *terme de guerre*. C'eſt un ſignal que fait l'ennemi dans une place aſſiégée, en battant la caiſſe, ou ſonnant de la trompette quand il veut capituler.

CHAMBRANLE. En Architecture, eſt une bordure avec moulure autour d'une porte, ou d'une cheminée.

CHAMBRE. En Artillerie, eſt une concavité qui ſe trouve quelquefois dans les piéces de canon après les avoir fondues. Ces *Chambres* peuvent faire crever les piéces, parce qu'elles ſont plus foibles en cet endroit qu'ailleurs ; c'eſt par cette raiſon que l'on rebute les piéces chambrées. On appelle encore *Chambre* un endroit au fond de l'ame de certaines piéces de canon, & de certains mortiers de la nouvelle invention, qui eſt *concave*, & faite en *rond* ou en *poire*. Enfin on nomme *Chambre* l'endroit où ſe met la poudre dans une mine pour la charger.

CHAMBRE DE PORT, *terme de Marine.* C'eſt la partie du baſſin d'un port de mer la plus retirée & la moins profonde, où l'on tient les vaiſſeaux deſarmés pour les réparer & calfater ; on la nomme auſſi *Darſine.*

CHAMBRE D'ÉCLUSE. Eſpece de canal compris entre les deux portes d'une éclufe.

CHAMP. En Architecture, eſt l'eſpace qui reſte autour d'un cadre, ou le fond d'un ornement & d'un compartiment.

CHANDELIER. En Fortification, n'eſt autre choſe qu'une forte planche, longue & large, aux quatre coins de laquelle il y a des piquets d'environ ſix pieds de hauteur, ſervant à retenir une grande quantité de faſcines que l'on met en travers ſur toute la longueur de la planche, pour former un épaulement, afin de mettre promptement à couvert des troupes deſtinées à faire le logement d'un chemin couvert, ou dans toute autre occaſion, où il faut principalement ſe garantir du feu de la mouſqueterie de l'ennemi.

CHANFREIN. En Architecture, eſt un pan qui ſe fait par l'arrête rabattue d'une pierre, ou d'une piéce de bois.

CHANLATE. En Architecture, eſt une petite piéce de bois, comme une forte latte de ſçiage, qui ſert à ſoutenir les tuiles de l'égoût d'un comble.

CHANTE-PLEURE. Eſpece de *barbacane*, ou *ventouſe* qu'on fait aux murs de clôture, conſtruits auprès de quelque eau courante, afin que pendant ſon débordement, elle puiſſe entrer dans le clos, & en ſortir librement.

CHANTIER D'ATTELIER. C'eſt un eſpace où l'on décharge & où l'on taille la pierre près d'un bâtiment qu'on conſtruit. C'eſt auſſi le lieu où les Charpentiers taillent & aſſemblent les bois pour les ouvrages de charpenterie, tant chez eux que près d'un attelier. On appelle encore *Chantier*, toute piéce de bois qui ſert à en porter, ou à en élever une autre, pour la tailler & la façonner.

CHANTIER. Le *Chantier* eſt une élévation de pluſieurs piéces de bois que l'on fait ſur le bord de la mer, pour travailler à la conſtruction, ou au carénage des vaiſſeaux.

CHANTIGNOLE, *terme de Charpente*. Petit corbeau de bois ſous un taſſeau, entaillé & chevillé ſur une force de ferme, pour porter un cours de pannes.

CHANTOURNER. En Menuiſerie, c'eſt couper en dehors une piéce de bois, de fer, ou de plomb, ſuivant un profil de deſſein, ou l'évuider en dedans.

CHAPE. Eſt, en Artillerie, un baril qui ſert à en couvrir un autre plein de poudre, pour empêcher qu'elle ne tamiſe.

CHAPE. *Se dit auſſi d'un enduit de ciment*, que l'on applique ſur les voûtes des ſouterreins & des magaſins à poudre, pour les garantir de l'humidité.

CHAPEAU. En Charpenterie, eſt une groſſe piéce de bois qui ſert ordinairement à couronner ou maintenir les poteaux qui compoſent les chevalets d'un pont. L'on nomme auſſi communément *Chapeau* toute autre autre piéce de bois, qui étant poſée horizontalement, eſt portée par deux ou pluſieurs montans.

CHAPEAU D'ESCALIER. Piéce ſervant d'appui au haut d'un eſcalier de bois.

CHAPELET. Dans l'hydraulique, c'eſt une machine ſervant à épuiſer les eaux d'une fondation, ou de tout autre endroit aquatique où l'on veut travailler. Il y en a de pluſieurs façons, dont la deſcription ne pourroit ſe faire entendre ſans le ſecours des figures qui les repréſentent; ainſi l'on pourra voir ce que j'en ai dit dans la premiere partie de l'*Architecture hydraulique*, *tome premier*.

CHAPERON. C'eſt la couverture d'un mur, qui a deux égoûts, lorſque c'eſt un mur de clôture mitoyen; & quand il appartient à un ſeul propriétaire, il n'a qu'un égoût qui répond de ſon côté.

CHAPERON. Se dit auſſi du deſſus des avant-becs des piles d'un pont de pierre , qui font travaillées à pierres re-couvertes , pour favorifer l'écoulement des eaux de pluye , & les empêcher de ruiner & détruire les mêmes avant-becs.

CHAPITEAU. En Architecture , c'eft la partie fupérieure d'une colonne, & qui lui fert de couronnement : ils font différens felon les Ordres.

CHAPITEAU. En Artillerie , eft un affemblage compofé de deux planches clouées contre leur bord, à angle droit, qui fert à couvrir la lumiere des piéces de canon.

CHAPITEAU, chez les Artificiers, eft une efpece de cône ou couvercle, en forme d'entonnoir renverfé, qu'on ajufte fur le pot d'une fufée volante, pour le couvrir, & pour fendre l'air avec plus de facilité en s'élevant.

CHARDONNET. Aux éclufes bufquées, on pratique dans chaque bajoyer un renfoncement pour loger un des battans de la porte qui y répond ; pour cela il y a une des extrêmités de ce renfoncement qui eft arrondie, où fe logent la crapaudine & le montant de repos, fur lequel la porte tourne, & c'eft cette partie ainfi arrondie, que l'on nomme *Chardonnet.* C'eft pourquoi le montant qui en occupe la capacité, fe nomme auffi *montant de Chardonnet.*

CHARDONS. Pointes de fer en maniere de dards , qu'on met fur le haut d'une grille , ou fur le chaperon d'un mur , pour empêcher de paffer par deffus.

CHASSE. Terme de méchanique, qui fignifie le mouvement de vibration qui fait agir un corps. Par exemple, une fcie pour fcier du marbre ou de la pierre, doit avoir depuis un pied jufqu'à dix-huit pouces de chaffe, c'eft-à-dire plus de longueur au-delà du bloc qui eft à fcier.

CHASSE , *terme d'Artificier.* On appelle ainfi toute charge de poudre grenée, ou groffierement écrafée, qu'on met au fond d'un pot ou d'un cartouche, pour chaffer & jetter en l'air les artifices dont il eft rempli, & pour y communiquer en même tems le feu.

CHASSE-AVANT. *Voyez* PIQUEUR.

CHASSER. Ce mot fe dit parmi les ouvriers, pour pouffer en frappant avec coins & maillets, afin de joindre les affemblages de menuiferie.

CHASSIS. En Architecture, eft la partie mobile de la croifée qui porte le verre.

Chassis a panneaux. Celui qui eft rempli de carreaux ou de panneaux de bornes en plomb.

Chassis a coulisse. Celui dont la moitié fe double en le hauffant fur l'autre.

Chassis de fer. C'eft le pourtour dormant, qui reçoit le battement d'une porte de fer ; c'eft auffi ce qui en retient les barres & traverfes des venteaux.

Chassis de pierre. Dale de pierre percée en rond ou quarrément, pour recevoir une autre dale en feuillure, qui fert aux aqueducs, regards, cloaques & pierrées pour y travailler, & aux foffes d'aifance, pour les vuider.

Chassis dormant. C'eft en menuiferie le bâti dans lequel eft ferré à demeure la fermeture mobile d'une baye, & qui eft retenu avec des pattes dans la feuillure.

Chassis de mine. Sont ceux que l'on fait pour coffrer les galeries. Ils font compofés de quatre piéces ; d'une *femelle*, d'un *chapeau*, & de deux *montans*, qui font les deux piéces qui fe mettent à plomb, & qui fervent à retenir les planches des côtés.

CHAT, *terme d'Artillerie.* C'eft un morceau de fer portant deux ou trois griffes fort aiguës, difpofées en triangle, montées fur une hampe. Il fert à grater & à vifiter le dedans des pieces de canon, pour voir s'il ne s'y trouve point de chambres.

CHATE. Eft un bâtiment du port de foixante tonneaux ; qui a les hanches & les épaules rondes. Elle eft fans aucun acaftillage, appareillée de deux mâts, dont les voiles portent des bonnettes maillées. On s'en fert pour porter le canon & les vivres d'un vaiffeau.

CHATEAU. En Fortification, eft une forterefle flan-

quée de tours, construite dans les anciennes villes de
guerre, comme il y en a à Aire, à Saint-Omer, &c.
Les châteaux ne sont pas d'une grande défense aujourd'hui ; mais on ne laisse pas que de les conserver, parce qu'ils servent de réduit, & comme de citadelle pour en imposer en cas de sédition.

CHATEAUX DES HAVRES. Sont des forts avancés dans la
mer, pour mettre à couvert les vaisseaux qui sont en
rade, lorsqu'ils craignent d'être attaqués par l'ennemi. Ils sont de maçonnerie ou de charpente.

CHAUFFE, *terme de Fondeur*. Lieu où l'on jette, &
où se brûle le bois que l'on employe à la fonte du
métal pour les piéces d'artillerie.

CHAUFOUR. C'est autant le lieu où l'on tient le bois &
la pierre à chaux, que le four où on la cuit, & le
magasin couvert où on la conserve. On nomme
Chaufourniers les ouvriers qui font la chaux, & les
marchands qui la vendent.

CHAUSSÉE. C'est une élévation de terre, soutenue de
berges en talut, de files de pieux, ou de murs de maçonnerie, laquelle sert de chemin à travers un ma-
rais, ou des eaux dormantes, comme un étang, &c.
ou au bord des eaux courantes, pour en empêcher
le débordement.

CHAUSSÉE DE PAVÉ. C'est dans une rue l'espace cambré
qui est entre deux revers. Ce mot se dit aussi du
pavé d'un grand chemin, avec bordage de pierre
rustique. Les *Chaussées* des grands chemins doivent
avoir au moins quinze pieds de large, suivant l'Ordonnance.

CHAUSSE-TRAPES. Sont des cloux à quatre pointes,
tellement disposées, que de quelque façon qu'on les
jette, il y a toujours une pointe en l'air. Elles sont
propres à semer sur le passage de la cavalerie pour
enclouer les chevaux, & sur la ruine d'une bréche,
pour ralentir la premiere ardeur des ennemis, ainsi
que dans un défilé, pour en retarder la marche.

CHAUX. Pierre calcinée ou cuite dans un four, laquelle

se détrempe avec de l'eau & du sable pour faire le mortier.

CHAUX ÉTEINTE, ou FUSÉE. Celle qui est conservée dans une fosse après avoir été détrempée. On appelle aussi *Chaux fusée*, celle qui n'a point été amortie ni fusée, & qui s'étant d'elle-même réduite en poudre, n'est pas bonne pour employer.

CHAUX-VIVE. Est celle qui bout dans le bassin où on la détrempe.

CHEMIN COUVERT. En Fortification, est la place du niveau de la campagne qu'on laisse au-delà du bord du fossé en façon d'allée, & qui a pour parapet la hauteur des terres du glacis. Sa largeur est d'ordinaire d'environ six toises, tant pour son terre-plein, que pour ses deux banquettes & la palissade.

CHEMIN DES RONDES. Est une petite allée, ou chemin large de 3 à 4 pieds, pratiqué au niveau du rempart, vis-à-vis la partie extérieure de son parapet, pour faciliter aux Officiers qui font la ronde, le moyen de mieux découvrir dans le fossé.

CHEMISE. En Fortification, est le revêtement d'un rempart jusqu'au cordon, mais ce terme n'est plus gueres d'usage.

CHEMISE DE MAILLES. C'est une espece de chemise faite de plusieurs mailles ou anneaux de fer qu'on met sous l'habit pour parer les coups d'épée ou de fusil.

CHENAL. C'est ainsi que l'on nomme le chemin compris entre deux jettées, servant d'entrée aux vaisseaux dans un port de mer, & que l'on approfondit quand la mer est basse, par le moyen des écluses qui servent à retenir l'eau, qu'on lâche ensuite pour emporter le sable & la vase.

CHENEAU. Canal de plomb, qui porte sur la corniche d'un bâtiment pour recevoir les eaux du comble, & les conduire par sa pente dans un tuyau de descente, ou dans une gouttiere.

CHEVAL DE FRISE, *terme de Guerre*. Grosse poutre longue d'environ six pieds, percée & traversée par d'autres piéces de bois plus petites, & taillées en pointe. On s'en fert pour défendre les paffages étroits, boucher les bréches &c.

CHEVALEMENT. En Architecture, efpece d'étaie faite d'une ou de deux piéces de bois, couverte d'un chapeau out ête, & pofée en arc-boutant fur une couche ; il fert à retenir en l'air les encoignures, trumeaux, jambages, poutres, &c. pour faire des reprifes par fous-œuvre.

CHEVALET. C'eft l'affemblage de deux noulets, ou lincoirs, fur le faîte d'une lucarne.

CHEVALET. En Fortification, eft encore un affemblage de piéces de bois, qui fert à porter un pont que l'on fait de madriers ou de fafcines, quand on veut faire paffer une riviere à un corps de troupes, ou même à une armée. Les ponts de communication qui fe font dans le foffé des places, pour communiquer aux ouvrages détachés, font auffi portés par des *Chevalets*.

CHEVET. Eft une maniere de petit coin de mire qui fert à élever un mortier ; il fe met entre l'affut & le ventre du mortier. On nomme auffi *Chevet* la piéce de bois d'un *pont-levis*, à laquelle on attache les chaînes.

CHEVÊTRE. Piéce de bois d'un plancher, retenue par les folives d'enchevêtrure pour en porter d'autres, à tenons & mortaifes, & laiffer une ouverture pour l'âtre & les tuyaux de cheminée.

CHEVILLE, *terme de Charpente*. C'eft une mefure dont on fe fert pour le toifé des bois. Elle a un pouce quarré de bafe, & fix pieds de hauteur ; il en faut foixante & douze pour faire une folive, c'eft-à-dire pour former la valeur de trois pieds cubes. Dans le toifé des fortifications, on fe fert plus ordinairement de la façon de mefurer par folive que par *Cheville*.

CHEVRE. C'eft une machine dont on fe fert dans les bâtimens pour lever de groffes piéces de bois à plomb, avec des poulies & des écharpes. Elle eft compofée de deux piéces de bois, qui s'écartent l'une de l'autre par en bas , & se joignent par en haut avec une *clef* ou *clavette*. Elles sont assemblées en deux différens endroits avec deux *entre-toises*, entre lesquelles est le treuil avec deux leviers qui servent de *moulinet* pour tourner le cable , lequel passe par dessus une poulie qui est en haut. Ces deux piéces de bois servent de bras pour appuyer contre les murailles , & lorsqu'il n'y a point de mur contre lequel on les puisse dresser, on y ajoûte une troisiéme piéce quon nomme *bicoque*, ou *pied de Chevre* , qui sert pour les soutenir. La *Chevre* est d'un grand usage dans l'artillerie , & sert à exécuter les principales manœuvres.

CHEVRONS. Piéces de bois de sciage , de trois à quatre pouces de gros , sur lesquelles sont attachées les lattes à tuiles & à ardoises ; lorsqu'ils sont chevillés sur les pannes , on dit qu'ils sont *brandis sur panne*.

CHEVRONS DE LONG-PAN. Ceux qui sont sur le courant du faîte & des pannes du long-pan d'un comble.

CHEVRONS DE CROUPE , OU EMPANONS. Ceux qui sont inégaux , & qui sont attachés sur les arrestiers de la croupe d'un comble.

CHEVRONS CEINTRÉS. Ceux qui sont courbés & assemblés dans les liernes d'un dôme.

CHEVRONS DE REMPLAGE. Ce sont les plus petits *Chevrons* d'un dôme, qui ne suivent pas dans les liernes, à cause que leur nombre diminue à mesure qu'ils approchent de la fermeture au pied de la lanterne.

CHOROGRAPHIE. Est la description d'une région ou d'une grande partie de la terre , comme de la France , de l'Espagne , &c. La *Topographie* est une partie de la *Chorographie*, comme la *Chorographie* est une partie de la *Géographie*.

CHUTE D'EAU. C'est la pente d'une conduite depuis son reservoir jusqu'à l'élancement d'un jet-d'eau.

CIEL DE CARRIERE. C'est le premier banc qui se trouve au dessous des terres en fouillant les carrieres , & qui leur sert de plafond dans sa continuité, à mesure qn'on les fouille.

CIERGE

CIERGE D'EAU. Ce font plufieurs jets-d'eau fur une même ligne dans un baffin long , à la tête d'un canal ou d'une cafcade.

CILINDRE. Corps folide , terminé par deux cercles égaux & parallèles.

CIMENT. C'eft du tuileau concaffé , qui mêlé avec de la chaux fait le meilleur mortier ; & qui eft d'un bon ufage pour les ouvrages fondés dans l'eau.

CINTRE , ou mieux CEINTRE. Se dit de la figure d'un arc & de toute piéce de bois courbe , qui fert tant aux combles qu'aux planchers. Il y en a de *furbaiffé*, de *furmonté, en plein ceintre*, & en *tiers-point*, felon la figure des voûtes que l'on veut conftruire.

CINTRER. C'eft établir les ceintres de charpente , pour commencer à bander les arcs. On dit auffi *Ceintrer*, pour arrondir plus ou moins un arc , ou une voûte.

CIRCONFERENCE. On appelle ainfi la ligne qui termine le cercle , & dont tous les points fe trouvent également diftans du centre. Cette ligne circulaire fe divife en 360 parties , que l'on nomme *dégrés ;* chaque dégré en foixante autres , que l'on appelle *minutes* ; celles-ci en foixante fecondes , &c.

CIRCONVALLATION , ou *Lignes de Circonvallation.* Eft un foffé bordé d'un parapet , flanqué de diftance en diftance par des angles faillans, en forme de demi-redoutes, que l'affiégeant fait autour de fon camp hors la portée du canon de la place affiégée , pour empêcher qu'elle ne reçoive du fecours , & pour rendre en même tems la défertion de fes troupes plus difficile.

CIRCUIT ou ENCEINTE. Se dit d'une muraille qui environne un efpace.

CISELURE. C'eft dreffer le parement d'une pierre par un bord qu'on y contourne ; ce qu'on appelle , *relever les Cifelures.*

CISSOIDE. Nom d'une courbe de la Géométrie tranfcendante , dont on peut voir la génération & les propriétés dans le *Dictionnaire univerfel de Mathematique*, de M. Saverien.   **E**

CITADELLE. Eſt un fort de quatre ou cinq baſtions, que l'on fait dans un endroit avantageux d'une place, tant pour ſa défenſe, que pour contenir ſes habitans dans le devoir.

CITERNE. Lieu ſouterrein, voûté, pour conſerver les eaux pluviales où il n'y en a point de naturelles. On appelle *Citerneaux* de petits endroits voûtés, où l'eau s'épure avant que d'y entrer.

CIVIERE. Eſt un inſtrument de bois qui a quatre bras, & qui eſt porté par des hommes. Elle ſert à porter toutes ſortes de fardeaux.

CLAIRE-VOYE. Terme qui ſignifie l'eſpacement trop large des ſolives d'un plancher, des poteaux d'une cloiſon, ou des chevrons d'un comble qui n'eſt pas aſſez peuplé. On dit auſſi, en parlant d'une barriere, qu'elle eſt faite à *claire-voye*, c'eſt-à-dire qu'il y a de l'eſpace entre les barreaux ou paliſſades qui la compoſent.

CLAPET. Eſpece de petite ſoupape plate, de fer ou de cuivre, que l'eau fait ouvrir ou fermer, par le moyen d'une charniere, dans un tuyau de conduite, ou dans le corps d'une pompe.

CLAVEAUX. En Maçonnerie ; ce ſont les pierres, qui étant taillées en forme de coin, ſervent à former une platebande, ſoit d'une voûte plate, ou la platebande d'une porte, ou d'une fenêtre.

CLAVETTE. Eſt un morceau de fer plat, qui a ordinairement la figure d'un triangle, ſervant à traverſer l'extrêmité d'un boulon, ou d'une cheville de fer, pour l'arrêter.

CLAUSOIR. C'eſt le plus petit carreau ou boutiſſe, qui ferme une aſſiſe dans un mur continu, ou entre deux piédroits.

CLAYES. En Fortification ; ſont des menues branches entrelaſſées les unes avec les autres, & qui repréſentent un quarré long. Elles ſervent de blindes pour mettre ſur un logement, en les couvrant de terre, ou bien dans un endroit marécageux, lorſqu'on veut l'affermir, ou pour servir au paſſage des foſſés, quand on en a ſaigné les eaux.

CLAYONNAGE. On dit faire un *Clayonnage*, quand on aſſure ſur des clayes faites de menues perches, la terre d'un gazon en glacis, qui pourroit couler ou s'ébouler par le pied ſans cette précaution.

CLEF. En Architecture ; c'eſt la pierre du milieu qui ferme un arc, une plate-bande, ou une voûte, ſur laquelle les autres s'appuyent, & ſans laquelle elles ne pourroient ſe ſoutenir.

Clef passante. Celle qui traverſant l'architrave, & même la friſe, fait un boſſage qui en interrompt la continuité.

Clef a crossettes. Celle qui eſt potencée par en haut, avec deux *Croſſettes*, qui font liaiſon dans un cours d'aſſiſes.

Clef pendante et saillante. C'eſt la derniere pierre qui ferme un berceau de voûte, & qui excede le nud de la douelle dans ſa longueur.

Clef de poutre. C'eſt une courte barre de fer, dont on arme chaque bout d'une poutre, & qu'on ſcelle dans les murs où elle porte.

Clef en bossage. Celle qui a de la ſaillie, & ſur laquelle on peut tailler de la ſculpture.

Clef. En Charpenterie ; c'eſt la piéce de bois qui eſt arcboutée par deux décharges, pour fortifier une poutre.

Clef. En Menuiſerie ; c'eſt un tenon qui entre dans deux mortaiſes, collé & chevillé pour l'aſſemblage des panneaux.

Clef de serrure. Piéce de menus ouvrages de fer, qui ſert à ouvrir ou à fermer une porte. Elle eſt compoſée de *l'anneau*, de la *tige*, & du *panneton*.

Clefs. Sont de longues piéces de bois, dont la tête poſe ſur une ventriere, à laquelle elle eſt attachée avec une cheville de fer, & la queue poſe ſur un dromant, auquel elle eſt pareillement attachée. On s'en ſert pour l'aſſemblage des quais, digues, & jettées de charpente.   E ij

CLEPSYDRE. Etoit, avant que les horloges & les montres fuſſent inventées, une machine dont on ſe ſervoit pour marquer les heures par le moyen de l'eau, qui, en coulant, faiſoit tourner les parties de la machine, & l'aiguille du cadran.

CLOAQUE. Eſpece d'aqueduc ſouterrein, pour l'écoulement des eaux & des immondices, que l'on appelle auſſi *égoût*.

CLOISON. Se dit d'un rang de poteaux, eſpacés environ à dix-huit pouces, remplis de panneaux de maçonnerie, pour partager les piéces d'un appartement.

CLOISON CREUSE. Celle qui eſt hourdie entre les poteaux, & qui eſt recouverte de lambris de plàtre, pour empêcher le bruit & la charge lorſqu'elle porte à faux.

CLOISON SIMPLE. Celle qui eſt à bois apparent, hourdie & enduite d'après les poteaux.

CLOISON RECOUVERTE. C'eſt-à-dire lattée, contrelattée, & enduite de plâtre ou couverte de lambris.

CLOISON D'AIS. Celle qui eſt faite avec des ais de bateaux, ou doſſes, & lambriſſée des deux côtés, pour ménager la place & la charge.

CLOISON DE MENUISERIE. Celle qui eſt faite de planches à rainures & à languettes, poſées en couliſſes, & dont on ſe ſert pour faire des retranchemens dans une grande piéce. Il ſe fait auſſi des *Cloiſons d'aſſemblage*.

CLÔTURE. Mur de *Clôture*, eſt celui qui renferme un eſpace, comme un jardin, un parc, &c.

COEFFER. On dit quelquefois *Coëffer* un pilot, pour fretter un pilot; ainſi *voyez* FRETTER.

COEFFER une piéce d'artifice; c'eſt en couvrir l'amorce d'un papier collé, pour que le feu ne puiſſe s'y inſinuer que lorſqu'il ſera temps; c'eſt ce qu'on appelle auſſi *bonneter*.

COEFFICIENT. C'eſt en Algebre la quantité connue, par laquelle un terme eſt multiplié dans une équation.

COFFRE. Eſt un foſſé d'environ dix-huit à vingt pieds, ſur ſix ou ſept de profondeur, pratiqué au travers d'un foſſé ſec, ſoit d'une place, ou de quelque ouvrage détaché , en forme de traverse, & dont les terres qu'on en tire , fervent à faire un petit parapet d'environ deux pieds de hauteur , tant d'un côté que de l'autre, pour fupporter des piéces de bois qu'on met en travers pour couvrir ce parapet, dans lequel on pratique des caponnieres pour faire feu fur l'ennemi , lorfqu'il veut tenter le paffage du foffé.

COFFRE. Eft auffi un efpace enfermé de palplanches, qui eft d'ufage pour fonder les édifices fur le fable bouillant.

COFFRE, enfin , fe dit auffi d'un affemblage de charpente, qui forme une efpece de caiffe, bien calfatée & goudronnée , que l'on conduit dans l'eau pour y maçonner les fondemens de quelque édifice , lorfqu'on n'a pû faire les épuifemens néceffaires.

COFFRER DES GALERIES DE MINE. Quand on perce des galeries de mine dans un terrein qui n'a point de confiftance , on foutient le ciel de la galerie , auffi bien que les côtés , avec des planches portées par des chaffis, qu' l'on pofe à deux pieds & demi ou trois pieds de diftance les uns des autres , pour empêcher les éboulis de terre qui arriveroient fans cette précaution ; c'eft ce qui s'appelle *Coffrer.*

COIN. Inftrument très-connu, qui confifte en un corps dur de figure quelconque, propre à entrer par force dans un autre corps dur & à le fendre. Dans la méchanique , il eft la cinquiéme machine fimple.

COIN DE MIRE. *Coin* de bois dont on fe fert pour élever la culaffe du canon , & pour le pointer.

COLARIN. *Voyez* GORGERIN & CEINTURE.

COLLET. Eft la partie du canon comprife entre l'aftragale & le bourlet.

COLLET. Se dit encore de la partie la plus étroite, par laquelle une marche d'efcalier tournant , tient au noyau.

COLLIERS. Ils font de fer ou de bronze, & fervent à retenir le haut des montans des venteaux, qui compofent les portes des éclufes.

COLOMBE. Vieux terme qui signifie toute solive posée debout dans les cloisons & pans de bois, d'où est
venu le terme de *Colombage*.

COLONNADE. En Architecture, est un péristile de figure circulaire, entouré de colonnes, comme celui
du petit parc de Versailles.

COLONNE. En Architecture; espece de pilier de figure ronde, composé d'une base, d'un fust & d'un
chapiteau, servant à porter l'entablement.

COLONNE D'EAU, *terme de Fontainier*, pour signifier la
quantité d'eau qui entre dans le tuyau montant d'une
pompe.

COLONNE DE MAÇONNERIE. Celle qui est faite de moilons
bien gisans, & enduits de plâtre, ou qui est faite de
briques par carreaux moulés en triangle, & recouverte de *stuc*.

COLONNE PAR TAMBOURS. Celle dont le fust est fait de
plusieurs assises de pierres ou de blocs de marbre,
plus bas que la largeur du diametre.

COMBINAISON. L'art de trouver en combien de manieres différentes on peut varier plusieurs quantités, en les prenant une à une, deux à deux, trois à
trois, &c.

COMBLE. C'est la charpenterie en pente, & la garniture
d'ardoise ou de tuile qui couvre une maison ; on l'appelle aussi *toît*.

COMBLE POINTU. Celui dont la plus belle proportion est
un triangle équilatéral par son profil, & qu'on nomme aussi *à deux égoûts*.

COMBLE A PIGNON. Celui qui est soutenu d'un mur de pignon en face.

COMBLEAU. Est un cordage qui sert à charger & décharger les piéces de canon, & à lever d'autres gros
fardeaux avec une grue, ou à des tours d'écluses.

COMMANDE. Est un cordage qui sert pour établir les
ponts & pontons sur les bateaux.

COMMANDEMENT. Est une élévation de terre, ou
une montagne qui découvre dans une place. Les plus

dangereux font ceux qui découvrent les troupes deftinées à la défenfe d'une forterefle, d'enfilade ou de revers.

COMMENSURABLE. Épithete qu'on donne en Géométrie à des grandeurs qui ont une mefure commune, c'eft-à-dire qui font mefurées exactement par une feule & même grandeur. Ainfi , fi entre deux grandeurs l'on en trouve une troifiéme qui foit partie de l'une & de l'autre, ces deux grandeurs font *Commenfurables*. Les nombres entiers ou fractionnaires font *Commenfurables* , lorfqu'ils font divifés exactement par d'autres nombres , &c.

COMPARTIMENT. C'eft la difpofition des figures régulieres, formées de lignes droites, courbes ou paralleles , & divifées avec fymmétrie pour les lambris , les plafonds de plâtre, de ftuc , de bois , &c. & pour le parement des pierres dures , de marbre , &c.

COMPARTIMENT DES FEUX. En terme de mine , fe dit de la difpofition des fauciflons pour porter le feu à plufieurs fourneaux dans le même tems.

COMPARTIMENT DES RUES. Se dit de la diftribution réguliere des rues , ifles & quartiers d'une ville.

COMPASSEMENT DES FEUX. Regle qui s'obferve pour efpacer les fourneaux des mines.

COMPLEMENT D'UN ANGLE. Eft la quantité de dégrés qui manque à un angle aigu pour valoir un angle droit.

CONCHOIDE. Courbe du troifiéme genre, inventée par Nicomede. Voyez-en la génération & les propriétés dans le *Dictionnaire de Mathématique* de M. Saverien.

CONDUITE D'EAU. Eft une fuite de tuyaux pour conduire l'eau d'un lieu à un autre, & qui prend fon nom de fon diametre. C'eft pourquoi on dit une *Conduite* de fer ou de plomb , de fix, de douze , de dix-huit pouces , fur tant de toifes de longueur.

CONDUITE DE PLOMB. Celle qui eft faite de plufieurs tuyaux de plomb , moulés ou foudés de long , & emboîtés avec nœuds de soudure.

Conduite de fer. Celle qui est faite de tuyaux de fer fondu par tronçons, de trois pieds de long chacun. Ceux qu'on nomme *à bride*, tiennent bout à bout par leurs oreillons avec un cuir interposé, qu'on serre avec des vis & des écrous. Les tuyaux *à manchon* ont aussi trois pieds francs, sans comprendre six pouces à chaque bout d'emboîtement l'un dans l'autre, par lequel ils s'encastrent avec du mastic, ou de la filasse.

Conduite de terre ou de poterie. Celle qui est faite de tuyaux de terre ou de grès cuit, & dont les morceaux de 3 à 4 pieds de long, sur quatre à six pouces de large au plus, s'encastrent les uns dans les autres, & sont recouverts de mastic à leur jointure sur l'ourlet. Cette sorte de *Conduite* est meilleure pour les bonnes eaux, parce qu'étant vernissée par dedans, le limon ne s'y attache pas.

Conduite de tuyaux de bois. Celle qui est faite ordinairement de tiges de bois d'aune ou d'orme, creusées de leur longueur, qui emboîtées les unes dans les autres, sont recouvertes de poix aux jointures.

CONE. En Géométrie, est un solide terminé en pointe, qui est produit par la circonvolution d'un triangle rectangle, autour d'un des côtés qui forme l'angle droit, lequel à cause de cela est appellé *axe du Cône*. L'on nomme *Cône droit*, celui dont l'axe est perpendiculaire sur le centre du cercle qui sert de base au *Cône* ; & *oblique*, celui qui est penché, & dont la perpendiculaire abaissée du sommet, ne répond pas au centre de la base.

Cone tronqué Est un solide qui est produit par la circonvolution entiere d'un trapesoïde autour d'un de ses deux côtés qui ne sont point paralleles, & qui est apppellé *axe du Cône tronqué*, qui joint les centres des deux bases opposées & paralleles, qui sont deux cercles.

CONGÉ ou NAISSANCE. En Architecture, est un adoucissement en portion de cercle, comme celui quijoint le fuft à la ceinture de la colonne. On le nomme auffi *apophige & efcape.*

CONJUGUÉ. Épithete qu'on donne en Géométrie à la jonction de deux lignes. On dit *axe Conjugué*, *diametre Conjugué*, pour exprimer deux axes, deux diametres qui fe croifent. Quand fur deux axes *Conjugués* on a décrit deux hyperboles, on les appelle *hyperboles Conjuguées.*

CONOIDE. C'eft un folide produit par la circonvolution entiere d'une fection conique autour de fon axe. Ce folide fe nomme *Conoïde parabolique*, ou *paraboloïde*, quand il eft produit par la circonvolution entiere d'une parabole autour de fon axe. *Conoïde hyperbolique*, quand il eft produit par la circonvolution entiere d'une hyperbole autour de fon axe, & *Conoïde elliptique*, ou fimplement *fphéroïde*, quand il eft produit par le mouvement achevé d'une ellipfe autour de l'un de fes deux axes.

CONSOLE. En Architecture, eft un ornement en faillie fur la clef d'une arcade, & qui ailleurs fert à porter de petites corniches, figures, buftes, vafes, &c.

CONSTRUCTION. En Géométrie, on entend par ce mot une préparation que l'on fait, en tirant dans une figure les lignes néceffaires pour une démonftration. En Algebre, on entend par *Conftruction des équations*, l'art de trouver des quantités, ou des racines inconnues d'une équation par le moyen des lignes ; ou autrement *Conftruction des équations*, ne fignifie autre chofe que l'invention d'une ligne qui exprime la quantité inconnue d'une équation algébrique.

CONTACT, attouchement. On appelle en Géométrie *point de Contact*, le point où une ligne, ou un plan en touche un autre. Les parties qui fe touchent fe nomment les *points*, ou les *lieux du Contact.*

CONTE-PAS. Machine qui fert à mefurer le chemin que l'on fait. On l'appelle auffi *Odometre.*

CONTIGU. Épithete qu'on donne quelquefois aux angles qui font de fuite. Ainſi ; au lieu de dire *angles de ſuite* , on dit *angles Contigus*.

CONTOUR. C'eſt la ligne qui marque l'extrêmité & la forme d'un corps.

CONTOURNER. C'eſt donner de la grace & de l'art à ce que l'on deſſine à la main ; & *mal contourner* , c'eſt deſſiner hors de proportion, ou avec des jarrets.

CONTRE-APPROCHES. Sont des tranchées de diverſes figures , par le moyen deſquelles l'aſſiégé vient à la rencontre de ſon ennemi pour ralentir ſes travaux , en tâchant de les enfiler , & de lui diſputer le terrein pied à pied.

CONTRE-BAS & CONTRE-HAUT. Ces termes ſignifient dans l'art de bâtir, *le haut en bas & le bas en haut* de quelque hauteur que ce ſoit.

CONTRE-BATTERIE, n'eſt autre choſe qu'une batterie qu'on oppoſe à une autre , pour en démonter l'artillerie , afin de la rendre inutile.

CONTREBOUTER. *Voyez* ARCBOUTER.

CONTRE-CŒUR. C'eſt le fond d'une cheminée entre les jambages & le foyer. Il·doit être de briques ou detuileaux.

CONTRE-ESCARPE. En Fortification , eſt le bord du foſſé du côté de la campagne , qui regarde la place ; mais aujourd'hui on confond ſous ce nom le chemin couvert & le glacis.

CONTRE-FICHES , *terme de Charpenterie*. Ce ſont ; dans une ferme, des piéces aſſemblées avec le poinçon & les forces , & en·décharge dans les pans de bois. Elles ſervent auſſi à ſupporter & à entretenir les poutrelles d'une travée de pont de charpente.

CONTRE-FORTS ou ÉPERONS. Sont des maſſifs , ou gros piliers , dont le plan eſt en trapeze , c'eſt-à-dire qui a plus de largeur à la racine qu'à la queue. Il s'adoſſe au long des faces intérieures des revêtemens de fortification, des murs d'écluſes , des quais , des digues , &c. afin de les fortifier, & de retenir la pouſfée des terres. La partie qui se joint avec les mêmes murs, s'appelle *racine* du *Contrefort*, celle qui avance dans les terres en est la *queue*. On les éleve à plomb, & leur hauteur est un peu plus basse que celle du mur.

CONTRE-FOSSÉ. Est un fossé qui se fait ordinairement le long des bords d'un canal de navigation, dont il est séparé par le chemin de tirage. Il sert à recevoir les eaux sauvages, pour les éloigner du canal, de crainte qu'elles n'y pénétrent & n'y causent du dommage ; il se nomme aussi *fossé de décharge.*

CONTRE-GARDE. En Fortication, est le nom qu'on donne à tous les ouvrages de fortification qui sont composés d'un rempart bordé de son parapet, & destinés à couvrir les faces d'un bastion, ou celles des demi-lunes, & à défendre les branches des ouvrages à corne, ou à couronne.

CONTRE-HACHER. *Voyez* HACHER A LA PLUME.

CONTRE-JUMELLES. Ce sont, dans le milieu des ruisseaux des rues, les pavés qui se joignent deux à deux, & font liaison avec les *canivaux* & les *morces.*

CONTRE-LATTE. Tringle de bois mince & large, qu'on attache en hauteur contre les lattes, entre les chevrons d'un comble.

CONTRE-LATTE DE FENTE. Bois fendu par éclats minces pour les tuiles.

CONTRE-LATTE DE SCIAGE. Celle qui est refendue à la scie, & qui sert pour les ardoises.

CONTRELATTER. C'est latter une cloison ou un pan de bois devant & derriere, pour le recouvrir de plâtre.

CONTRE-MINES. Sont des galeries & rameaux souterreins, pratiqués dans l'épaisseur des terres du rempart, & sous les glacis du chemin couvert, servant à la défense des places.

CONTREVALLATION. Est un fossé bordé d'un parapet, flanqué de distance en distance, dont les assiégeans se couvrent du côté de la place, pour arrêter les sorties de la garnison. Alors les troupes qui font un siége, font poftées entre la ligne de circonvallation , & celle de *Contrevallation.*

CONTREVENTER. C'eft mettre des piéces de bois obliquement , pour empêcher le mouvement qui peut être caufé par la violence des vents.

CONTREVENTS ou GUETTES. Piéces de bois pofées en décharge dans l'affemblage des dômes & des pans de bois.

Contrevents de croisées. Grands volets collés & emboîtés de la hauteur des croifées , que l'on nomme auffi *paravents.*

CONVEXE. Ce mot fe dit du contour extérieur d'un corps orbiculaire , comme de l'extrados d'une voûte fphérique ; ce que les ouvriers appellent *bombé* & *renflé.*

CONVOI. Eft un fecours confiftant en troupes , en argent , & en munitions de guerre & de bouche , qu'on jette dans une place ou dans un camp.

CORBEAU. En Architecture , eft une groffe confole qui a plus de faillie que de hauteur , comme la derniere pierre d'une jambe fous poutre , qui fert à foulager la portée d'une poutre , ou à foutenir par encorbellement un arc doubleau de voûte , qui n'a pas de dofferets de fond.

CORDAGES. *Voyez* Cables.

CORDE DE L'ARC. *Voyez* Soutendante.

CORDEAU. Eft une ficelle dont on fe fert pour tracer les ouvrages, à l'aide de plufieurs piquets.

CORDERIE. C'eft dans un arfenal de marine un grand bâtiment , comme une galerie où l'on file & où l'on corde les cables pour les navires.

CORDON. Groffe moulure ronde au deffus du talut de l'efcarpe & de la contre-efcarpe d'un foffé , d'un quai , ou d'un pont.

CORNE , ou OUVRAGE A CORNE. En Fortification , eft un grand dehors qu'on met au devant d'une courtine ou d'un baftion , pour occuper un terrein dont l'ennemi pourroit fe prévaloir , ou pour fortifier

un endroit foible. Cet ouvrage est terminé à droite &
à gauche par deux grands côtés appellés *branches*, au
bout de chacune desquelles il y a un demi-bastion.

CORNES DE BÉLIER. En Fortification, sont des espéces de
flanc bas, qui tiennent lieu de tenailles pour défendre
le fossé. Ces ouvrages sont faits en portion de cercle,
& ont été nouvellement imaginés par l'Auteur de cet
ouvrage.

CORNES DE BÉLIER. En Architecture, sont des ornemens
qui servent dans un chapiteau Ionique composé.

CORNICHE. Ce mot se donne à toute saillie profilée
qui couronne un corps.

CORNICHE TOSCANE. Celle qui a le moins de moulures,
& qui est sans ornemens.

CORNICHE DORIQUE. Celle qui est ornée de mutules,
ou de denticules.

CORNICHE IONIQUE. Celle qui a quelquefois ses moulures taillées d'ornemens avec denticules.

CORNICHE CORINTHIENNE. Celle qui a le plus de moulures qui sont souvent taillées d'ornemens, avec des
modillons, & quelquefois même des denticules.

CORNICHE COMPOSITE. Celle qui a des denticules, ses
moulures taillées, & des canaux sous son plafond.

CORNICHE DE COURONNEMENT. Celle qui est la derniere
d'une façade, qu'on nomme *entablement*, & sur laquelle pose l'égoût ou chêneau d'un comble.

CORNICHE D'APPARTEMENT. Toute saillie qui, dans une
piéce d'appartement, sert à en soutenir le plafond ou
le ceintre, & à couronner le lambris de revêtement,
s'il y en a. Il se fait de ces *Corniches* simples, ou archi-
travées, ou enfin de petits entablemens ornés de
sculpture.

COROLLAIRE. Conséquence qu'on tire d'une proposition. Par exemple, après avoir démontré que l'angle
externe d'un triangle rectangle est égal aux deux in-
ternes opposés, on en tire ce *Corollaire* : donc les
trois angles d'un triangle sont égaux à deux droits.

CORPS. En Géométrie, est un solide dont on considere

les trois dimenfions, longueur, largeur & profondeur. *Voyez* SOLIDE,

CORPS. En Architecture, c'eſt toute partie qui par ſa ſaillie excede le nud du mur, & ſert de champ à quelque décoration ou ornement.

CORPS-DE-GARDE. En Fortification, eſt un bâtiment qui ſe fait dans pluſieurs endroits d'une place de guerre, pour mettre à couvert les troupes deſtinées à garder un poſte ; tels ſont ceux qui ſe font ſur les remparts, aux portes des villes, aux ouvrages avancés, &c.

CORPS-DE-GARDES AVANCÉS, tant de cavalerie que d'infanterie. Ce ſont des petits corps de troupes qui ſe poſtent à la tête d'un campement pour en aſſurer les quartiers, ou ſur les avenues d'une place, pour obſerver tout ce qui ſe préſente.

CORPS DE BATAILLE. C'eſt le centre de l'armée, ou comme l'on dit ordinairement, c'eſt le gros des troupes entre l'avant & l'arriere-garde.

CORPS DE LOGIS. En Architecture, eſt un bâtiment accompli en ſoi pour l'habitation. Le ſimple eſt celui qui n'enferme qu'une piéce entre ſes murs de face ; & le double, eſt celui dont l'eſpace du dedans eſt partagé par un mur de refend, ou une cloiſon. *Corps de logis* du devant s'entend de celui qui eſt ſur la rue, & du derriere, de celui qui eſt ſur une cour, ou ſur un jardin.

CORPS DE POMPE. C'eſt la partie du tuyau d'une pompe qui eſt plus large que le reſte, & dans laquelle le piſton agit pour élever l'eau par aſpiration, ou la refouler par compreſſion.

CORRIDOR, & non pas *Collidor*, eſt une allée entre une ou deux rangs de chambres, pour les communiquer & les dégager.

CORROI. C'eſt une épaiſſeur de terre glaiſe bien battue & paîtrie avec les pieds, & la batte dont on ſe ſert pour les aqueducs ou autres ouvrages aquatiques, afin d'empêcher l'eau de pénétrer au travers.

CORROYER. C'eſt bien paîtrir la chaux & le ſable avec

de l'eau, par le moyen du rabot pour en faire du mortier.

CORROYER LE FER. C'est le battre à chaud pour le condenser & le rendre moins cassant.

CORROYER LE BOIS. C'est après l'avoir ébauché avec le fermoir, l'applanir avec la varlope.

CO-SÉCANTE. Sécante d'un arc qui est le complément d'un autre arc à 90 dégrés.

CO-SINUS. Sinus droit d'un arc, complément d'un autre arc à 90 dégrés.

COSMOGRAPHIE. Est une science qui enseigne quelle est la construction, la figure & la disposition de toutes les parties de l'univers. La *Cosmographie* a deux parties; l'Astronomie, qui enseigne la construction des cieux, & la disposition des astres; & la Géographie, qui apprend celle de la terre.

CO-TANGENTE. Tangente d'un arc, qui est le complément d'un autre arc à 90 dégrés.

COTÉ. En Architecture, est un des pans d'une superficie réguliere ou irréguliere. Le *Côté* droit d'un bâtiment, ou le gauche, se doit entendre par rapport au bâtiment même, & non pas à la personne qui le regarde.

COTÉ D'UN POLYGONE. C'est la distance qu'il y a d'un des angles du polygone à un autre voisin, & quand on veut fortifier ce polygone, chaque côté devient la base d'un front. Le côté du polygone dans la fortification moderne, est ordinairement de 180 toises, qui est l'intervalle de l'angle flanqué d'un bastion à l'autre.

COTES. En Architecture, ce sont sur le fust d'une colonne cannelée les listels qui en séparent les cannelures.

COTTER. C'est, en Fortification, marquer sur les plans & profils les mesures en toises, en pieds & en pouces des parties qui les composent. Les chiffres qu'on met dans les ouvrages de fortification pour les dessiner, sont aussi appellées *Cottes.* Ainsi en parlant d'un bastion, pour le diſtinguer des autres qui ſont attachés au corps de la place, je puis dire le baſtion 20, ou le baſtion 30, ſuivant le chiffre dont il ſera cotté ; il en ſera de même des autres ouvrages.

COUCHE. C'eſt une piéce de bois couchée à plat ſous le pied d'un étai, ou élevée à plomb pour arrêter un *étréſillon*, ou un *étançon*.

COUCHE DE CIMENT. C'eſt une eſpece d'enduit de chaux & de ciment, d'environ un demi-pouce d'épaiſſeur, qu'on raye & picotte à ſec avec le tranchant de la truelle, & ſur lequel on repaſſe ſucceſſivement juſqu'à cinq ou ſix autres enduits de la même maniere, pour faire le corroi d'un canal d'aqueduc, ou pour couvrir des voûtes ſouterreines.

COUCHE DE COULEUR. C'eſt une impreſſion de couleur à huile ou à détrempe.

COUCHIS. C'eſt la forme de ſable d'environ un pied d'épais qu'on met ſur des madriers d'un pont de bois, pour y aſſeoir le pavé. C'eſt auſſi celle qu'on met au deſſous d'un pavé qui eſt de différente épaiſſeur, ſuivant la différence des pavés.

COUDE. C'eſt un angle obtus dans la continuité d'un mur de face, ou mitoyen, conſidéré par dehors, & un plis par dedans.

COUDE, en terme de Mine, eſt la même choſe que retour. Cependant, pour l'ordinaire, *Coude* ſe dit ſeulement du dernier retour fait pour loger les poudres.

COUDÉE. Meſure antique priſe depuis le coude juſqu'à l'extrêmité de la main.

COULER UNE PIECE DE CANON. C'eſt en fondre le métal, & le jetter dans le moule.

COULEVRINE. Piéce d'artillerie fort longue, & qui porte fort loin. La *Coulevrine* de Nanci, qui eſt à préſent à Dunkerque, a près de vingt-deux pieds de long de la culaſſe au bourlet, & eſt de dix-huit livres de balle.

COULIS. Plâtre gâché clair, pour remplir les joints des pierres & pour les ficher.

COULISSE

COULISSE. C'eſt toute piéce de bois à raînure, en maniere de canal, qui ſert pour arrêter les ais d'une cloiſon. *Couliſſes* ſont auſſi les piéces de bois qui retiennent les *vannes*, ou *venteaux* d'une écluſe.

COUPE. Se dit de l'inclinaiſon des joints des vouſſoirs d'un arc, & des claveaux d'une platebande. C'eſt
pourquoi on dit donner plus ou moins de *Coupe*,
pour exprimer cette inclinaiſon.

COUPE DE BATIMENT. *Voyez* PROFIL.

COUPE DES PIERRES. C'eſt l'art qui enſeigne la maniere
de faire le trait des pierres, enſorte qu'étant taillées
d'après l'épure, appareillées & miſes en place, elles
forment quelques ouvrages qui puiſſent ſubſiſter en
l'air, comme une voûte, une trompe, &c. M. Frezier,
Ingénieur en chef, a fait un excellent *Traité de la
Coupe des pierres*, qui eſt au deſſus de tout ce qu'on a
écrit juſqu'ici ſur cette matiere.

COUPOLE. *Voyez* DOME.

COUPOLE. Eſt une eſpece de pyramide compoſée d'ais,
en forme de petit dôme, ſervant à couvrir la vis &
l'écrou des vannes des pertuis que l'on pratique
dans les bajoyers des écluſes.

COURANT, *terme de pilotage*. Mouvement impétueux
des eaux que l'on rencontre en différens endroits de
la mer, qui ſe manifeſte tantôt à ſa ſurface, tantôt à
ſon fond, & quelquefois entre l'un & l'autre.

COURANT DE COMBLE. Ce mot ſe dit de la continuité d'un
comble qui a de longueur pluſieurs fois ſa largeur.

COURANTIN, *terme de Pyrotechnie*. Les Artificiers
donnent ce nom à des fuſées dont on ſe ſert aux
jours de réjouiſſance dans les feux d'artifice, pour
porter le feu d'un endroit à un autre, en parcourant
une corde tendue & fortement bandée en l'air. Ce
Courantin ſe met dans le corps d'une figure d'oſier,
qui repréſente un oiſeau, un dragon, ou tout autre
animal.

COURBE, en Géométrie. Il y en a de géométriques &
de méchaniques. Les *Courbes* géométriques ſont celles

où la relation de leurs points fur une ligne droite peut s'exprimer par une équation ; telles font les sections coniques. Les *Courbes* méchaniques font celles qui n'ont point d'équation propre à exprimer la relation de tous leurs points fur une ligne droite, comme la quadratrice de Dinoftrate, & plufieurs autres.

COURBE. En Architecture, efpece de chevron ceintré qui s'affemble avec les liernes, & fert à peupler un dôme.

COURBE A DOUBLE COURBURE. Ligne courbe qui participe de deux autres courbes. Telles font celles que décrit une *Courbe* fur un cylindre, fur un cône, & en général fur un corps folide de figure circulaire, foit convexe ou concave. M. Clairaut a approfondi cette matiere dans fon excellent livre intitulé, *Recherches fur les Courbes à double courbure.*

COURGE. Efpece de corbeau de pierre ou de fer, qui porte le faux-manteau d'une ancienne cheminée.

COURONNE. En Géométrie, eft une fuperficie circulaire renfermée entre deux circonférences concentriques. Par exemple, la margelle d'un puits a ordinairement la figure d'une *Couronne.*

COURONNE, OUVRAGE A COURONNE. Eft un grand ouvrage qui differe de celui que l'on nomme *à cornes*, en ce que ce dernier n'a que deux demi-baftions, & que celui-ci eft compofé d'un baftion entier & de deux courtines, dont chacune fe trouve entre un baftion & un demi-baftion, ce qui le fait affez reffembler à une *Couronne* ; & comme il eft fort grand, on le deftine d'ordinaire pour occuper un terrein fpacieux, & même dans un befoin on en peut faire une citadelle.

COURONNE. Ornement de Sculpture.

COURONNE DE PIEUX. C'eft la tête d'un pieu, qui eft quelquefois armée d'une frete de fer, pour l'empêcher de s'éclater fous la violence du mouton qui le frappe.

COURONNEMENT. Ce mot fe dit de tout ce qui termine une décoration d'architecture, comme d'une corniche , d'un fronton de *Couronnement* , &c.

COURONNEMENT DE VOUTE. C'eſt le plus haut de l'extrados d'une voûte pris au vif de ſa clef.

COURONNER. C'eſt terminer un corps avec quelque amortiſſement.

COURS DE LISSES. *Voyez* LISSES.

COURSIER. C'eſt dans les moulins à eau, ou les autres machines hydrauliques , le canal où eſt enfermé le bas de la roue à aubes , & où paſſe l'eau avec rapidité en ſortant de deſſous la vanne , pour faire tourner la roue.

COURTINE. En Fortification , c'eſt la partie du rempart bordé de ſon parapet, compriſe entre les deux flancs qui la renferment. On pratique ordinairement les portes au milieu de la *Courtine* , parce que c'eſt l'endroit de la place qui eſt le mieux défendu.

COURTINE. Se peut prendre auſſi dans l'Architecture civile pour une des façades d'un bâtiment, compriſe entre deux pavillons.

COURVETTE , ou CORVETTE. Eſpece de barque longue qui n'a qu'un mât & un petit trinquet , & qui va à voiles & à rames. Il y en a d'ordinaire à la ſuite d'une armée navale , pour aller à la découverte & pour porter des nouvelles.

COUSSINET. C'eſt un petit ſac d'un pied en quarré qui eſt rempli de crin & piqué en pluſieurs endroits ; les ſoldats s'en ſervent en temps de ſiége , pour n'être pas incommodés du contre-coup du mouſquet.

COUSSINET. En Architecture, eſt la pierre qui couronne un piédroit , dont le lit de deſſous eſt de niveau, & celui de deſſus en coupe , pour recevoir la premiere retombée d'un arc ou d'une voûte.

COUTURES ou JOINTS DE PLANCHES , dans les éclufes, ſont des fentes qui ſe trouvent entre les planches ou bordages, que l'on remplit ordinairement d'étoupes ou de calfat, pour empêcher l'eau de paſſer au travers.

COUVERTURE. S'entend non ſeulement de tout ce qui

couvre le comble d'une maifon , mais du comble même.

COYAUX. Morceaux de bois qui portent fur le bas des chevrons , & fur la faillie de l'entablement , pour faciliter l'écoulement des eaux, & qui forment l'avance de l'égoût d'un comble.

COYER. C'eft une piéce de bois qui eft pofée diagonalement dans l'enrayure d'un comble , qui s'affemble dans le pied du poinçon & répond fous l'areftier.

CRAMPONS. Sont des morceaux de fer coudés aux deux extrêmités , qui font hachés pour être retenus plus fâcilement dans le plomb ; ils font d'ufage pour accrocher les pierres enfemble.

CRAPAUDINE. Morceau de fer ou de bronze creufé, qui recevant le pivot d'une porte , ou de l'arbre de quelque machine , la fait tourner verticalement. On s'en fert particulierement dans les éclufes. Elle eft compofée de deux piéces, dont l'une fe nomme *Crapaudine femelle* , qui eft une efpece de *cône tronqué* , creux comme une écuelle, à deux ou trois oreilles , qui fervent à l'empêcher de tourner quand elle eft une fois logée. L'autre fe nomme *Crapaudine mâle* , qui s'encaftre à l'extrêmité des montans de repos des grandes portes , & tourne dans la *Crapaudine femelle*.

CRAPAUDINE. Se dit auffi d'une efpece de foupape placée au fond des refervoirs & des baffins pour les mettre à fec. Elle eft auffi compofée de deux piéces , dont la *femelle* eft immobile & percée dans le milieu , & le *mâle* fe leve par le moyen d'une vis que l'on fait tourner avec une clef de fer. Cette piéce fe loge fi jufte dans l'autre, qu'il ne fe perd pas une goutte d'eau quand la *Crapaudine* eft fermée.

CRECHE. Eft une efpece d'éperon bordé d'une file de pieux , & rempli de maçonnerie devant & derriere les avant-becs de la pile d'un pont de pierre. La *Creche* d'aval doit être plus longue que celle d'amont , parce que l'eau dégravoye davantage à la queue de la pile. On appelle *Creche de pourtour* celle qui environne toute une pile, & qui est faite en maniere de batardeau, avec une file de pieux à six pieds de distance, récépés à trois pieds au dessus du lit de la riviere, liernés, moisés & retenus avec des tirans de fer, scellés au corps de la pile, & remplis d'une forte maçonnerie de quartiers de pierre, pour empêcher que l'eau ne dégravoye & ne déchausse les pilots.

CREMILLIERES. En Fortification, sont des redens qu'on pratique dans l'épaisseur d'un chemin couvert, qui servent à couvrir le passage à l'endroit des traverses.

CRENEAUX. Sont des ouvertures de douze à quinze pouces de hauteur, sur deux à trois de largeur, pratiquées dans les murailles des fortifications, pour tirer sans être découvert.

CRÉPIR. C'est employer le plâtre ou le mortier sans passer la truelle par dessus, ce qu'on appelle *faire un Crépi*.

CRETE. En Fortification, est une butte aux environs d'une place, dont l'ennemi se sert quelquefois avantageusement pour avancer ses approches.

CRICQ. Est une machine dont on se sert à lever de très-pesans fardeaux.

CRIQUES. Lorsque les environs des lieux à inonder sont plus élevés que les eaux dont on veut se servir pour quelque usage, on y approfondit des canaux pour recevoir l'eau, & ces canaux s'appellent des *Criques*.

CROCHET. Dans l'attaque des places est une espece de petite place d'armes à l'endroit des retours des zig-zags, que l'on fait aussi ailleurs pour empêcher que les boyaux ne soient enfilés.

CROISÉE. Ce mot se dit aussi bien de la baye d'une fenêtre, que de la menuiserie qui en porte les chassis & volets. On nomme *demi-croisée* celle qui n'a que la demi-largeur sur une même hauteur.

CROISÉE CEINTRÉE. C'est non seulement celle dont la fermeture est en plein ceintre, ou en anse de panier, mais aussi celle de menuiserie qui est ceintrée par son plan , pour garnir quelque baye dans une tour ronde.

CROISÉE D'EGLISE. C'eſt le travers qui forme les deux bras d'une Egliſe bâtie en croix.

CROISÉE D'OGIVE. On appelle ainſi les arcs ou nervures qui prennent naiſſance des branches d'ogives , & qui ſe croiſent diagonalement dans les voûtes gothiques.

CROISER ET RECROISER. C'eſt partager une ouverture en pluſieurs panneaux.

CROISILLONS. Ce ſont les morceaux de petit bois des croiſées qui ſéparent les carreaux d'un chaſſis de verre.

CROIX DE SAINT ANDRÉ. C'eſt en Charpenterie un aſſemblage de deux piéces de bois croiſées diagonalement.

CRONE. C'eſt ſur le bord d'un port de mer ou d'une riviere une tour ronde & baſſe avec un chapiteau , comme celui d'un moulin à vent , qui tourne ſur un pivot , & qui a un bec , lequel par le moyen d'une roue à tambour en dedans & des cordages , ſert à charger & à décharger les marchandiſes des vaiſſeaux.

CROSSETTES. En Architecture , ce ſont les retours au coin des chambranles des portes ou croiſées ; on les nomme auſſi *oreillons*.

CROSSETTES DE COUVERTURE. Ce ſont des plâtres de couverture à côté des lucarnes , ou vûes faîtieres.

CROUPE DE COMBLE. C'eſt l'un des bouts d'un comble qui eſt formé de deux areſtiers , tendant à un ou deux poinçons ; & *demi-Croupe* , c'en eſt la moitié , comme un *appentis*.

CUBATION. L'art de meſurer la ſolidité des corps. En général on trouve leur ſolidité en multipliant enſemble leurs trois dimenſions , longueur, largeur & hauteur , ou profondeur.

CUBE. Eſt un ſolide qui a la figure d'un dé à jouer , dont la ſurface eſt compoſée de ſix quarrés égaux ; ainſi un cube a ſes trois dimenſions égales.

CUEILLIE. C'eſt du plâtre dreſſé le long d'une regle , qui ſert de repaire pour lambriſſer , ou enduire de niveau.

CUISSART. Arme défensive qui s'attachoit au bas de la cuiraffe, & qui fervoit à garantir les cuiffes.

CUITE. Préparation que l'on donne au falpêtre. Il faut que le falpêtre foit de trois *Cuites* pour être propre à entrer dans la confection de la poudre à canon. Sa premiere *Cuite* fait *le falpêtre brut*, la feconde, celui de *deux eaux*, & la troifiéme fait le *falpêtre en glace*. Il fe fait encore une quatriéme *Cuite*, qui produit ce qu'on appelle le *falpêtre en roche*, qui eft cuit fans eau.

CULASSE. On appelle ainfi la partie du canon la plus épaiffe & qui termine la piéce. Elle comprend la lumiere, la derniere plate-bande & le bouton.

CUL-DE-CHAUDRON, *terme de Mine*. C'eft le fond arrondi de l'entonnoir d'une mine après qu'elle a joué.

CUL-DE-FOUR. On nomme ainfi une voûte fphérique.

CUL-DE-LAMPE. Efpece de pendentif qui tombe des nervures des voûtes gothiques. On appelle auffi *Cul-de-lampe* un affemblage de pierres fculptées, qui fert à porter les guérites de maçonnerie qu'on fait fur les angles faillans des ouvrages revêtus.

CULÉE. C'eft le maffif de pierre dure qui arcboute la pouffée de la premiere & de la derniere arche d'un pont. On donne auffi ce nom à la palée des pieux qui retient les terres derriere ce maffif.

CULÉE D'ARCBOUTANT. C'eft un fort pilier qui reçoit les retombées d'un arcboutant.

CULIERE. En Architecture eft une pierre plate, creufée en rond ou en ovale, de peu de profondeur, avec une goulette qui reçoit l'eau d'un tuyau de defcente, & la conduit dans un ruiffeau de pavés.

CULOT, *terme d'Artificier*. C'eft la bafe du moule d'une fufée quelconque, fur laquelle on appuye la gorge de fon cartouche lorfqu'on la charge. Ce *Culot* eft fouvent armé d'une petite broche de fer qui s'éleve de fon milieu, & qui entre dans l'étranglement de la fufée.

CUNETTE. En Fortification, eſt un petit foſſé large d'environ quatre toiſes, que l'on pratique dans le fond d'un grand foſſé ſec, environ vers le milieu, & ſuivant ſon alignement, afin de diſputer plus facilement le terrein à l'ennemi.

CUVETTE. Vaiſſeau de plomb pour recevoir les eaux d'un chêneau, & les conduire dans le tuyau de deſcente; il y en a de différentes figures.

CYCLOIDE. Eſt une ligne courbe cauſée par le mouvement d'un point de la circonférence d'un cercle, lequel étant perpendiculaire ſur un plan, roule le long d'une ligne droite du même plan; c'eſt pourquoi ce cercle eſt appellé *cercle générateur.* Mais pour donner une idée plus ſenſible de la *Cycloïde*, il n'y a qu'à s'imaginer un clou attaché au plus bas de la circonférence d'une roue, & qui répond au pavé : la roue venant à marcher, ce clou décrira en l'air une *Cycloïde* dans l'eſpace qu'il parcourera pour reprendre la ſituation où il étoit d'abord. La *Cycloïde* a pluſieurs belles propriétés, dont la principale eſt que ſi l'on fait une couliſſe appliquée contre un plan vertical, enſorte que cette couliſſe (que je ſuppoſe curviligne) repréſente une *demi-Cicloïde*, dont l'une des extrêmités ſoit tangente à une ligne horizontale, à quelque point de cette couliſſe où l'on mette des corps ſphériques qui ayent la liberté de rouler, ils parviendront dans des tems égaux au point le plus bas de la *Cycloïde*, pourvu qu'ils partent dans le même temps du point de repos. J'ajoûterai que l'eſpace renfermé par une *Cycloïde* eſt triple de la ſuperficie de ſon cercle générateur ; ainſi pour trouver la valeur de cet eſpace, il faut multiplier la baſe de la *Cycloïde* par les trois quarts de ſa hauteur.

M. Huyghens a fait une application de la *Cycloïde* aux horloges, pour en rendre le mouvement égal & régulier.

CYLINDRE DROIT ET OBLIQUE. *Cylindre* droit, eſt un ſolide produit par la circonvolution entiere d'un parallelogramme rectangle autour de l'un de ſes côtés, lequel à cauſe de cela eſt appellé *axe du Cylindre*; il paſſe par le centre des deux baſes oppoſées qui font deux cercles égaux & paralleles. Le *Cylindre* oblique eſt auſſi formé par la circonvolution d'un parallelogramme qui n'eſt pas rectangle, autour d'un de ſes côtés, lequel étant oblique, l'axe du *Cylindre* l'eſt auſſi.

On trouve la ſolidité d'un *Cylindre* droit **ou** oblique, en multipliant le cercle qui lui ſert de baſe par la perpendiculaire qui exprime la hauteur du *Cylindre*.

CYMAISE. C'eſt une moulure ondée par ſon profil, **qui** eſt concave par le haut, & convexe par le bas; elle s'appelle auſſi *doucine, gorge*, ou *gueule droite*.

DAL   DAM

DALES. Sont des pierres dures de peu d'épaiſſeur, dont on couvre le deſſus des terraſſes, ou celui de certains murs, comme céux des écluſes. On nomme *Dales* à joints recouverts celles qui font feuillées avec une moulure deſſus, en maniere d'ourlet, pour ſervir de recouvrement ſur les joints.

DAME ou DEMOISELLE, *terme d'Artillerie*. Eſt une piéce de bois qu'on tient à deux mains pour battre & refouler la terre qui ſe met dans un mortier.

Dame. En terme de mine, eſt une crête de terre qui ſépare deux entonnoirs, cauſée par l'effet de deux fourneaux que l'on a fait jouer à la fois.

Dames. Ce ſont, dans un canal qu'on creuſe, des digues du terrein même, qu'on laiſſe d'eſpace en eſpace pour faire entrer l'eau à diſcrétion & empêcher qu'elle ne gagne les travailleurs. On nomme auſſi *Dames*, certaines petites langues de terre couvertes de leur gazon, qu'on laiſſe de diſtance en diſtance, pour ſervir de témoins dans la fouille des terres, afin d'en toifer les vuidanges. On appelle encore *Dame* la tourelle qui fe fait fous la cape d'un *batardeau.*

DARCE ou DARCINE. *Voyez* Bassin.

DÉ ou CUBE. Corps également quarré dans les fix furfaces qui le compofent. *Voyez* Cube.

Dé. En Architecture, fe dit de tout corps quarré, comme d'un tronc, ou du nud d'un piédeftal. *Dé* fe dit encore des petits cubes, ou parallelipipedes de maçonnerie, que l'on fait pour fervir de femelles à des poteaux, ou pour élever au deffus du rez-dechauffée le plancher d'un magafin à poudre, ou de quelque lieu fouterrein que l'on veut maintenir à fec.

DEBITER. C'eft fcier de la pierre pour faire des dales ou du carreau. C'eft auffi refendre du bois & le couper de certaine longueur pour les affemblages de menuiferie, ou de charpenterie.

DEBLAI. *Se* prend pour les profondeurs ou excavations que l'on fait dans les terres.

DEBLAYER. C'eft approfondir dans les terres par le moyen de la pioche & de la pelle, &c.

DECAGONE. Eft un polygone de dix côtés.

DECHARGE. En Maçonnerie, eft une efpece d'arcade que l'on fait en conftruifant un mur dans l'épaiffeur du mur même, pour foutenir un grand poids qui porteroit à faux. Par exemple, on fait une *Décharge* au deffus d'une plate-bande, pour ne point trop charger les claveaux.

Decharge. En Charpenterie; c'eft une piéce de bois pofée obliquement dans l'affemblage d'un pan de bois, ou d'une cloifon, pour foulager la charge.

Décharge. En Serrurerie; c'eft, dans une porte de fer, une groffe barre pofée obliquement, en maniere de traverfe, pour entretenir les barreaux, & pour empêcher le chaffis de fortir de fon équerre.

Décharge d'eau. Ce mot eft commun à deux tuyaux dans un regard ou un baffin de fontaine, dont l'un, avec foupape, fert à décharger ou à faire écouler l'eau qui eft dans le fond ; & l'autre, qui eft foudé au bord de ce regard ou de ce baffin, fert à régler la fuperficie de l'eau à une certaine hauteur.

DECHAUSSÉ. On dit qu'un bâtiment eft *déchauffé*, lorf-qu'il paroît de fes fondations dégradées. On dit auffi qu'une pile de pont eft *Déchauffée*, lorfque l'eau a dégravoyé fon pilotage, n'y ayant plus de terre entre les pieux par en haut.

DECEINTRER. C'eft démonter un ceintre de charpente, après qu'une voûte ou un arc eft bandé, & que les vouffoirs en font bien fichés & jointoyés.

DECLIT. Eft un morceau de fer d'environ deux pieds & demi de longueur, attaché au cable d'une fonnette, dont une des extrêmités eft tournée en crochet pour enlever le mouton. A l'autre extrêmité eft une corde qu'un ouvrier tire de haut en bas quand le mouton eft au fommet de la fonnette ; alors le *Déclit* s'échap-pe, & le mouton, qui eft ordinairement de fer ou de métal, de 1500, ou 2000 de pefanteur, tombe avec beaucoup de violence fur la tête du pilot.

DECOEFFER UNE FUSÉE. C'eft ôter, ou déchirer le papier qu'on avoit collé fur fon amorce pour em-pêcher le feu de s'y introduire trop tôt.

DECOMBRER. C'eft enlever les gravois d'un attelier ; c'eft auffi dégravoyer le fond d'un batardeau pour y mettre un corroi de glaife.

DECOMBRES. Ce font les moindres matériaux de la démolition d'un bâtiment, qui font de nulle va-leur, comme les menus platras, gravois, recoupes, &c.

DECORATION. Ce mot fe dit en Architecture de toutes faillies & ornemens, qui étant placés à pro-pos, décorent le dehors d'un bâtiment, d'une porte de ville, &c.

DÉFENSE. On donne ce nom à toutes les parties d'une fortification qui en flanquent, ou en défendent d'autres.

DEFILÉ. C'eſt un chemin ſi ſerré que des troupes qui ſont en marche n'y peuvent paſſer qu'en faiſant un petit front, ce qui donne moyen à l'ennemi de les arrêter facilement, & de les charger avec d'autant plus d'avantage, que celles de la tête & de la queue ne ſe peuvent réciproquement ſecourir.

DEFILER, ou ALLER EN FILE. C'eſt quitter le terrein ſur lequel on faiſoit un grand front, & s'en éloigner en marchant par file; c'eſt-à-dire en marchant par un, par deux, par quatre, par ſix, par marche, par demi-marche, ou par quart de marche.

DEGAGEMENT. C'eſt, dans un appartement, un petit paſſage, ou un petit eſcalier, par lequel on peut s'échapper ſans repaſſer par les mêmes piéces.

DEGAUCHIR. C'eſt dreſſer une piéce de bois, ou les paremens d'une pierre; c'eſt auſſi *raccorder* un talut avec une pente de terrein.

DEGORGEOIR. En Artillerie, eſt un bout de fil d'ar-chal, ſervant à ſonder la lumiere du canon & du mortier, pour la nettoyer & y introduire l'amorce.

DEGRADÉ. On dit qu'un bâtiment eſt *Dégradé*, lorſ-que faute d'avoir entretenu ſes couvertures, ou d'y avoir fait d'autres réparations néceſſaires, il eſt de-venu inhabitable. On dit auſſi qu'un mur eſt *Dégradé*, lorſque ſon enduit ou crépi eſt tombé, & que les moilons ou la brique ſont ſans liaiſon.

DEGRAVOYEMENT C'eſt l'effet que fait l'eau cou-rante qui déchauſſe le pied d'une fondation, ou de-ſacotte des pilots de leur terrein, par un bouillon-nement continuel, à quoi on remédie en faiſant une creche autour. On dit auſſi *Dégravoyer*.

DEGRÉ, en Géométrie. La circonférence d'un cercle étant diviſée en 360 parties égales, chacune de ces parties ſe nomme *Dégré*; ainſi le quart de cercle eſt de 90 *Dégrés*.

DEGRÉS. *Voyez* MARCHES.

DEGROSSIR. C'eſt faire la premiere ébauche d'un bloc, d'une pierre, &c. pour enſuite l'équarrir.

DEHORS. En Fortification, eft le nom qu'on donne à tous les ouvrages détachés, c'eft-à-dire à ceux qui font placés au-delà du foffé, du côté de la campagne, & à ceux qui font encore plus éloignés. Les *Dehors* fe conftruifent dans les endroits qui pourroient favorifer l'ennemi dans fes attaques.

DÉJETTER. On dit que la menuiferie fe déjette, lorfqu'étant faite d'un bois qui n'a pas été employé fec, fes panneaux s'ouvrent, fe cambrent, & fortent de leurs emboîtures & rainures.

DELARDER. C'eft, en Maçonnerie, piquer avec la pointe du marteau le lit d'une pierre, & démaigrir ce qui en doit être pofé en recouvrement. C'eft auffi couper en recouvrement le deffous d'une marche de pierre ; c'eft pourquoi on dit qu'elle porte fon *délardement*.

DELARDER. En Charpenterie ; c'eft rabattre en chanfrein les arêtes d'une piéce de bois, comme quand on taille l'areftier de la croupe d'un comble, & le deffous des marches d'un efcalier de bois, pour en ravaler la coquille.

DELIAISON. *Voyez* LIAISON.

DELIT. Mettre en *Délit* une pierre, c'eft la pofer fur le côté & hors de fon lit de carriere, c'eft-à-dire en parement ; ce qui eft une mal-façon. Lorfqu'on bande un arc, ou une platebande, on pofe les vouffoirs & claveaux *Délit* en joint, c'eft-à-dire le lit du fens des joints montans.

DEMAIGRIR ou AMAIGRIR. C'eft couper d'une pierre à un joint de lit ou de coupe ; & *Démaigrir*, en charpenterie, c'eft diminuer un tenon, & tailler une piéce de bois en angle aigu.

DEMAIGRISSEMENT. Ou nomme ainfi le côté d'une pierre ou d'une piéce de bois démaigrie.

DEMI-BASTION. C'eft un morceau de fortification qui termine d'ordinaire les branches des ouvrages à corne, ou à couronne, du côté de leur tête.

DEMI-CERCLE. Inftrument de mathématique qui a la

forme d'un *Demi-cercle*, divifé par dégrés, & qui entre dans les étuis de mathématique. Il eſt fort uſité pour les opérations de la Géométrie pratique : on le nomme autrement *Rapporteur*.

DEMI-DIAMETRE. Ligne droite tirée du centre d'un cercle à fa circonférence ; c'eſt ce qu'on appelle le *rayon*. *Voyez* RAYON.

DEMI-GORGE. On appelle ainſi chacune des deux lignes qui forment l'entrée d'un baſtion, ou autrement la ligne qui va du flanc, ou de l'angle de la courtine, au centre du baſtion.

DEMI-LUNE. En Fortification, eſt un ouvrage qui ſe place devant une courtine, pour la couvrir. Elle eſt compoſée de deux faces, aux extrêmités deſquelles il y a quelquefois deux petits flancs.

DEMI-LUNE. En Architecture civile, eſt un bâtiment dont le plan eſt un enfoncement circulaire, en maniere d'amphithéâtre, pour gagner de la place au devant.

DEMI-ORDONNÉE. Moitié d'une ligne droite tirée au dedans d'une courbe, & diviſée par le diametre de cette courbe en deux parties.

DEMI-PARABOLE. Ligne courbe qui a quelque reſſemblance avec les *Paraboles* des genres ſuperieurs.

DEMOISELLE. Eſt une piéce de bois d'environ cinq pieds de haut, ronde & ferrée par les deux bouts, ayant deux anſes au milieu. Les Paveurs s'en ſervent pour enfoncer les pavés.

DEMONSTRATION. Preuve déduite de principes certains & évidens, par laquelle la vérité d'une propoſition eſt établie d'une maniere inconteſtable.

DEMONTER. C'eſt, en Charpenterie, défaire avec ſoin un comble, ou tout autre ouvrage, ſoit pour le refaire, ou pour en conſerver les bois pour les faire reſervir. On dit auſſi *Démonter* une grue, un ceintre, un échafaud & toute autre machine.

DENOMINATEUR. Partie inférieure d'une fraction. C'eſt le chiffre, ou la lettre qui eſt au deſſous de la petite ligne dont on se sert pour séparer les deux membres d'une fraction.

DENT. On appelle ainsi en méchanique la partie saillante d'une roue qui engrene dans le pignon d'une autre roue.

DENTICULES. Ornement dans une corniche taillé en maniere de dents ; le membre quarré sur lequel on le taille, se nomme *Denticule*. Elles sont affectées à l'Ordre Ionique.

DERIVE, *terme de Marine*. L'angle que forme la ligne de la route du vaisseau avec la quille.

DESACOTER. C'est ôter les appuis que l'on auroit mis pour soutenir quelque chose.

DESAFFLEURER. *Voyez* AFFLEURER.

DESCENTE. Voûte rampante, qui couvre une rampe d'escalier, comme la descente d'une cave.

DESCENTE DE FOSSÉ. Est un enfoncement qu'on fait dans les terres du chemin couvert, en forme de tranchée, dont le dessus est couvert contre les artifices.

DESSINATEUR. Est, en fortification, celui qui dessine & met au net les plans, profils & élévations des ouvrages projettés par un Ingénieur en chef, ou par un Directeur.

DETACHEMENT. Est un corps particulier de gens de guerre, tiré d'un plus grand corps, ou de plusieurs autres, soit pour les attaques d'un siége, soit pour tenir la campagne.

DETAIL. C'est en Fortification faire le devis & le dénombrement exact des matériaux & façons des ouvrages. Dans un toisé, c'est aussi spécifier les mesures, leurs produits, & faire l'estimation des ouvrages projettés.

DETREMPE. Couleur employée à l'eau & à la colle, dont on imprime & peint dans les bâtimens.

DETREMPER LA CHAUX. C'est la délayer avec de l'eau & le rabot dans le bassin, d'où elle coule ensuite dans une fosse creusée en terre, pour y être conservée avec du sable qu'on jette par dessus.

DEVELOPPÉE. Courbe formée par le développement d'une autre courbe.

DEVELOPPEMENT DE DESSEIN. C'eſt la repréſentation de tous les plans, faces & profils des ouvrages conſtruits ou projettés.

DEVIS. Eſt un mémoire général des quantités, qualités & façons des matériaux des ouvrages faits ſur des deſſeins cottés & expliqués en détail, avec des prix à la fin de chaque eſpece d'ouvrage, par toiſé ou par tâche, que l'on remet aux Entrepreneurs pour s'y conformer après l'adjudication ; & lorſque les ouvrages ſont achevés, on les examine tout de nouveau, pour voir s'ils ſont conformes au *Devis*, avant que de ſatisfaire au payement parfait.

DEVOYER. C'eſt détourner de ſon aplomb un tuyau de cheminée ou de deſcente. C'eſt auſſi mettre une ligne, un tenon, ou toute autre choſe hors de l'équerre de ſon plan.

DIABLE. C'eſt la même choſe que le chat. *Voyez* Chat.

DIAGONALE, que l'on nomme auſſi *Diametre*, eſt une ligne droite tirée d'un angle oppoſé à l'autre, dans un rectangle, ou dans un parallelogramme. La *Diagonale* d'un quarré eſt incommenſurable avec les côtés du même quarré.

DIAMETRE d'une ligne courbe, eſt une ligne droite tirée au dedans d'une figure circulaire, d'un point de la circonférence à un autre point, en paſſant par ſon centre, enſorte qu'elle diviſe en deux également tout l'eſpace renfermé dans cette courbe.

DIAMETRE d'une pièce d'artillerie. Ligne qui meſure la largeur de ſon ouverture ou de ſon intérieur. On dit ce mortier a tant de pouces de diametre, pour faire connoître ſa capacité ; cette bombe a tant de *Diametre*, pour en indiquer la groſſeur. Il y a des compas courbes qui ſervent à meſurer ces différens *Diametres*.

DIASTYLE. C'eſt ainſi que l'on nomme l'eſpace des entre-colonnemens

tre-colonnemens qui eſt ordinairement de trois diametres, ou de ſix modules, d'une colonne à l'autre.

DIFFERENCE. En Arithmétique & en Algebre, on entend par ce terme l'excès d'une quantité ſur une autre.

DIFFERENTIEL. Epithete que donnent les Géometres
au *Calcul* qui a pour objet les quantités infiniment petites & leurs différences. *Voyez* au mot INTÉGRAL.

DIGUE. C'eſt un maſſif de terre, ou de pierre, bordé de
pieux, & fondé dans l'eau pour ſoutenir une berge à
une certaine hauteur, ou pour empêcher les inondations.

DIMENSION. Meſure qui exprime la longueur, la largeur ou la profondeur d'un corps. On dit conſidérer
un ouvrage dans toutes ſes *Dimenſions.*

DIMINUTION ou CONTRACTURE. C'eſt ainſi que
l'on nomme la *Diminution* d'une colonne, qui ſe fait
ordinairement depuis le tiers de ſa hauteur juſqu'au
ſommet de ſon fuſt.

DISTRIBUTION D'EAU. C'eſt le partage qui ſe fait de
l'eau d'un reſervoir par une ou pluſieurs ſoupapes
dans un regard, pour l'envoyer à diverſes fontaines.
Cette *Diſtribution* demande beaucoup d'intelligence
pour être faite ſelon des raiſons données. Les Fontainiers font de grandes fautes à ce ſujet, parce qu'ils
n'ont point de principes pour la meſure des eaux.

DISTRIBUTION DE PLAN. C'eſt la diviſion des piéces qui
compoſent le plan d'un bâtiment, & qui ſont ſituées
& proportionnées à leurs uſages.

DIVIDENDE, *terme d'Arithmétique.* C'eſt le nombre
qui doit être diviſé en parties égales par un autre
nombre. Dans une fraction, le *Dividende* s'appelle
Numérateur.

DIVISEUR. Nombre par lequel on en diviſe un autre;
c'eſt le nombre qui indique en combien de parties
on doit diviſer le *dividende.*

DIVISION. La derniere des quatre regles fondamentales
de l'Arithmétique & de l'Algebre. C'eſt l'art de
trouver combien un ou pluſieurs nombres ſont con-

tenus de fois dans un ou plufieurs autres nombres. En
Algebre, la feule différence qu'il y a, c'est qu'on fait
fur des quantités quelconques, repréfentées par des
lettres, la même opération qu'on feroit en Arithmétique fur les nombres. On voit par là que cette derniere eft bien plus générale.

DODECAEDRE.. Eft un corps régulier qui eft borné par
douze pentagones réguliers & égaux.

DODECAGONE. C'eft un polygone régulier de douze
côtés & de douze angles égaux.

DOME. C'eft un comble de figure fphérique, qui fert
le plus fouvent à couvrir le milieu d'une croifée d'E-
glife, ou quelquefois un veftibule ou un falon. L'intérieur de la voûte d'un *Dôme* fe nomme *coupole*. On
l'orne de compartimens ou de grands fujets de peinture à frefque, comme celle des Invalides à Paris.

DONJON. En Fortification, eft un réduit dans une
place ou dans une citadelle, où l'on fe retire quelquefois pour capituler.

DONJON. En Architecture, eft un petit pavillon, ordinairement de charpente, élevé au deffus du comble
d'une maifon pour y prendre l'air, & jouir de quelque belle vûe.

DONNÉE. Nom général qu'on donne en Mathématique à ce qu'on fuppofe connu.

DORIQUE. *Voyez* ORDRE DORIQUE.

DORMANT. Eft une piéce de bois pofée horizontalement dans les quais & digues de charpente, pour
retenir la queue des clefs qui en forment l'affemblage.

DORMANT. Eft encore, dans le haut d'une porte quarrée,
ou ceintrée, une frife ou un chaffis qui eft dans la
feuillure, & qui fert de battement aux venteaux. Quand
un *Dormant* eft d'affemblage, le panneau qui le remplit fe nomme *tympan*.

DORMANT DE CROISÉE. C'eft la partie du chaffis qui
tient dans la feuillure de la baye, & qui porte les
chaffis & les guichets d'une croifée.

DORMANT DE FER. C'eft au deffus des venteaux d'une

porte de bois ou de fer, un panneau de fer évuidé pour donner du jour, & qui eſt ceintré, quarré, ou d'autre figure, ſelon la fermeture de la baye.

DOS-D'ANE. Ce mot ſe dit de tout corps qui a deux ſurfaces inclinées qui ſe terminent à une ligne, comme la cape d'un batardeau, ainſi qu'il ſe pratique dans les foſſés des places de guerre.

DOSSE-FLACHE. Se dit de la premiere planche qui ſe leve d'un arbre qu'on équarrit, & où l'écorce paroît d'un côté.

DOSSES, que l'on appelle *madriers*, ſont de fortes planches très-épaiſſes, dont on ſe ſert pour aſſurer une fondation. Elles ſe poſent ſur des pilots auxquels elles ſont attachées avec de grands clouds & des chevilles de fer. Elles ont depuis trois juſqu'à ſix pouces d'épaiſſeur, & ſont d'uſage pour la fondation des ponts, digues, écluſes, &c. puiſque c'eſt par leur moyen que l'on établit la plateforme ſur laquelle on poſe les premieres aſſiſes des pierres.

DOSSERET. Petit jambage au parpain d'un mur, qui fait le piédroit d'une porte ou d'une croiſée. C'eſt auſſi une eſpece de pilaſtre, d'où un arc doubleau prend naiſſance de fond. On appelle encore *Doſſeret* ou *Doſſier de cheminée* un petit exhauſſement de pignon, propre à retenir une ſouche de cheminée.

DOUBLEAUX. Les Charpentiers appellent ainſi les fortes ſolives des planchers, comme celles qui portent les chevêtres.

DOUBLÉE. Ce terme, qui eſt fort uſité en Géométrie, eſt affecté à *raiſon*. On dit *raiſon Doublée*, pour exprimer une raiſon compoſée de deux raiſons.

DOUCINE. Moulure concave par le haut, & convexe par le bas, qui ſert ordinairement. de cymaiſe à une corniche délicate.

DOUELLE ou DOELE. C'eſt le parement intérieur d'une voûte, & la partie courbée du dedans d'un vouſſoir ; la *Douelle* s'appelle auſſi *extrados*.

DRAGUE. Eſt une machine propre pour pêcher le ſable

& la vafe qui fe trouve au fond de l'eau : il y en a de plufieurs efpeces.

DRAGUER. C'eft mettre les dragues en œuvre, & s'en fervir à pêcher le fable, la vafe, ou autres immondices, qui comblent ordinairement les ports de mer & les rivieres.

DRESSER. Eft élever à plomb quelque chofe.

DRESSER D'ALIGNEMENT. Eft élever un mur au cordeau.

DRESSER DE NIVEAU. Eft applanir un terrein.

DRESSER UNE PIERRE. Eft l'équarrir.

DRESSER. En Charpenterie, eft tringler au cordeau une piéce de bois pour l'équarrir; & en Menuiferie, c'eft ébaucher & applanir le bois avec la varlope.

DUNES. Les Flamands appellent ainfi les côteaux de fable qui font élevés fur le bord de la mer.

DUPLICATION. L'art de doubler une chofe, ou une quantité. On n'applique gueres ce terme qu'à la *Duplication* du cube, pour exprimer l'invention d'un nombre deux fois auffi grand qu'un autre propofé.

DUPLICATION DU CUBE, *terme de Géométrie.* Ce problême, appellé auffi le problême *Deliaque*, confifte à trouver le côté d'un cube double d'un autre.

DYNAMIQUE. La fcience des puiffances, ou des caufes motrices. Les Mathématiciens entendent par ce mot la fcience du mouvement des corps qui agiffent les uns fur les autres d'une maniere quelconque.

EBAUCHER. C'eft, en taille de pierre, dreffer à pans une bafe, une colonne, &c. avant que de l'arrondir. En Charpenterie, c'eft après qu'une piéce de bois eft tringlée au cordeau, la dreffer avec la coignée ou la fcie, avant que de la laver à la *befaiguë*; & en Menuiferie, c'eft dreffer le bois avec le fermoir, avant que de l'applanir avec la varlope.

EBOUZINER. C'eſt ôter d'une pierre ou d'un moilon le *bouzin*, ou tendre, & les moyes, & l'atteindre avec la pointe du marteau juſqu'au vif.

ECHAFAUD. Eſpece de plancher fait de planches, portées ſur des tréteaux, ou ſur des baliveaux & boulins, ſcellés dans les murs ou étreſillonés dans les bayes des façades, pour travailler ſûrement. Les moindres, qui ſont retenus par des cordes, ſe nomment *Echafauds volants*.

ECHAFAUDAGE. C'eſt l'aſſemblage des piéces néceſſaires pour dreſſer des échafauds.

ECHANTILLON. *Voyez* BOIS ET PIERRE D'ÉCHANTILLON ET DE PUREAU.

ECHAPÉE. C'eſt une largeur ou un eſpace ſuffiſant pour faciliter le tournant des charrois dans une allée ou une remiſe, &c. Ce mot ſe dit auſſi d'une hauteur ſuffiſante pour paſſer facilement au deſſous de la rampe d'un eſcalier pour deſcendre dans une cave.

ECHARPE, *terme de Méchanique. Voyez* POULIE.

ECHARPE. Battre en *Echarpe*, *terme d'Artillerie* ; c'eſt battre un ouvrage de fortification ſous un angle au plus de vingt dégrés.

ECHASSES. Regles de bois minces, en maniere de lattes, dont les ouvriers ſe ſervent pour jauger les hauteurs & les retombées des vouſſoirs, & les hauteurs des pierres en général.

ECHASSES D'ÉCHAFAUDS. Grandes perches debout, nommées auſſi *baliveaux*, qui liées & entées les unes ſur les autres, ſervent à échafauder à pluſieurs étages pour ériger les murs, faire les ravalemens & regratemens.

ECHELIER ou RANCHER. C'eſt une longue piéce de bois traverſée de petits échelons appellés *ranches*, qu'on poſe à plomb pour deſcendre dans les carrieres, & en arcboutant pour monter à un engin, grue, gruau, &c.

ECHELLE. Ligne qu'on met au bas des deſſeins pour les

mefurer. Cette ligne eft divifée en toifes, & quelquefois en pieds & pouces ; ainfi l'on dit l'*Echelle* d'un plan, d'un profil, &c.

ECHIFFRE, ou PARPAIN D'ÉCHIFFRE. Mur rampant par le haut, qui porte les marches d'un efcalier, & fur lequel on pofe la rampe de pierre, de bois, ou de fer. Il eft ainfi nommé, parce que pour pofer les marches, on les chiffre le long de ce mur.

ECHINE. C'eft, dans un quart de rond taillé, la coque qui renferme l'*ove*. On appelle auffi *Echine* le quart de rond même.

ECHIQUIER. Pierre en *Echiquier*, eft celle dont la partie qui eft dans l'épaiffeur du mur eft moins large que celle qui fait face.

ECLUSE. Se dit généralement de tous les ouvrages de maçonnerie & de charpenterie qu'on fait pour foutenir & pour élever les eaux. Toutefois ce terme fignifie plus particulierement une efpece de canal enfermé entre deux portes, l'une fupérieure, que les ouvriers appellent porte de *tête*, & l'autre inférieure, qu'ils nomment porte de *mouille*, fervant dans les navigations artificielles, à conferver l'eau & à rendre le paffage des bateaux également aifé en montant & en defcendant ; à la différence des *pertuis*, qui n'étant que de fimples ouvertures laiffées dans une digue, fermées par des aiguilles appuyées fur une brife, ou par des vannes, perdent beaucoup d'eau, & rendent le paffage difficile en montant, & dangereux en defcendant.

ECLUSE A TAMBOUR. Celle qui s'emplit & fe vuide par le moyen de deux canaux voûtés, pratiqués dans les jouillieres des portes, dont l'entrée, qui eft un peu au deffus de chacune, s'ouvre & fe ferme par le moyen d'une *vanne à couliffe*.

ECLUSE A VANNES, Celle qui s'emplit & fe vuide par le moyen des vannes à couliffe, pratiquées dans l'affemblage même des portes.

ECLUSE IN EPERONS. Celle dont les portes à deux venteaux fe joignent en éperon ou en avant-bec du côté d'amont.

ECLUSE DE CHASSE & DE FUITE. *Ecluse de chaffe*, eft le nom qu'on donne à une *Ecluse* par laquelle on introduit l'eau de la mer dans les places de guerre lorfqu'elle monte. Et l'*Ecluse de fuite* eft celle par où l'eau s'écoule pour laiffer le foffé à fec quand la mer baiffe. On fe fert très-utilement de ces *Eclufes* pour nettoyer, ou pour approfondir non feulement les foffés d'une place, mais encore pour en prolonger la défenfe ; car s'il fe trouve une riviere à portée de donner de l'eau au foffé, & qui puiffe s'écouler par un autre côté, on l'inonde & on le met à fec alternativement ; ce qui en rend le paffage extrêmement difficile, comme on l'a éprouvé au fiége de Fribourg, en 1714.

ECLUSE DE DÉCHARGE. Eft le nom qu'on donne aux *Eclufes* à vannes, que l'on pratique quelquefois dans l'épaiffeur des digues d'un canal de navigation, ou ailleurs, pour l'écoulement des eaux étrangeres qui pourroient groffir celles du canal, ou pour mettre une partie du canal à fec, en cas de néceffité.

ECLUSE PROVISIONNELLE. Quand une riviere paffe au pied du glacis d'une place de guerre, on fait quelquefois une *Ecluse* pour inonder quand on veut le foffé de la place ; alors on la nomme *Ecluse provifionnelle.* Telle eft celle qui fe trouve à Graveline dans le chemin couvert, vis-à-vis le baftion royal, qui fert à introduire les eaux de la riviere d'Aa dans le foffé à telle hauteur que l'on veut, parce que l'on fait groffir cette riviere par le moyen des grandes *Eclufes.*

ECLUSE QUARRÉE. Celle dont les portes d'un feul ventail fe ferment quarrément.

ECOINÇON. C'eft, dans le piédroit d'une porte ou d'une croifée, la pierre qui fait l'encoignure de l'embrafure, & qui eft jointe avec le lancis quand le piédroit ne fait point parpain.

ECOPERCHE ou ESCOPERCHE. Piéce de bois avec

une porte, qu'on ajoûte au bec d'une grue ou d'un engin, pour lui donner plus de volée.

ECOUPE. *Voyez* Outils a Pioniers.

ECOUVILLON. En Artillerie, est une machine composée d'une longue hampe, dont le bout est garni de laine, servant à nettoyer une piéce de canon & à la rafraîchir.

ECOUVILLONNER. C'est nettoyer & rafraîchir le canon devant & après qu'il a tiré.

ECROU. Piéce de bois ou de fer, qui a un trou relatif à la grosseur d'une vis, & qui sert à la serrer, ou à la retenir quand on la fait entrer dedans.

EGOUT. En Fortification, se dit en parlant d'une ouverture pratiquée sous le rempart de la place, qui est couverte d'une voûte, & qui facilite l'écoulement des immondices qui vont se jetter dans le fossé.

Egout. C'est l'extrêmité du bas d'un comble, faite des dernieres tuiles ou ardoises qui saillent au-delà de la corniche, pour jetter les eaux d'un mur de face.

ELAGUER. C'est avec une serpe couper le superflu des branches d'un arbre, pour lui donner de la grace & pour le faire profiter.

ELEVATION. C'est la représentation de la façade d'un bâtiment, qu'on nomme *ortographie*, quand elle est géométrale, c'est-à-dire que les parties sont élevées de leur véritable grandeur.

Elevation perspective. C'est le dessein d'un bâtiment dont les parties reculées paroissent en raccourci.

ELEVER. Ce mot se dit pour bâtir ; il s'employe aussi pour dessiner un bâtiment par lignes perpendiculaires, élevées sur un plan.

ELLIPSE, *terme de Géométrie.* Figure ovale, engendrée par un plan qui coupe la surface d'un cône obliquement à sa base : c'est une des trois sections coniques. Sa propriété est, que si l'on mene une ordonnée au grand ou au petit axe, le rectangle compris sous les parties de cet axe, divisé par l'ordonnée, est au quarré de l'ordonnée même, comme le quarré de cet axe eſt au quarré de l'autre.

EMBASEMENT. Eſpece de baſe continue, en maniere de large retraite, au pied d'un édifice.

EMBOITURE. C'eſt dans l'aſſemblage d'une porte collée & emboîtée, une eſpece de traverſe d'environ trois pouces qu'on met à chaque bout, pour retenir en mortaiſes les ais à tenons collés & chevillés. Les *Emboitures* doivent toujours être de bois de chêne, même aux ouvrages de ſapin. On dit *Emboîter* pour enchaſſer une choſe dans une autre.

EMBOUCHURE. Parlant du canon, ſe dit improprement; il faut dire *bouche.*

EMBRANCHEMENS. Piéces de l'enrayure, aſſemblées de niveau avec le coyer & les empanons dans la croupe d'un comble.

EMBRASER, ou pour mieux dire EBRASER. C'eſt élargir en dedans la baye d'une porte ou d'une croiſée, depuis la feuilure juſqu'au parpain du mur, enſorte que les angles de dedans ſoient obtus.

EMBRASSURE. C'eſt un aſſemblage à queue d'ironde de quatre chevrons, chevillés en deſſous du plinthe & larmier d'une ſouche de cheminée de plâtre, pour empêcher qu'elle ne s'éclate. On appelle auſſi *Embraſ-ſure*, une barre de fer méplat coudée & boulonnée, qui ſert au même uſage.

EMBRASURE, ou plutôt EBRASEMENT. *Voyez* EM-BRASER.

EMBRASURE. En terme de Fortification, eſt l'ouverture qu'on fait dans le parapet en forme de fenêtre, pour paſſer la bouche du canon, afin qu'il puiſſe découvrir les endroits où l'on veut tirer. La partie du parapet qui eſt entre les deux *Embraſures*, s'appelle *merlon.*

EMBREVEMENT. *Voyez* ASSEMBLAGE PAR EMBRE-VEMENT.

EMPANONS. *Voyez* CHEVRONS DE CROUPE.

EMPATTEMENT. C'eſt une épaiſſeur de maçonnerie que l'on ajoûte principalement aux pieds des murs qui ſont expoſés au courant des eaux, comme ſont les bas des quais , les pieds des piles des ponts , &c. pour les fortifier , & cette épaisseur doit être proportionnée à la rapidité de l'eau qu'elle doit soutenir , ce qui dépend plus du jugement & de l'expérience de l'ouvrier, que d'aucune regle assurée.

EMPILER , *terme d'Artillerie.* C'est la maniere de ranger différemment des boulets de canon, & des bombes les unes sur les autres.

ENCASTRER. C'est enchasser par entaille , ou par feuillure une pierre dans une autre , ou un crampon de son épaisseur dans deux pierres pour les joindre.

ENCEINTE. C'est le circuit d'une place composée le plus souvent de bastions , courtines & tours.

ENCHEVAUCHURE. C'est la jonction par recouvrement ou feuillure de quelque partie avec quelque autre , comme les tuiles & ardoises qui se recouvrent par *Enchevauchure.*

ENCHEVÊTRURE. C'est , dans un plancher , un assemblage de deux fortes solives & d'un chevêtre , qui laisse un vuide pour porter un âtre , ou pour faire passer une souche de cheminée.

ENCLAVÉ. Se dit d'une portion de place qui forme un angle , ou un pan , & qui anticipe sur une autre par une possession antérieure , ou par un accommodement , ensorte qu'elle en diminue la superficie , & en ôte la régularité. On dit aussi qu'une cage d'escalier dérobé , qu'un petit cabinet , ou qu'un ou plusieurs tuyaux de cheminée sont enclavés dans une chambre , quand , par une avance , ils en diminuent la capacité.

ENCLAVER. C'est encastrer le bout des solives d'un plancher dans les entailles d'une poutre. C'est aussi arrêter une piéce de bois avec des clefs ou boulons de fer. *Enclaver* une pierre , c'est la mettre en liaison après coup avec d'autres , quoique de différente hauteur , comme il se pratique dans les raccordemens.

ENCLOS. C'est un mur qui renferme un espace , comme le pourtour d'un magasin à poudre , ou d'un jardin.

ENCLOUER LE CANON. C'est faire entrer par force ,

dans fa lumiere , un clou que l'on caffe enfuite : c'eft à quoi on s'attache le plus dans une fortie. Un canon encloué n'eft plus de fervice , & il faut lui percer une nouvelle lumiere. Il y a une autre maniere d'*Enclouer* le canon , à laquelle on n'a point encore trouvé de remede , c'eft d'y faire entrer à force un boulet d'un plus grand calibre que celui de la piéce.

ENCOIGNURE. Se dit des coins principaux d'un bâtiment , ou de quelque avant-corps.

ENCORBELLEMENT. Eft toute faillie portée fur quelque confole , ou corbeau , au-delà du nud du mur.

ENDECAGONE , *figure de Géométrie*. C'eft un polygone terminé par onze angles & onze côtés.

ENDUIT Compofition faite de plâtre , ou de mortier de chaux & de fable, ou de chaux & de ciment , pour revêtir les murs.

ENFAITEMENT. C'eft une table de plomb qui couvre le faîte d'un comble d'ardoife.

ENFAITER. C'eft couvrir de plomb les faîtes des combles d'ardoifes , ou arrêter des tuiles faîtieres avec des crêtes fur ceux qui ne font couverts que de tuiles.

ENFANS-PERDUS. Ce font des foldats fournis par compagnie, & qui étant détachés pour un affaut , ou pour forcer quelque pofte , marchent toujours à la tête des troupes qui font commandées pour les foutenir dans une bataille.

ENFILADE. En Fortification , eft une fituation de terrein qui découvre un pofte felon toute la longueur d'une ligne droite.

ENFILADE. C'eft l'alignement de plufieurs portes de fuite dans un appartement.

ENFILER. En Fortification , c'eft battre & nettoyer toute l'étendue d'une ligne droite.

ENFONCEMENT. Se dit de la profondeur des fondations d'un bâtiment ; c'eft pourquoi on a coutume de marquer dans un devis que les fondations auront tant d'*Enfoncement*. Ce mot fe dit auffi de la profondeur d'un puits , dont la fouille fe doit faire jufqu'à plus

de deux pieds au deſſous de la ſuperficie des plus baſſes eaux.

ENFOURCHEMENT. Sont les premieres retombées
des angles des voûtes d'arrête , dont les vouſſoirs
ſont à branches.

ENGERBER , *terme d'Artillerie.* Se dit en parlant de
l'arrangement des barils de poudre dans un magaſin.
On ne peut *Engerber* que de trois à quatre rangs , car
la rangée du bas pourroit ſe défoncer par la peſanteur
des autres. On dit des tonneaux *Engerbés* de deux ou
trois rangs , pour ſignifier qu'il y a deux ou trois
rangs les uns ſur les autres.

ENGIN. Eſt une machine dont on ſe ſert pour enlever les
pierres & les poutres quand on bâtit.

ENGORGER , *terme d'Artificier.* C'eſt remplir de compoſition le trou vuide , ou l'ame que la petite broche
du culot a laiſſée à l'orifice d'un jet en le chargeant.

ENGRAINER , *terme de Méchanique* , dont on ſe ſert
pour marquer la rencontre des dents d'une roue avec
les fuſeaux de la lanterne que cette roue fait mouvoir. Ainſi l'on peut dire voilà une roue dont les
dents *Engrainent* fort bien avec les fuſeaux de la lanterne.

ENGRAISSEMENT. On dit en Charpenterie aſſembler
par *Engraiſſement* , c'eſt-à-dire joindre ſi juſte des
piéces de bois , que pour ne laiſſer aucun vuide dans
les mortaiſes , les tenons y entrent à force , afin de
mieux contreventer & d'empêcher le *blement.*

ENLIER. C'eſt , dans la conſtruction , engager les
pierres & les briques enſemble en élevant les murs ,
enſorte que les unes ſoient poſées ſur leur largeur , comme les carreaux , & les autres ſur leur
longueur , ainſi que les boutiſſes , pour faire liaiſon
avec le garni ou rempliſſage.

ENNEAGONE. Eſt un polygone de neuf côtés.

ENRAYURE. C'eſt un aſſemblage de Charpenterie de
niveau , compoſé d'*antes, coyers , gouſſets , & embranchemens,* avec ſablieres ſimples ou doubles , qui ſert

à retenir les fermes, ou demi-fermes d'un comble.

ENROCHEMENT. Se dit d'une fondation qu'on établit dans un endroit aquatique, & où l'on ne peut pas faire d'épuisement. Alors on jette une grande quantité de pierres pour former un massif qu'on éleve jusqu'au dessus des eaux. Après les avoir bien arrasées & affaissées, on établit dessus un plancher de madriers, & tout ce qui convient pour faire un bon empattement. On appelle aussi cette maniere de fonder, *fondation à pierres perdues.*

ENROULEMENT. Se dit de tout ce qui est contourné en ligne spirale, comme l'*Enroulement* d'un pilier butant en console.

ENSEMBLE. On dit l'*Ensemble* d'un bâtiment, pour en signifier la masse, & quelquefois aussi pour marquer la proportion relative des parties au tout.

ENSEUILLEMENT. Ce mot se prend pour l'appui d'une fenêtre au dessus de trois pieds, c'est pourquoi on dit qu'une fenêtre est à cinq, sept, ou neuf pieds d'*Enseuillement.*

ENTABLEMENT, *terme d'Architecture civile.* C'est la partie d'un Ordre d'Architecture qui est portée par la colonne & le chapiteau. L'*Entablement* est composé de trois membres principaux, *l'architrave, la frise & la corniche.*

ENTABLEMENT, ou COURONNEMENT. Est toute corniche ou *Entablement* qui couronne un mur de face, & sur lequel pose le pied du comble.

ENTAILLE. C'est une ouverture qu'on fait pour joindre quelque chose avec une autre. Les *Entailles* se font quarrément de la demi-épaisseur du bois, par embrevement, à queue d'aronde, en adent, &c. ainsi que les assemblages. On fait des *Entailles* dans les incrustations de pierre ou de marbre, pour y placer les morceaux postiches. On fait encore des *Entailles* à queue d'aronde, pour mettre un tenon de nœud de bois de chêne, ou un crampon de fer ou de bronze, incrusté de son épaisseur, pour retenir un fil dans un quartier de pierre, ou dans un bloc de marbre.

ENTAMURES DE CARRIERES. Ce font les premieres pierres que l'on tire d'une carriere nouvellement découverte.

ENTER. C'eft joindre deux piéces de bois de charpente
de même groffeur bout à bout, à plomb, comme
font quelques noyaux d'efcalier de bois ; ce qui fe
fait par tenons & mortaifes, ou par une entaille de
demi-épaiffeur du bois.

ENTOISER. C'eft arranger quarrément des matériaux
informes, comme des moilons & platras, pour en
mefurer la maffe avec le pied & la toife.

ENTONNOIR, *terme de Mineur.* C'eft la profondeur
ou l'excavation que laiffe une mine après avoir joué
ou fauté.

ENTRAIT. Maîtreffe piéce de bois dans laquelle s'af-
femblent les deux forces d'une terme. Les hauts combles ont deux *Entraits*, dont le premier fe nomme
grand ou *maître-Entrait*, & celui de deffus *petit Entrait.* Il y a des *demi-Entraits* qui fervent aux combles d'un égoût ou croupe de pavillon.

ENTRE-COLONNE, ou **ENTRECOLONNEMENT.**
C'eft l'efpace qui eft entre deux colonnes. On le détermine par une ligne tirée de l'axe d'une colonne
fur l'axe de celle qui eft à côté.

ENTRE-COUPE DE VOUTE. C'eft le vuide qui refte
entre deux voûtes fphériques l'une fur l'autre, depuis
l'extrados d'une coupe jufqu'à la douelle d'un dôme,
qui font jointes enfemble par des murs de refend au
droit des côtes, le tout fans charpente

ENTRÉE DE SERRURE. C'eft une plaque de fer accompagnée de quelque ornement, qui fert de paffage au panneton d'une clef.

ENTRELAS. En Architecture, eft un ornement de lif-
tels & de fleurons liés & croifés les uns avec les autres,
qui fe taille fur les moulures & dans les frifes.

ENTRELAS DE SERRURERIE. Ornemens compofés
de rouleaux & joncs coudés, qui forment divers compartimens pour garnir les frifes, pilaftres, montans,
bordures de fer, &c.

ENTRE-MODILLONS. C'eſt ainſi que l'on nomme l'eſpace qui eſt entre deux *Modillons*.

ENTRE-PILASTRES. C'eſt l'eſpace compris entre deux *Pilaſtres*.

ENTREPOT. C'eſt une eſpece de magaſin dans un port, où l'on tient en dépôt les marchandiſes débarquées pour être rembarquées.

ENTREPOTS. Dans les places de guerre, ſont des petits bâtimens ordinairement contre les corps de garde ſur le rempart, propres à renfermer des munitions de guerre, afin de les avoir à portée des baſtions & des autres endroits de la fortification, ſans être obligé d'ouvrir & de fermer ſi ſouvent les magaſins à poudre & les arſenaux. On appelle auſſi *Entrepôts*, les villes les plus prochaines de celles que l'on aſſiege, ou des lieux où ſe tiennent les armées, quand on y fait un grand amas de toutes les munitions de guerre néceſſaires.

ENTREPRENEUR. Eſt un homme qui entreprend la conſtruction des ouvrages de fortification à la toiſe, ſelon le marché, le devis & les conditions qui lui ont été preſcrites par l'adjudication.

ENTRESOL ou MEZZANINE. Petit étage pratiqué dans le haut de l'étage du rez-de-chauſſée, & quelquefois dans un autre étage, pour avoir quelque garde-robe ou cabinet ſur une autre piéce.

ENTRETIEN. En Fortification, s'entend des réparations des ouvrages; ainſi on dit, la Cour a tant accordé de fonds pour l'entretien des caſernes, des ponts, ou des autres édifices militaires.

ENTRETOISE. Piéce de bois qui ſert à entretenir les poteaux d'une cloiſon ou d'un pan de bois, les faîtes avec les ſoufaîtes, les ſablieres & les plateformes du pied d'un comble, & les flaſques d'un affut de canon.

ENTREVOUX. C'eſt l'eſpace qui eſt entre les ſolives d'un plancher, & qui eſt recouvert d'ais, ou enduit de plâtre.

EPANCHOIR. Inſtrument fait de quelques planches

jointes, arrêtées & bordées, pour servir à l'écoulement des eaux d'une fondation.

EPAUFRURE, *terme de Maçon*. Eclat du bord du parement d'une pierre, emporté par un coup mal donné.

EPAULE DE BASTION. C'est une partie du bastion prise à l'endroit de la jonction de la face & du flanc. On l'appelle aussi *l'angle de l'épaule*.

EPAULÉE. On dit qu'une maçonnerie est faite par *Epaulée*, lorsqu'elle n'est pas élevée de suite ni de niveau, mais par redens, c'est-à-dire à diverses reprises ou à divers tems.

EPAULEMENT. En Fortification, c'est le nom que l'on donne à tous les ouvrages destinés à se couvrir, soit qu'on les éleve sur le rez-de-chaussée par le moyen de plusieurs fascines mêlées de terre, ou avec des gabions ou des sacs à terre.

EPERON. Ouvrage d'Architecture hydraulique, placé au devant des piles des ponts pour résister aux corps étrangers, tels que les bois, la glace, &c. que l'eau entraîne, afin que les ponts n'en soient point ébranlés.

EPI. En Architecture, c'est dans un comble circulaire, comme celui d'un chapiteau de moulin à vent, l'assemblage des chevrons avec des liens ou esseliers à l'entour du poinçon, ce qui s'appelle aussi *assemblage de l'Epi*.

EPI. *Voyez* PIERRE DE CHAMP.

EPIS. Sont des jettées composées de fascinages & de pierres qu'on fait sur le bord d'une riviere, pour empêcher que l'eau ne le ruine ; c'est pourquoi l'on fait des *Epis* qui la font rejaillir d'un autre côté, ou la contiennent dans le courant qu'on veut qu'elle suive. On fait aussi des *Epis* sur le bord de la mer, comme il y en a à Ostende ; il s'en construit encore de maçonnerie.

EPIGEONNER. En Maçonnerie, c'est employer le plâtre un peu serré sans le plaquer ni le jetter, mais

en le levant doucement avec la main ou la truelle, par
pigeons, c'eſt-à-dire par poignées.

EPIGRAPHE. C'eſt ainſi qu'on appelle les inſcriptions qui
ſervent à caractériſer un édifice, le tems & les perſonnes qui l'ont fait élever.

EPINGLETTE. C'eſt une eſpece de petite aiguille de
fer dont on ſe ſert pour percer les gargouſſes, lorſqu'elles ſont introduites dans les piéces, avant que de
les amorcer.

EPREUVE, *terme d'Artillerie.* Quand on a fondu des
piéces de canon, on les tire pour la premiere fois
avec une charge de poudre égale à la peſanteur du
boulet, trois fois de ſuite ; ce qui s'appelle *éprouver les
piéces* ; & s'il n'arrive aucun accident, & que d'ailleurs les piéces n'ayent point de défauts, elles ſont
réputées bonnes. On fait auſſi des *Epreuves* de mines
pour eſtimer la quantité de poudre néceſſaire à la
charge des fourneaux dans toute ſorte de terrein,
ſelon la hauteur de la ligne de moindre réſiſtance.
Enfin l'on nomme *coup d'Epreuve* la premiere bombe
que l'on tire pour connoître, ſçachant à quelle diſtance elle a été, ſous quel dégré il faut pointer le
mortier, pour jetter avec la même charge des
bombes à une diſtance déterminée.

EPROUVETTE POUR LA POUDRE A CANON. Anciennement c'étoit un inſtrument compoſé d'une
batterie de piſtolet avec ſon chien & ſon baſſinet, à
côté duquel étoit un canon qui avoit ſa lumiere dans
le baſſinet. Ce canon avoit un couvercle de fer qui
tenoit à une roue dentée, dont les crans étoient arrêtés par un reſſort placé au bout de la batterie. On a
abandonné cet inſtrument pour lui ſubſtituer l'*Eprouvette* dont on ſe ſert aujourd'hui. C'eſt un petit mortier coulé avec ſa ſemelle, avec laquelle il forme un
angle de quarante cinq dégrés ; on le charge de trois
onces de poudre que l'on introduit dans la chambre
ſans être refoulée, ni bouchon par deſſus. Cette
Eprouvette doit chaſſer un globe de fonte de ſoixante

livres de pefanteur, à cinquante toifes de diftance, pour que la poudre foit reputée bonne, en conformité d'une ordonnance du Roi qui a été rendue à ce fujet.

EPTAGONE. Eft un polygone de fept côtés.

EPUISES VOLANTES. Sont de certaines machines ou moulins fimples, dont on fe fert à élever l'eau, pour faciliter le travail dans les fondemens des édifices aquatiques ; les plus communes font les *Hollandoifes & les vis d'Archimede.*

EPURE. Eft le deffein d'une piéce de trait, tracé fur un mur ou une aire très-unie, de la grandeur au jufte d'un ouvrage, dont les Appareilleurs fe fervent à lever deffus les panneaux, pour les tracer enfuite fur les pierres qu'ils deftinent à être taillées ; ce qui eft d'un grand ufage dans les bâtimens confidérables.

EQUARRIR. C'eft mettre une pierre, ou une piéce de bois d'équerre en tout fens.

EQUARRISSAGE. On dit qu'une piéce de bois a fix pouces fur huit d'*Equarriffage*, pour fignifier fes deux plus courtes dimenfions, qui étant égales, comme d'un pied chacune, on dit pour lors qu'elle a douze pouces *de gros.*

EQUARRISSEMENT. C'eft la réduction d'une piéce de bois en grume à la forme quarrée, en ôtant fes quatre doffes flaches.

EQUARRISSEMENT. Voyez TRACER PAR EQUARRISSEMENT.

EQUATION, *terme d'Algebre.* Expreffion de rapport entre des quantités connues & des quantités inconnues ; ou plus fimplement on entend par *Equation* une égalité de deux quantités. On exprime les quantités connues par les premieres lettres de l'alphabeth, & les quantités inconnues par les dernieres lettres.

EQUERRE. Inftrument compofé de deux regles de bois, de fer, de laiton, &c. jointes à angle droit. Son ufage eft pour élever des perpendiculaires fur une bafe donnée.

EQUERRE. Eft un lien de fer coudé qu'on met aux poteaux cormiers d'une encoignure de pan de bois, aux portes de menuiserie, &c. & à d'autres ouvrages.

EQUERRE. Se dit encore d'un lien de fer coudé, servant à entretenir les principales piéces d'une barriere ou d'une porte cochere.

EQUIANGLE, *terme de Géométrie*. S'entend de deux figures qui ont leurs angles égaux. Par exemple, les triangles semblables sont *Equiangles*, & ont leurs côtés proportionnels.

EQUILATERE, *terme de Géométrie*. C'est une figure qui a tous ses côtés égaux entr'eux, comme sont ceux des polygones réguliers.

EQUILIBRE. On dit que deux puissances ou deux poids, ou une puissance & un poids, sont en *Equilibre*, lorsqu'étant appliqués aux extrêmités d'un lévier, ou de toute autre machine, la puissance & le poids se contrebalancent mutuellement, & demeurent en repos.

EQUINOMES. On donne ce nom en Géométrie aux angles & aux côtés de deux figures qui se suivent toutes les deux dans le même ordre.

EQUIPAGE. Se dit d'un attelier, tant de grues, gruaux, chévres, vindas, chariots & autres machines, que des échelles, baliveaux, dosses, cordages, & tout ce qui sert pour la construction & pour le transport des matériaux.

EQUIPAGE D'ARTILLERIE. Comprend les Officiers, les piéces, les munitions & les chevaux d'Artillerie qui servent à la suite d'une armée.

EQUIPAGE DE POMPE. On comprend sous ce nom la roue, le balancier ou manivelle, le corps de pompe, le piston, & toutes les autres piéces d'une pompe, avec leurs garnitures, qui agissent par le moyen de l'eau ou des animaux.

ERIGER, terme qui, dans l'art de bâtir, signifie élever; ainsi on dit ériger un mur, un pan de bois, &c.

ESCALADE. Est une attaque qu'on donne brusquement à une ville qu'on veut surprendre, en se servant d'échelles pour monter par deſſus ſes murailles, ou ſes remparts.

ESCARMOUCHE. Eſt un petit choc de quelques ſoldats détachés de l'un & de l'autre parti, lorſqu'ils ſe mêlent ſans en venir à un combat réglé.

ESCARPE. En Fortification, eſt la pente du bord du foſſé, qui eſt au pied du rempart, c'eſt-à-dire le talut qui eſt entre le bord ſupérieur & le fond du foſſé, du côté de la place.

ESCARPER. C'eſt, en coupant un roc ou des terres naturelles, leur donner le moins de talut que faire ſe peut.

ESCOPERCHE. Eſt une machine dont on ſe ſert pour élever des fardeaux, au moyen d'une piéce de bois ajoûtée ſur un gruau, au bout de laquelle il y a une poulie.

ESCOPERCHES. Sont auſſi de grandes perches comme des baliveaux, dont on ſe ſert pour échafauder.

ESMILLÉS. On appelle ainſi les pierres & moilons lorſqu'ils ſont équarris & taillés groſſierement avec la pointe du marteau, n'étant deſtinés en cet état que pour remplir les maſſifs des gros murs.

ESPACEMENT. C'eſt, dans l'art de bâtir, toute diſtance égale entre un corps & un autre; ainſi l'on dit l'*Eſpacement* des poteaux d'une cloiſon, des pilots, des piliers de pierre, des chevrons d'un comble, &c.

ESPLANADE. C'eſt une grande place bien unie qui ſépare une citadelle ou un château d'avec les maiſons d'une ville, afin qu'en cas de révolte les habitans ne puiſſent pas s'en approcher ſans être vûs de loin.

ESQUISSE. C'eſt ainſi que l'on nomme le premier crayon, ou une légere ébauche d'un deſſein, qu'on nomme auſſi *griffonnement*.

ESSELIER. En Charpenterie, c'eſt, dans une ferme de comble, la piéce de bois qui s'aſſemble dans la jambe de force, & ſupporte l'entrait. On l'appelle auſſi *gouſſet*.

ESTACADE. Sont plusieurs grosses & longues piéces de bois de chêne garnies de fer, dont on se sert pour fermer l'entrée d'un port.

ESTANFICHE. C'est la hauteur de plusieurs bancs de pierre qui font masse dans une carriere.

ESTIME, *terme de Pilotage*. Jugement qu'on porte sur le chemin que fait un vaisseau.

ESTRADE. *Voyez* BATTEURS D'ESTRADE.

ESTRADE. En Architecture, est une espece de marche-pied, ordinairement de planches, pour élever un lit ou un fauteuil dans les piéces des grands apparte-mens.

ESTRAN. Est la côte de la mer qui est plate & sablo-neuse, appellée ainsi dans la Picardie & dans les pays conquis & reconquis.

ETABLIR. On dit que les ouvriers s'établissent dans un attelier lorsqu'ils en prennent possession, & qu'ils y apportent les materiaux & les outils nécessaires pour commencer à y travailler. On dit aussi *Etablir des pier-res*, lorsqu'on trace dessus quelques marques ou lettres alphabétiques, pour destiner à chacune sa place dans les grands atteliers. Chaque Appareilleur a sa marque particuliere pour les pierres de son can-ton.

ETAGE. On entend par ce mot toutes les piéces d'un ou de plusieurs appartemens qui font d'un même plain-pied.

ETAGE SOUTERREIN. Celui qui est voûté, & plus bas que le rez-de-chaussée.

ETAGE AU REZ-DE-CHAUSSÉE. Celui qui est presque au niveau d'une rue, d'une cour, ou d'un jardin.

ETAGE QUARRÉ. Celui où il ne paroît aucune pente du comble, comme un attique.

ETAGE EN GALETAS. Celui qui est pratiqué dans le com-ble, & où l'on voit des forces & quelques autres piéces des fermes, quoique lambrissées.

ETALONNER. C'est réduire des mesures à pareille dis-tance, longueur & hauteur, en y marquant des re-paires.   H iij

ETANCHE. On dit *mettre à Etanche* un batardeau, c'est-à-dire le mettre à fec par le moyen des machines qui en tirent l'eau, pour pouvoir fonder. *Mettre à Etanche* fe dit auffi pour *étancher*.

Eᴛᴀɴᴄʜᴇ. Se dit encore en parlant des portes d'éclufes, c'est-à-dire qu'elles ne perdent pas beaucoup d'eau.

ETANÇON. Maniere d'étaye pour retenir ferme & à demeure un mur ou un pan de bois. *Etançonner*, c'est contretenir avec des *Etançons*.

ETAYE. Piéce de bois pofée en arcboutant fur une couche, pour retenir quelque mur, ou pan de bois déverfé & en furplomb. On nomme *Etaye en gueule*, la plus longue, ou celle qui ayant le plus de pied empêche le deverfement ; *& Etaye droite*, celle qui eft à plomb, comme un pointal.

ETAYER. C'est retenir avec de grandes piéces de bois un bâtiment qui tombe en ruine, ou des poutres, dans la réfection d'un mur mitoyen.

ETELON. C'eft l'épure des fermes & de l'enrayure d'un comble, des plans d'efcalier, ou de tout autre affemblage de charpenterie, qu'on trace fur une efpece de plancher de plufieurs doffes, difpofées & arrêtées pour cet effet fur le terrein d'un chantier.

ETENDUE. Les Géometres entendent par ce mot la longueur, largeur & profondeur d'un corps, ou d'une furface quelconque.

ETOILE. En Fortification eft un fort à plufieurs angles rentrans & faillans, & qui n'eft plus gueres d'ufage à caufe du peu de défenfe qu'il a.

Eᴛᴏɪʟᴇ. Petit artifice brillant & lumineux dont on remplit les pots des fufées volantes. Lorfqu'il eft adhérent à un fauciffon ou pétard, on l'appelle *Etoile à pet*.

ETOUPE, *terme de Pyrotechnie*. Corde préparée d'une façon particuliere, dont on fe fert pour allumer les feux d'artifice, principalement ceux qui ne doivent prendre feu qu'au bout d'un certain temps.

ETOUPILLE, *terme d'Artificier*. Efpece de méche compofée de trois ou quatre fils de coton trempés & bien imbibés dans du pulverin ou de la poudre écrafée & délayée dans l'efprit de vin.

ETOURNEAU. *Voyez* FAUCONNEAU.

ETRANGLER , *terme d'Artificier.* C'eft retrécir l'orifice du cartouche d'une fufée, en le ferrant avec une ficelle un peu forte.

ETRESILLONNER. C'eft retenir les terres & les bâtimens avec des doffes & des couches debout , & des étrefillons en travers.

ETRESILLONS , *terme de Mineur.* Ce font des piéces de bois que l'on met de travers , ou horizontalement dans les galeries des mines , pour en foutenir les terres des deux côtés , particulierement pour bien fermer la chambre de la mine , & aux coudes de la galerie.

ETRESILLONS. Piéces de bois ferrées entre deux doffes , pour empêcher l'éboulement des terres dans la fouille des tranchées d'une fondation. On nomme encore *Etrefillon* une piéce de bois affemblée à tenons & mortaifes , avec deux couches , qu'on met dans des petites rues pour retenir à demeure des murs qui bouclent & déverfent. Ces *Etrefillons*, qu'on nomme auffi *étançons*, fervent encore à retenir les piédroits & platebandes des portes & des croifées, lorfqu'on reprend par fousœuvre un mur de face, & qu'on remet un poitrail neuf à une maifon.

ÉTRIER. Efpece de lien de fer coudé quarrément en deux endroits , qu'on boulonne à travers un poinçon pour y attacher un tirant , & dont on arme auffi une poutre éclatée pour la retenir.

ETUI DE MATHEMATIQUE. Boîte portative , dans laquelle on peut mettre commodément les inftrumens les plus néceffaires dans la pratique de la Géomérrie. Elle doit contenir un bon compas ordinaire, un compas à plufieurs pointes , un rapporteur bien divifé par dégrés , un tireligne, une petite regle , un porte-crayon , une équerre & un compas de proportion. La

grandeur des *Etuis de Mathématique* eft ordinairement de fix pouces.

EVALUER. C'eft, dans l'eftimation des ouvrages, en régler le prix par compenfation, eu égard aux façons
& changemens, qui, ayant été faits par ordre, ne
font plus en exiftence.

EVAPORATION. Dans les grandes chaleurs de l'été, il
s'éleve des vapeurs de deffus la furface des eaux, qui
en diminuent la quantité lorfqu'elles ne font point
remplacées par les pluyes ou quelqu'autre caufe. De
là vient que les étangs & les lacs fe féchent quelquefois par la grande *Evaporation* qui fe fait quand la
fechereffe dure long-tems. On a connu par plufieurs
expériences faites avec beaucoup de foin, qu'il s'é-
vaporoit trente-fix pouces de hauteur d'eau chaque
année l'une portant l'autre ; c'eft-à-dire qu'un étang
où il y auroit fix pieds d'eau, feroit réduit à trois pieds
de profondeur d'eau, s'il ne pleuvoit point du tout
pendant un an. Et comme l'on fçait auffi par d'autres
expériences qu'il tombe fur toute la furface de la
terre, par les pluyes, vingt pouces de hauteur d'eau
chaque année l'une portant l'autre, il s'enfuit qu'il
fe perd feize pouces de hauteur d'eau par les *Evaporations*, qui ne font point remplacées par les pluyes
& les neiges. Cette connoiffance eft néceffaire pour
l'exécution des projets des canaux de navigation,
quand on n'a pas l'eau en abondance ; car non feulement il faut avoir égard à la dépenfe de l'eau pour la
montée & la defcente des bateaux par les éclufes,
mais encore à la confommation qui peut s'en faire
fur toute la furface du canal par les *Evaporations*,
tranfpirations & filtrations, par les fentes & autres
ouvertures qui fe trouvent aux portes des éclufes,
qu'il n'eft pas poffible de rendre affez étanches pour
qu'il ne fe perde pas une partie des eaux qu'elles retiennent.

EVASEMENT, ou étendue de quelque chofe. Dans les
bâtimens, lorfque deux murs qui forment un paffage,

s'ouvrent & s'élargissent à quelque distance , on dit qu'ils sont *évasés* , ou plutôt travaillés en *Evasement* ; tels que sont les murs d'entrée des écluses qui en composent les aîles , lesquels sont plus ouverts en cet endroit qu'au milieu des bajoyers.

EVENS. En Fortification , sont des trous que l'on fait dans une galerie majeure de contremines, pour y faire circuler l'air.

Event. Ouverture ronde ou longue , en forme de crevasse , qui se trouve dans les piéces de canon & autres armes à feu , après qu'on en a fait l'épreuve avec de la poudre. Lorsqu'elles se trouvent défectueuses , on rebute ces piéces , & on leur casse les anses.

EVENTAIL , ou VENTAIL. Est un assemblage de planches servant aux écluses destinées pour les inondations, ou pour l'usage de quelque moulin, qui coule au long d'une coulisse , lorsqu'on la baisse ou qu'on la hausse.

EVIER. C'est un canal de pierre qui sert d'égoût dans une cour ou une allée de maison.

EVITÉE. Est la largeur que doit avoir le lit d'une riviere ou d'un canal, pour le libre passage des bateaux.

EVOLUTION. Les *Evolutions* sont des mouvemens que fait un corps de gens de guerre , lorsque pour se conserver dans un terrein, ou que pour en gagner un autre , il veut changer de forme & de disposition , afin d'attaquer avec avantage ou se défendre de même, soit que l'attaque ou la résistance se fasse de front , sur la queue , ou par les aîles. Les parties des *Evolutions* sont les doublemens par rangs & par files, les contremarches , & les conversions.

EVUIDER. C'est tailler à jour certains ouvrages de pierre, comme des entrelas ; ou de menuiserie , comme des panneaux de clôture.

EXCAVATION. Est une profondeur que l'on fait dans un terrein ; ou, pour exprimer comme il faut creuser les fossés des places de guerre , on dit dans les devis, il sera fait *l'excavation* d'un tel fossé, d'une telle longueur, fur telle largeur & telle profondeur.

EXPERT. C'eſt un homme connoiſſeur dans l'art de bâtir, prépoſé pour examiner la qualité des ouvrages, pour l'eſtimer & en régler le prix, quand il n'y a point de marché par écrit.

EXPONENTIEL. *Calcul Exponentiel* ; calcul dans lequel il s'agit de différencier les quantités *Exponentielles*.

EXPOSANT. Nombre ou quantité qui exprime la puiſſance à laquelle une quantité eſt élevée.

EXPOSITION DE BATIMENT. C'eſt la maniere dont un bâtiment eſt expoſé, par rapport au vent & au ſoleil.

EXTERMINATION, *terme de Géométrie tranſcendante.* L'art de faire évanouir d'une équation une quantité inconnue.

EXTRACTION DE RACINE. L'art de trouver la racine d'un nombre ou d'une quantité quelconque. *Voyez* Racine.

Extraction de racine d'une équation, *terme d'Algebre.* L'art de dégager une équation du ſigne radical.

EXTRADOS. C'eſt la curvité extérieure d'une voûte, & l'on nomme intrados ou douelle, celle de dedans.

EXTRADOSSÉ. On dit qu'une voûte eſt *Extradoſſée* lorſque le dehors n'en eſt pas brut, & que les queues des pierres en ſont coupées également, enforte que le parement extérieur eſt auſſi uni que celui de la douelle.

EXTRÊMES, *terme d'Arithmétique & de Géométrie.* On nomme ainſi l'antécédent du premier terme, & le conſéquent du ſecond terme d'une proportion. Il eſt démontré que dans toute proportion, le produit des *Extrêmes* eſt égal au produit des moyens.

Extrêmes conjoints. Ce ſont, dans un triangle ſphérique rectangle, deux parties circulaires qui touchent, ou qui ſuivent immédiatement la partie moyenne.

Extrêmes disjoints. Ce ſont, au contraire, deux parties circulaires, éloignées de la partie que l'on a priſe pour moyenne.

FAÇADE , *terme d'Architecture civile.* Partie extérieure d'un bâtiment , qui fe préfente fur une rue , fur une cour , fur un jardin , &c.

FACE , *terme d'Architecture.* Membre plat , comme la bande d'un impofte , d'un architrave , d'un larmier , &c. On l'appelle auffi *bandelette.*

FACE DE BASTION. Eft la diftance comprife depuis l'angle de l'épaule jufqu'à l'angle flanqué. On dit auffi *Face* d'une demi-lune ou d'une contregarde , pour exprimer la partie comprife depuis l'angle faillant jufqu'à la gorge ; & comme ces fortes d'ouvrages ont toujours deux *Faces* , on les diftingue par celle de la droite & celle de la gauche , ce qui doit s'entendre , eu égard à la perfonne qui eft dans l'ouvrage même , & qui tourne le dos à la place.

FAIRE LA RONDE. En terme de guerre , fignifie aller la nuit fur le rempart , autour d'une place , pour écouter s'il ne fe paffe rien de préjudiciable à la fûreté de la place.

FAITE. C'eft le plus haut du comble d'un édifice , & c'eft auffi la piéce de bois qui porte le fommet d'un comble , & où vont fe terminer les chevrons ; le *foufaite* , eft une autre piéce de bois au deffous du *Faîte* , liée par des entretoifes , des liernes , & des croix de S. André.

FALAISE. C'eft ainfi que l'on nomme le bord de la mer , lorfque le terrein compofé de fable ou de rochers , eft efcarpé ou taillé en précipice.

FANAL , qu'on appelle auffi *phare* , eft , dans les ports de mer , une tour , au fommet de laquelle il y a une lanterne pour éclairer les vaiffeaux qui veulent entrer dans le port.

FASCINAGE. Eft le nom que l'on donne à tous les ouvrages conftruits de fafcines & de piquets , quelquefois mêlés de pierres ou de gravier, comme font les épis que l'on fait dans les rivieres & fur le bord de la mer, les rifbermes & autres ouvrages que l'on pratique au pied des jettées, & des forts de maçonnerie ou de chárpenterie.

FASCINES. Ce font des fagots de menues branches, liés par les deux bouts & par le milieu ; on en fait de diverfes longueurs & groffeurs, fuivant l'ufage auquel elles font deftinées. Il y a peu de fiéges où les *Fafcines* n'ayent beaucoup de part, car les épaulemens, les comblemens de foffés, les traverfes élevées, les affermiffemens des paffages pleins de boue, & plufieurs autres ouvrages fe font d'ordinaire avec des *Fafcines*, foit en tout ou en partie.

FASCINES OU FAGOTS GOUDRONNÉS. Ce font plufieurs branches & morceaux de bois raffemblés, liés avec des harres, le tout trempé dans la poix & le goudron, dont on fe fert pour la défenfe des places, parce qu'étant allumés, ils font découvrir la nuit les travaux de l'ennemi : ils fervent auffi à mettre le feu à quelque logement, galerie, ou pont combuftibles.

FAUCON ou FAUCONNEAU. Petite piéce de canon, dont le calibre ne paffe gueres une livre, ou une livre & demie de balle.

FAUCONNEAU. Se dit auffi en Maçonnerie de la piéce de bois qui eft pofée fur le haut d'un engin, & qui a deux poulies à fes deux bouts pour y paffer les cables.

FAUSSE-BRAYE. En Fortification, eft un efpace au rez-de-chauffée, en forme d'allée, d'environ quatre à cinq toifes de large, qu'on laiffoit autrefois au pied extérieur du rempart, & que l'on couvroit d'un parapet à l'épreuve du canon, pour défendre & mieux difputer les logemens de la contrefcarpe & le paffage du foffé. Elles ne font plus d'ufage, à caufe que ceux qui y font reçoivent beaucoup d'incommodité des débris des murailles que le canon des affiégeans fait tomber dedans.

FAUSSE-COUPE D'ASSEMBLAGE. Eſt en Charpenterie ou Menuiſerie un aſſemblage à onglet hors d'é-
querre.

FAUSSE-EQUERRE. C'eſt ainſi qu'on nomme un inſtrument en forme d'équerre, dont les deux branches
ſe meuvent autour d'un point, & qui ſert à prendre
des angles qui ne ſont pas droits. On nomme auſſi
Fauſſe-équerre le compas des Appareilleurs.

FAUSSE-POSITION. *Regle de Fauſſe-poſition ;* c'eſt une
regle d'Arithmétique par laquelle on réſout une queſtion en ſe ſervant des nombres quelconques qui répondent à la queſtion, & qui ont entr'eux la proportion qu'exige cette propoſition. Il y a des regles de
Fauſſe poſition ſimples ; & il y en a de *compoſées.*

FAUX COMBLE. C'eſt le petit comble qui eſt au deſſus
du briſis d'un comble à la manſarde, & dont la pente
doit être de même proportion.

FAUX PLANCHER. C'eſt au deſſous d'un plancher, un
rang de ſolives ou de chevrons lambriſſés de plâtre
ou de menuiſerie, ſur lequel on ne marche point,
& qui ſe fait pour diminuer l'exhauſſement d'une piéce
d'appartement, ou dans un galetas, pour en cacher
le *Faux comble.* Ce mot ſe dit auſſi d'une aire de lambourdes & de planches ſur le couronnement d'une
voûte, dont les reins ne ſont pas remplis.

FENETRAGE. Se dit en général de toutes les croiſées de
bois ou de fer d'un bâtiment, & en particulier d'une
grande fenêtre ſans appui, ouverte juſques ſur le
plancher.

FENÊTRE. Ouverture dans les murs de face pour donner du jour. Ce mot ſe dit auſſi bien de la ſermeture
ou croiſée, que de la baye.

FENTON. En Maçonnerie, ſe dit d'un morceau de fer
ou de bois que les Maçons mettent dans le corps des
murs, pour ſoutenir le plâtre des corniches qu'ils y
veulent appliquer. Les Charpentiers appellent auſſi
Fentons les morceaux de bois coupés de longueur,
avant qu'ils ſoient arrondis pour faire des chevilles.

FER. Eſt un métal aſſez connu pour n'avoir pas beſoin d'être défini ; mais nous ferons mention de ſes eſpéces ſuivant les groſſeurs.

FER AIGRE. Celui qui ſe caſſe facilement à froid.

FER APPLATI , ou FER A LA MODE. Celui qui n'a que trois à quatre lignes d'épaiſſeur , ſur vingt à vingt-quatre de largeur , & qui ſert pour les appuis des rampes & balcons , les battemens des portes , &c.

FER CENDREUX. Celui qui , à cauſe de ſes taches griſes, de couleur de cendre, ne peut recevoir le poli.

FER CORROYÉ. Celui qui , après avoir été forgé , eſt enſuite battu à froid pour devenir plus difficile à caſſer , & être employé dans les machines mouvantes , comme aux balanciers , manivelles ; piſtons de pompes , &c.

FER DE CARILLON. Celui de huit à dix lignes de gros.

FER EN BOTTE , ou MENU FER. Celui qui ſert pour les verges des vitres.

FER EN FEUILLES , qu'on nomme auſſi *tole* , eſt celui d'environ une ligne d'épaiſſeur , ſur lequel on ciſele & emboutit des ornemens.

FER EN LAME. Celui qui a deux à trois lignes d'épaiſſeur ſur différentes largeurs , & qui ſert pour les enroulemens.

FER PAILLEUX. Celui qui a des pailles ou filamens qui le rendent caſſant lorſqu'on le veut couder ou plier.

FER PLAT, qu'on nomme auſſi *cornette* , eſt celui de trois pouces de large , ſur cinq à ſix lignes d'épaiſſeur.

FER QUARRÉ , ou GROS FER. Eſt celui qui a deux à trois pouces de gros ; on le nomme auſſi *Fer de Courçon.*

FER QUARRÉ BATARD. Eſt celui de quinze à dix-huit lignes de gros.

FER QUARRÉ COMMUN. Eſt celui d'un pouce.

FER ROND. Celui de neuf lignes de diametre , qui ſert à faire des tringles & verges de rideaux.

FER ROUVERIN. Celui qui fe caffe à chaud , à caufe de
fes gerfures.

FER TENDRE. Celui qui fe brûle trop vîte au feu.

FER A CHEVAL. En Fortification , eft un ouvrage de
figure ronde ou ovale , bordé d'un parapet , qu'on
conftruifoit autrefois à la tête d'un pont , dans le
foffé d'une place , pour couvrir une porte & y loger
un corps de garde. Ceux qu'on a confervé dans les
anciennes places de guerre , ont été couverts par
une demi-lune ou contre-garde dont ils font devenus
les réduits.

FERME. Affemblage de charpente fait au moins de
deux *forces* , d'un *entrait* & d'un *poinçon* , pour aider
à porter un comble. La *demi-ferme* fert pour en former les croupes. On appelle *maîtreffes Fermes* celles
qui portent fur les poutres ; .& *Fermes de remplage* ,
celles qui font efpacées entre les *maîtreffes Fermes* &
qui portent quelquefois fur des vuides.

FERME D'ASSEMBLAGE. Celle dont les piéces font faites
de bois de même groffeur.

FERME RONDE. Affemblage de piéces de bois ceintrées ,
pour couvrir , par une avance , le pignon d'un mur de
face ou d'un pan de bois. On nomme auffi *Fermes
rondes* celle d'un dôme ou d'un comble ceintré.

FERMER. Terme qui dans l'art de bâtir a plufieurs fi-
gnifications , comme *Fermer* un *arc* , une *platebande* ,
une *voûte* , &c. c'eft y mettre la clef pour achéver
de la bander. *Fermer* une *affife* ; c'eft achéver de la
remplir par un claufoir. *Fermer* une *porte* ou une
fenêtre en plein ceintre , en platebande , &c. c'eft
fur fes piédroits faire une arcade ou linteau droit.
Fermer une *baye* , c'eft la murer pleine , ou de demi-épaiffeur : & enfin *Fermer* un *attelier* , c'eft en
faire ceffer l'ouvrage à caufe de l'hiver ou pour quelqu'autre raifon.

FERMETTE. Petite ferme d'un faux comble ou d'une
lucarne.

FERMETURE. S'entend de la maniere dont la baye

d'une porte ou d'une croiſée eſt fermée ſur ſes piédroits, comme quarrément, ceintrée, bombée, &c.

FERMETURE DE MENUISERIE. C'eſt l'aſſemblage du dormant du chaſſis, des guichets ou venteaux, &c.
d'une porte ou d'une croiſée de menuiſerie.

FERRURE. Se dit de tout le fer de menus ouvrages qui
s'employe aux portes ou aux croiſées de menuiſerie.
On la nomme auſſi *garniture.*

FEU DE COURTINE ou SECOND FLANC. C'eſt
la partie de la courtine compriſe entre le prolongement de la face du baſtion & de l'angle du flanc. Il
ne s'employe que dans les fortifications où la ligne de
défenſe eſt fichante.

FEU FICHANT, ou lignes de défenſe. *Voyez* LIGNES DE
DÉFENSE.

FEU RASANT. Eſt celui qui eſt fait par des armes à feu
dont les coups ſont tires parallelement & peu élevés
au deſſus de l'horizon, ou parallelement aux parties
de la fortification que l'on défend.

FEUILLURE. C'eſt, en Maçonnerie, l'entaille à angle
droit qui eſt entre le tableau & l'embrâſure d'une
porte ou d'une croiſée, pour y loger la menuiſerie;
& en Menuiſerie, c'eſt une entaille de demi-épaiſſeur
ſur le bord d'un dormant & d'un guichet, laquelle
ſe fait de pluſieurs ſortes, comme en chanfrein, à
languette, &c. pour garantir du vent coulis.

FICHER. C'eſt faire entrer du mortier avec une latte dans
les joints des lits des pierres lorſqu'elles ſont calées,
& remplir les joints montans d'un coulis de mortier
clair, aprés avoir bouché les uns & les autres avec de
l'étoupe. On fiche auſſi quelquefois les pierres avec
moitié de mortier, & moitié de plâtre clair. On appelle *Ficheur,* l'ouvrier qui ſert à couler le mortier
entre les pierres, & à les jointoyer & rafraîchir les
joints.

FICHES. Piéces de menus ouvrages de fer, dont pluſieurs ſervent à porter & à faire mouvoir les venteaux
des portes & les guichets & volets des croiſées.

FIERE

FIERE. Epithete qu'on donne à la pierre dure, lorſ-qu'elle réſiſte à être taillée avec les outils.

FIL. C'eſt, dans la pierre & le marbre, une veine qui les coupe; & c'eſt, dans le bois, le ſens du bois conſidéré par la longueur de ſa tige; c'eſt pourquoi on appelle *bois de Fil*, celui qui eſt employé plus long que large.

FILADIERE. Petit bateau à fond plat, dont on ſe ſert ſur quelques rivieres, & particulierement ſur la Garonne.

FILE DE PIEUX. C'eſt un rang de pieux équarris, & plantés au bord d'une riviere ou d'un étang, pour retenir les berges, & conſerver les chauſſées & turcies d'un grand chemin. La *File de pieux* eſt ordinairement couronnée d'un chapeau arrêté à tenons & mortaiſes, ou attaché avec des chevilles de fer. On dit auſſi *File de palplanches*.

FILET. En Architecture, c'eſt toute moulure quarrée qui accompagne des ornemens.

FILET DE COUVERTURE. Petit ſolin de plâtre au haut d'un appentis, pour en retenir les dernieres tuiles ou ardoiſes, qui eſt compté pour un pied cou-rant, ſur ſa longueur.

FILIERE. En Méchanique, c'eſt un morceau d'acier bien trempé, dans lequel il y a pluſieurs écrous de diffé-rentes grandeurs, & qui ſert à faire les vis.

FILIERES, *terme de Carriers*. Ce ſont des veines par où l'eau diſtille, & qui interrompent les lits des pierres dans les carrieres.

FILIERES DE COMBLE. Ce ſont les pannes qui portent les chevrons du faux comble d'une manſarde.

FILOTIERES. Ce ſont, dans les compartimens des vitres, les bordures d'un panneau de forme de vitrail, ou de chef-d'œuvre de vitrerie.

FLAMBER UNE PIECE. En termes d'Artillerie, ſe dit de la poudre qu'on fait brûler dans une piéce pour la nettoyer.

FLAMME, Ornement de Sculpture, de pierre ou de fer,

qui termine des vases d'Architecture.

FLANC. Est , en Architecture , civile le petit côté du pavillon.

Flanc. C'est la partie d'une fortification qui découvre les autres parties de côté ; ainsi le *Flanc d'un bastion* est la distance comprise entre la face & la courtine. Le *Flanc* est une chose si essentielle , qu'on peut dire qu'il est entre les piéces d'une fortification ce que le cœur est parmi les parties de l'homme. Le *Flanc fichant* ou *second Flanc* est la partie de la courtine qui découvre la face du bastion opposé. Le *Flanc retiré* est la partie du bastion, ou pour mieux dire, du *Flanc*, qui s'enfonce vers la gorge , soit en rond ou en ligne droite , ou enfin d'une ou plusieurs plateformes.

Flanc fichant. Est celui dont les coups peuvent se ficher , & donner en ligne droite dans la face du bastion voisin.

Flanc rasant. Est celui qui est tellement situé par rapport à la courtine , que les coups qui en sont tirés rasent la face du bastion voisin : ce qui arrive quand on ne peut découvrir la face que du flanc.

FLANQUER. Est découvrir & battre l'ennemi de côté. Il faut pour la perfection d'une place que toutes ses parties se flanquent réciproquement ; tout ouvrage qui n'a que la défense de front est défectueux.

FLASCHE DE PAVÉ. C'est un espace de pavé enfoncé ou brisé sur sa forme le long des bords du ruisseau , ou dans le revers. On appelle aussi *Flasches* ce qui paroît de l'endroit où étoit l'écorce d'une piéce de bois après qu'elle a été équarrie.

FLASQUES , *terme d'Artillerie* , qui signifie deux gros madriers assemblés par des entretoises , qui composent l'affut d'une piéce de canon , ou d'un mortier , & entre lesquels la piéce ou le mortier est placé, quand on veut s'en servir en campagne ou dans une place.

FLEAU , *terme de méchanique.* C'est ainsi que l'on nomme la verge qui compose la balance , & qui est divisée par le point d'appui en deux parties, que l'on appelle *bras* de la balance. Cette verge se nomme aussi *joug* de la balance.

FLEAU. Est encore une barre de fer ou de bois servant à fermer les grandes portes , qui est mobile par le moyen d'un boulon , & qui donne sur les deux battans.

FLECHE. En Géométrie, est une ligne perpendiculaire , élevée sur le milieu de la corde d'un arc ou d'un segment de cercle , & terminé par la circonférence.

FLECHE. En Fortification , est un petit ouvrage composé de deux faces seulement. Cet ouvrage est élevé ordinairement au dessus du niveau de la campagne, de dix ou douze pieds. Il se place sur le bord du glacis à l'endroit des angles saillans du chemin couvert ; il sert à éloigner les approches des ennemis.

FLECHES DE PONT. Ce sont les piéces de bois assemblées dans la bascule, qui tiennent par les deux bouts de devant les chaînes de fer qui enlevent le *tablier* du pont.

FLECHES D'ARPENTEUR. Ce sont des piquets égaux dont les Arpenteurs se servent pour tenir la chaîne avec laquelle ils arpentent les terres ; un paquet de ces *fleches* se nomme *trousse*.

FLIBOT. Petit bâtiment de mer de quatre-vingt ou cent tonneaux , qui est une espece de flûte , ou vaisseau rond, sans mât d'artimon , ni perroquet. On l'appelle aussi *pinque*; le nom de *Flibot* lui vient d'Angleterre.

FLUENTES. Les Géometres Anglois appellent ainsi des quantités qu'ils considerent comme augmentées indéfiniment & par gradation. On les représente par les dernieres lettres de l'alphabet.

FLUTE ou FUSTE. C'est un bâtiment de charge , appareillé comme les autres vaisseaux , mais long & plat de varangue, & dont les ceintres vont de telle sorte que depuis l'estrave jusqu'à l'étambord il est aussi rond en arriere qu'en avant. Sa portée est d'environ deux cens cinquante jusqu'à six cens tonneaux ; il sert à porter des vivres dans les escadres de navires. On donne encore le nom de *Flûte* à tout bâtiment qui sert de magasin ou d'hôpital à une armée navale, ou à transporter des troupes, quoiqu'il soit à pouppe quarré, & qu'il ait été autrefois armé en guerre.

FLUXIONS. Nom que donne M. Newton à des quantités mathématiques produites par un mouvement continuel. Telle est la ligne considérée comme produite par le mouvement d'un point ; la surface, par le mouvement d'une ligne ; & le corps ou solide produit par celui d'une surface.

FONCET. C'est le plus grand des bateaux qui servent à naviger sur les rivieres. Il en vient de Normandie sur la Seine en remontant jusqu'aux ponts de Paris. Il y a des *Foncets* qui ont vingt-sept toises entre chef & quille, & vingt-huit pieds de largeur, c'est-à-dire plus de longueur que les plus grands vaisseaux de l'Océan, qui n'en ont que vingt-deux à-vingt trois. Les grands *Foncets* picards ont vingt-un & vingt-deux toises de longueur, sur vingt-deux à vingt-trois pieds de largeur, & les petits treize, dix-huit, & dix-neuf toises de longueur, sur quatorze, dix-huit & vingt pieds de largeur.

FOND. Est le sol ou la superficie de la terre sous l'eau. *Fond de pré*, est celui où il y a de l'herbe ; *Fond vasart*, est celui où il y a de la vase, ou de la boue.

FONDATION. C'est une tranchée fouillée en terre pour fonder un bâtiment.

FONDEMENT. C'est la maçonnerie enfermée dans la terre jusqu'au rez-de-chaussée, qui doit être proportionnée à la charge du bâtiment qu'elle doit porter.

FONDER. C'est maçonner les fondations dans les ouvertures & les tranchées des terres.

FONDERIE. Grand hangar avec une fosse & un fourneau au milieu, pour fondre & jetter en moule des canons, figures, statues & autres ouvrages de bronze.

FONDIS. Espece d'abyme causé par la mauvaise consistance du terrein, ou par quelque source d'eau au deſſous des fondemens d'un bâtiment.

FONDS. C'eſt le terrein qui eſt eſtimé bon pour fonder. Le *bon & vif Fonds* eſt celui dont la terre n'a point été éventée, & qui eſt de bonne conſiſtance. On appelle auſſi *fonds*, une place deſtinée pour bâtir.

FORCE CENTRIFUGE. Quand un corps qui eſt en mouvement tourne circulairement autour d'un centre, & qu'il fait effort pour s'éloigner du centre de ſon mouvement, alors cet effort eſt nommé *Force centrifuge*. Par exemple quand on fait tourner une fronde dans laquelle il y a une pierre, l'on s'apperçoit facilement que, dans quelque ſituation que ſoit la fronde, la pierre fait effort pour s'échapper ſelon la direction des tangentes qui ſeroient perpendiculaires à l'extrêmité de tous les rayons du cercle qu'on lui fait décrire.

FORCE ELASTIQUE. Quand un corps qui a du reſſort eſt comprimé par quelque cauſe que ce ſoit, & qu'il change de figure, l'effort qu'il fait pour ſe remettre dans ſon état naturel, ſe nomme *élaſticité*, ou la *Force élaſtique* des corps. Par exemple, quand un balon eſt jetté à terre avec violence, & qu'il rebondit, cela vient de la *Force élaſtique* de l'air dont il eſt rempli, qui ſe trouvant comprimé par le choc, change de figure pour un moment, & ſe remet enſuite dans ſon état naturel, après l'action de ſa *Force élaſtique*.

FORCE, ou JAMBE DE FORCE. En Charpenterie, c'eſt la maîtreſſe piéce d'une ferme, qui porte les *entraits* & les *pannes*. On appelle *petites Forces* celles du faux comble d'une manſarde.

FORCE MOUVANTE, que l'on nomme auſſi *puiſſance*, eſt tout ce qui peut mouvoir un corps. Ainſi l'action d'un poids peut être conſidéré comme une puiſſance par rapport à un corps qu'elle peut mouvoir.

FORJETTER. On dit qu'un mur ſe *Forjette* lorſqu'il ſe jette en dehors.

FORME. Eſpece de libage dur, qui provient des ciels des carrieres.

FORME DE MARINE. C'eſt , dans un arſenal de marine, un eſpace creuſé & revêtu de pierres, où l'on conſtruit les vaiſſeaux, & où l'eau entre par une écluſe, lorſqu'on les veut mettre à flot, ou les radouber.

FORME DE PAVÉ. C'eſt l'étendue de ſable ſur laquelle on aſſeoit le pavé des rues, des ponts, des chauſſées, &c.

FORMERETTES. Ce ſont les arcs ou nervûres des voûtes gothiques, qui forment les arcades ou lunettes, par deux portions de cercle qui ſe coupent à un point.

FORMULE. Expreſſion qui renferme une regle générale pour la ſolution d'un problême, de façon qu'avec quelque ſubſtitution, on l'applique à tous les cas compris dans la condition du problême.

FORT. Eſt une petite place ou fortereſſe de quatre ou cinq baſtions, que l'on conſtruit pour ſe rendre maître d'un poſte, ou pour garder un paſſage, ſoit de riviere ou de montagne. Il y a des *Forts* très-conſidérables : tels ſont les *Forts* de *Keel*, de *Barrau*, & le *Fort-Louis* du Rhin. On donne encore ce nom aux retranchemens que l'on fait en campagne, deſtinés à occuper quelque hauteur, ou à aſſurer les quartiers d'un ſiége.

FORT. On dit que du bois eſt ſur ſon *Fort*, lorſqu'une piéce étant cambrée, on met le cambre en deſſous pour réſiſter à la charge.

FORTERESSE. C'eſt le nom qu'on donne à une place tellement conſtruite qu'un petit nombre de perſonnes peuvent s'y défendre contre un nombre d'hommes beaucoup plus grand, & leur oppoſer une vigoureuſe réſiſtance.

FORTIFICATION. La *Fortification* eſt un art qui enſeigne à mettre une place de guerre en tel état que chacune de ſes parties puiſſe découvrir l'ennemi de front & de flanc, & lui oppoſer la largeur & la profondeur des foſſés, la hauteur & la ſolidité du rempart, afin que derriere cette enceinte, un petit corps de troupes puisse résister avantageusement à une armée considérable. On la distingue en réguliere, & en irréguliere.

FORTIFICATION ANCIENNE. Est celle qui se faisoit autrefois avec des tours rondes ou quarrées.

FORTIFICATION ARTIFICIELLE. Est celle qui se fait par le moyen des ouvrages.

FORTIFICATION DÉFENSIVE. Est celle qui fait connoître à un Gouverneur le fort & le foible de sa place, & tout ce qui lui est nécessaire pour la bien défendre.

FORTIFICATION IRRÉGULIERE. Est celle qui a des disproportions dans ses parties, quand les angles sont trop aigus, mal flanqués, les lignes de défense trop longues; enfin c'est une *Fortification* faite en différens tems, dans laquelle on n'a point observé la régularité des ouvrages.

FORTIFICATION MODERNE. Est celle qu'on a mise en usage depuis l'invention de la poudre.

FORTIFICATION NATURELLE, doit se prendre pour un lieu qui est dans une assiete si avantageuse que ceux qui l'occupent sont capables de resister à la violence de l'ennemi, sans être obligés de le fortifier ; tels sont ceux qui sont environnés d'eau, ou sur des hauteurs inaccessibles.

FORTIFICATION OFFENSIVE. Est celle qui enseigne à un Général d'armée l'ordre qu'il doit tenir pour la conduite de ses troupes, la maniere de les faire camper, assiéger & prendre les places.

FORTIFICATION REGULIERE. Est celle qui se fait sur un polygone régulier, ensorte que le corps de la place, aussi bien que les ouvrages, ayent leurs parties de même nom égales, aussi bien que leurs angles. Enfin c'est une *Fortification* qui est de toute part capable d'une égale résistance.

FORTIFIER. C'est mettre une ville ou un poste à l'abri de toute insulte.

FORTIFIER EN DEDANS. C'est représenter les bastions en dedans du polygone qu'on se propose de fortifier, &

alors ce polygone s'appelle *polygone extérieur.*

FORTIFIER EN DEHORS. C'est repréfenter les baftions en dehors du polygone qu'on fe propofe de fortifier : alors ce polygone fe nomme *polygone intérieur.*

FOSSÉ. En Fortification, eft une profondeur qui entoure un efpace fortifié, & dont la profondeur, ainfi que la largeur, dépendent de la quantité des terres dont on a befoin pour former les ouvrages.

FOSSÉ REVÊTU. Celui dont l'efcarpe & la contrefcarpe font revêtus d'un mur de maçonnerie.

FOSSÉ SEC. Celui qui eft dans l'eau, & qu'on peut défendre par les mines, retranchemens, caponnieres, &c.

FOUETTER. C'eft jetter du plâtre clair avec un balai contre les lattes d'un lambris, ou d'un plafond, pour l'enduire. C'eft auffi jetter du mortier ou du plâtre par afperfion, pour faire les panneaux de crépi d'un mur qu'on ravale.

FOUGADE ou FOUGASSE. En Fortification, eft une ou plufieurs petites mines que l'on charge de poudre, pour faire fauter un terrein dont l'affiégeant s'eft emparé.

FOUILLE DE TERRE. Se dit de toute ouverture fouillée en terre, foit pour une fondation, ou pour le lit d'un canal, d'une piéce d'eau, &c. On entend par *Fouille couverte* le percement qu'on fait dans un maffif de terre pour le paffage d'un aqueduc.

FOULOIR, *terme d'Artillerie.* Eft un inftrument qui fert à bourer quand on charge le canon.

FOURCHETTE. C'eft, en Charpenterie, l'endroit où les deux petites noues de la couverture d'une lucarne fe joignent à celle d'un comble.

FOURNEAU. Eft d'ordinaire le nom qu'on donne à la chambre de la mine, mais qui s'entend auffi des petites mines ou fougades qu'on fait deffous les ouvrages qu'on voit ne pouvoir plus garder, & que l'on veut faire fauter quand l'ennemi s'en fera emparé.

FOYER, *terme de Géométrie.* C'eft un point dans l'axe d'une parabole, éloigné du fommet de la parabole

d'une diſtance égale de la quatriéme partie du *para-*
metre de la même courbe. L'*ellipſe* & l'*hyperbole* ont
auſſi leurs *Foyers. Voyez le Traité des Sections coniques*
du Marquis de L.hôpital.

FOYER , *terme de Mine* , qui ſignifie le centre du fourneau , ou du coffre qui comprend la poudre dont une
mine eſt chargée.

FOYER. C'eſt la partie de l'âtre qui eſt au devant des jambages d'une cheminée , & qu'on pave ordinairement
de grands carreaux quarrés de terre cuite.

FRACTION. C'eſt une unité ou quantité quelconque ,
diviſée en pluſieurs parties. Elle eſt toujours compoſée de deux nombres. L'un s'appelle le *numérateur* ,
& ſe poſe au deſſus ; l'autre s'appelle le *dénominateur* ,
& ſe place au deſſous. Ces deux nombres ſe ſéparent
par une barre en cette maniere , $\frac{2}{3}$, $\frac{3}{4}$.

FRAISE. Eſt le nom qu'on donne aux paliſſades , ou piéces de bois aiguiſées , que l'on met couchées de plat
dans la face extérieure du rempart des places qui ne
ſont pas revêtues , un peu au deſſus du parapet , &
diſpoſées de maniere qu'elles ſont preſque paralleles
au niveau de la campagne , en penchant pourtant un
peu vers leurs pointes , pour empêcher les ſurpriſes
& les déſertions.

FREGATE. Vaiſſeau de guerre un peu plus bas & plus
long que les autres , qui eſt léger à la voile , & peu
chargé de bois ; il n'a ordinairement que deux
ponts. La *Frégate* légere eſt un petit vaiſſeau de guerre , bon voilier , qui n'a qu'un pont , & monté depuis ſeize juſqu'à vingt-cinq piéces de canon. Il y en
a qui vont à voiles & à rames. Les places maritimes
ont des *Frégates* qui ſervent à envoyer au devant des
vaiſſeaux pour les reconnoître.

FREIN. Eſt un cerceau autour d'un moulin à vent , ſervant à arrêter le moulin par le moyen d'une baſcule.

FRETTE. Cercle de fer dont on arme la couronne d'un
pieu , ou d'un pilot , pour l'empêcher de s'éclater
quand on l'enfonce avec le *mouton.* On dit *Fretter*
pour mettre une *Fretie.*

FRISE. En Architecture : grande face plate, qui sépare
l'architrave d'avec la corniche. Elle fait partie de
l'entablement, & en occupe le milieu.

Frise, Étoffe. On se sert d'étoffe de *Frise*, que l'on
cloue au long des montans des portes des écluses,
afin de remplir les joints qui se trouvent entre deux
& de rendre les mêmes portes plus closes.

FRONT DE FORTIFICATION. Est une partie du
corps de la place, entourée d'ouvrages depuis un
angle flanqué d'un bastion à l'autre voisin. L'on peut
dire, ce *Front* est bien ou mal fortifié, en parlant de
la résistance que plusieurs ouvrages voisins sont en
état de faire.

FRONTEAU DE MIRE, *terme d'Artillerie*. C'est un
morceau de bois taillé en ceintre sur la rondeur du
canon, dont les Canonniers se servent quelquefois
pour pointer une piéce, ensorte qu'ils puissent conduire un rayon visuel parallele à la volée.

FRONTISPICE. *Voyez* Portail.

FRONTON. C'est une espece de pignon un peu écrasé,
qui couronne les ordonnances, termine les façades,
& sert d'ornement sur les portes & les fenêtres. Il y en
a aussi de circulaires; la plus belle proportion est d'a-
voir pour hauteur la cinquiéme partie de sa base.

FROTTEMENT, *terme de Méchanique*. Résistance mutuelle qu'éprouvent deux corps qu'on veut faire glis-
ser l'un sur l'autre.

FRUIT. C'est une petite diminution du bas en haut d'un
mur, qui cause par dehors une inclinaison peu sensible, le dedans étant à plomb. *Contre-fruit* est l'effet
contraire. On donne quelquefois du contre-fruit en
dedans, comme aux encoignures & aux murs de
face & de pignon, quand ils portent des souches de
cheminées, afin qu'ils puissent mieux résister à la
charge par ce double fruit.

FUSAROLE. En Architecture, c'est un petit membre
rond, ou astragale, quelquefois taillé d'olives & de
grains, sous l'ove des chapiteaux Doriques, Ioniques
& Composites.

FUSEAUX DE LANTERNE. *Voyez* LANTERNE.

FUSÉE. En terme de Charpenterie, est une composition de colle forte & de sciure de bois, dont les Menuisiers se servent pour remplir les trous, fentes, & autres défauts du bois.

Fusée. En Artillerie, est une espece de cheville de bois tournée au tour, & percée dans le milieu, remplie de composition faite avec de la poudre, du charbon, & du soufre bien écrasés & tamisés; on rend cette composition plus ou moins lente, suivant le besoin. On fait entrer la *Fusée* de force dans les bombes & dans les grenades, & elle sert à y porter le feu.

Fusée. En Artifice, est un nom générique qui signifie toutes sortes de grands & petits artifices enfermés dans des cartouches cylindriques, lesquels se distinguent ensuite par des noms particuliers. Celles qui s'élevent en l'air d'elles-mêmes, s'appellent *Fusées volantes*; celles qui se jettent & se meuvent irrégulierement, se nomment *serpenteaux*, &c.

Fusée, *terme d'Horlogerie*. Partie d'une montre, autour de laquelle tourne la chaîne ou la corde qui fait bander le ressort. Sa figure est conique, & elle est cannelée spiralement dans le sens de sa base pour retenir la chaîne. Son usage est de modérer le développement de cette chaine, causé par l'action du ressort.

FUST ou FUT, *terme d'Architecture*. C'est le tronc ou vif d'une colonne, c'est-à-dire sa partie comprise entre la base & le chapiteau. Sa longueur varie, suivant les Ordres d'Architecture qu'on employe.

G ABIONS. Ce font des paniers qui n'ont point de fond, compofés de menues branches, avec des piquets, que l'on remplit de terre, pour former des logemens dans l'attaque des places. La *fappe* fe conduit avec des gabions que l'on place l'un contre l'autre à mefure qu'on les remplit.

GABION FARCI. Eft un *Gabion* de cinq à fix pieds de longueur, & d'environ quatre à cinq pieds de diametre, rempli ou farci de branches & de piquets, fervant à couvrir la tête d'une fape, par la facilité que trouve le premier fapeur à le faire rouler; ce gabion, derriere lequel il eft à couvert, lui tenant lieu de mantelet.

GABIONNADE. Eft le nom que l'on donne à un retranchement fait à la hâte avec des gabions, pour faciliter la retraite des troupes qui font obligées d'abandonner un ouvrage, après l'avoir défendu jufqu'à la derniere extrêmité. On nomme auffi en général *Gabionnade* tout parapet fait avec des gabions.

GACHE. En Serrurerie, eft une plaque de fer contournée ou quarrée, qui reçoit le pêne d'une ferrure, fcellée en plâtre, ou attachée fur le bois.

GACHE. Se dit auffi des cercles de fer qu'on attache le long des murs pour foutenir & arrêter les tuyaux de plomb. Il y en a qui s'ouvrent à charnieres & fe ferment à clavettes, & l'on peut de cette maniere démonter & réparer les tuyaux fans defceller les *Gaches*.

GACHER. C'eft détremper le plâtre avec de l'eau dans quelque vaiffeau, pour l'employer fur le champ.

GALEASSE. Bâtiment de bas-bord, le plus grand de tous les vaiffeaux à rames. La *Galeaffe* a les rameurs fous couverte, & peut porter vingt canons, avec une pouppe capable de loger un grand nombre de moufquetaires; elle va à rames & à voiles, & a trois mâts,

maeſtre, miſene & artimon, qu'elle ne deſarbore point ;
elle a 32 bancs , & ſix ou ſept forçats à chacun. Guil-
laume de Tyr fait mention de *Galeaſſes* qui avoient
cent bancs de rames. Elle a trois batteries à proue
l'une ſur l'autre , de deux canons chacune , de trente-
ſix , de vingt-quatre & de dix livres de boulet ; elle
en a deux à pouppe , chacune de dix-huit livres de
boulet. Les ſeuls Vénitiens ont eu juſqu'ici des vaiſſeaux de cette eſpece. Ces ſortes de bâtimens égalent
les plus grands vaiſſeaux en longueur & en largeur.
Leur équipage eſt de mille ou douze cens hommes ,
de ſorte que les *Galeaſſes* ſont comme de véritables
fortereſſes ſur mer ; c'eſt pourquoi , comme le gain
d'un combat naval dépend ordinairement des *Galeaſſes* , non ſeulement elles ne peuvent jamais être
commandées que par des nobles Vénitiens , mais encore ceux qui les commandent, s'obligent par ſer-
ment , & répondent ſur leur tête qu'ils ne refuſeront
pas de combattre contre vingt-cinq galeres en-
nemies.

GALERE. Bâtiment de bas-bord, vaiſſeau à rames, de
vingt-cinq à trente bancs de chaque côté , & de quatre,
cinq, ou ſix rameurs à chaque banc. Elle porte un
canon d'une groſſeur conſidérable qu'on nomme
courſier , deux qu'on appelle *batardes*, & deux plus
petites piéces , avec deux mâts & deux voiles latines.
Les *Galeres* ont ordinairement vingt-deux toiſes de
longueur , trois de largeur , & une de profondeur.
Elles vont à voiles & à rames , & le plus ſouvent
terre à terre. Le corps des *Galeres* eſt également conſidérable en France , & utile pour la ſûreté des côtes
du royaume. Le Roi en entretient ordinairement
trente ou quarante; l'arſenal des *Galeres* étoit autrefois à Marſeille , & eſt préſentement à Toulon.

GALERIE. En terme de mine , eſt un chemin , ſous
les ouvrages, qui aboutit à des *rameaux* , leſquels
ſont d'autres petites *Galeries* où ſont placés les fourneaux qui ſervent à charger les mines.

GALERIE A PASSER UN FOSSÉ. Eſt une petite allée de
charpente, dont les piéces de bois ſont poſées dans
le fond du foſſé, & couvertes de planches chargées
de terre, pour paſſer le Mineur, & réſiſter aux feux
d'artifices, & aux pierres que l'ennemi jette deſſus. Le
mot de *traverſe* eſt pris quelquefois pour celui de
Galerie.

GALERIE DE COMMUNICATION. S'entend des *Galeries*
ſouterreines qui ſervent à l'aſſiégé pour communiquer du corps de la place, ou de la contreſcarpe, dans
les ouvrages détachés, afin de n'être point apperçu
de l'ennemi.

GALERIE DE POURTOUR. Eſt, en Architecture, une eſpece de corridor au dedans ou au dehors d'un bâtiment.

GALERIES MAGISTRALES. Sont celles qui enveloppent les
parties contreminées d'une fortification

GALETAS. Etage pris dans un comble, éclairé par des
lucarnes, & lambriſſé de plâtre ſur un lattis, pour
en cacher la charpente, les tuiles, ou les ardoiſes.

GALIOTTE. Eſt une petite galere fort légere, propre
pour aller en courſe; elle a depuis quinze juſqu'à
vingt bancs de chaque côté, & un homme ſur chaque rame. Les matelots y ſont ſoldats, & prennent le
fuſil en laiſſant la rame. C'eſt un vaiſſeau qui ne ſe
voit que dans la mer Méditerranée; il ne porte qu'un
mât, avec deux ou trois petits canons que l'on nomme
pierriers.

GALIOTTE A BOMBES. Eſt auſſi un vaiſſeau qui eſt très-
fort de bois, à plate varangue, qui n'a que des cour-
cives, & qui ſert à porter des mortiers, que l'on met
en batterie ſur un faux tillac que l'on fait à fond de
cale : M. le Chevalier Renau en eſt l'inventeur. En
1680 les Algériens ayant déclaré la guerre à la
France, il imagina qu'il falloit bombarder Alger; ce
qui ne pouvoit ſe faire que de deſſus des vaiſſeaux.
Comme cela ne s'étoit pas encore pratiqué juſqu'a-
lors, on le traita de viſionnaire en plein Conſeil; &
c'eſt aſſez le ſort de ceux qui propoſent des nouveau-

tés, qui ne manquent point de trouver en leur chemin l'ignorance & l'envie. Cependant, comme le
mérite de M. le Chevalier Renau lui avoit acquis de
grands partifans, on le chargea de faire conftruire
ces nouveaux bâtimens, deux à Dunkerque, & trois
au Havre. Il fe rendit devant Alger avec ces cinq bâtimens, après avoir effuyé toutes les fureurs de la
mer, qui fembloit s'être liguée avec fes ennemis. La
ville ayant été bombardée toute une nuit, tous les
habitans voulurent en fortir, & la confufion fut hor-
rible aux portes, où tout le monde vouloit fe dérober
à la fois à un genre de mort fi imprévue, ce qui
obligea les Algériens à demander la paix. Les *Ga-
liottes* à bombes revinrent victorieufes en France, non
pas tant des Algériens, dit M. de Fontenelle, que
de leurs ennemis François. Le Roi en fit faire un plus
grand nombre, & forma pour elles un nouveau corps
d'Officiers d'Artillerie.

GARDE. La *grande Garde* eft un corps de cavalerie plus
ou moins fort, felon les occafions, & qui eft détaché à la tête des camps, pour affurer l'armée par
une vigilante application à découvrir & à reconnoître
tout ce qui vient fur les avenues des quartiers, & par
ce moyen fe garantir des infultes des ennemis, & les
repouffer quand ils veulent tenter le fecours d'une
place, ou la furprife d'une armée.

GARDE-FOU. C'eft une baluftrade, ou un parapet à
hauteur d'appui, ordinairement le long d'un quai,
d'un foffé, ou aux côtés d'un pont de pierre. C'eft
auffi un affemblage de charpente aux bords d'un pont
de bois, pour empêcher de tomber dans l'eau, &
ce dernier s'appelle encore *lice*.

GARGOUGE, ou GARGOUSSE. C'eft une efpece de
boîte ou rouleau creux, fait de toile, de papier, ou
de parchemin, du calibre d'une piéce, & qui renferme une charge de poudre.

GARGOUILLE. Eft une petite rigole taillée dans une
pierre, par où coulent les eaux de pluye, qui tom-

bent fur une corniche dans une façade d'Architecture. Les *Gargouilles* fervent auffi pour l'écoulement
de la pluye qui tombe fur les chapes des cimens qui
couvrent les voûtes des fouterreins.

GARNI ou REMPLISSAGE. *S'entend de la Maçonne-*
rie qui eft entre les carreaux & les boutiffes d'un gros
mur.

GARNISON. Corps de troupes, tant d'infanterie que
de cavalerie, enfermé dans une place de guerre pour
la défendre.

GARNITURE DE COMBLE. *S'entend non feulement*
des lattes, tuiles, ou ardoifes, mais auffi du plomb,
comme enfaîtement, amortiffement, &c. qui fert
à garnir un comble.

GAUCHE. On dit que le parement d'une pierre eft
Gauche, lorfqu'en le bornoyant, fes angles & fes
côtés ne paroiffent pas fur une même ligne. On dit
auffi qu'une piéce de bois eft *Gauche*, lorfqu'elle
n'eft pas bien équarrie.

GAZON, tel qu'on l'employe pour les fortifications, il a
quinze ou feize pouces de queue, fur fix de largeur,
& autant de hauteur, ayant la forme d'un coin. Le
Gazon, pour être bon, doit être coupé dans un pré
bien herbeux & racineux, un peu humide. Il en faut
deux cens-cinquante, & douze fafcines pour une toife
quarrée de gazonnage. Un bon *Gazon* pefe ordinairement quinze livres. On fe fert auffi de *Gazons*
plats pour revêtir les ouvrages de terraffe qui ont
beaucoup de talut. On lui donne jufqu'à un pied en
quarré, fur trois ou quatre pouces d'épaiffeur, car
il n'a point de queue comme le précédent.

GENOUILLIERE, *terme d'Artillerie.* C'eft la partie de
l'embrafure d'une batterie. Elle a depuis la plate-
forme, jufqu'à l'ouverture de l'embrafure, deux
pieds & demi; elle fe trouve immédiatement fous
la volée de la piéce.

GEODESIE. Eft une partie de la Géométrie pratique,
qui enfeigne la maniere de faire le partage d'une
terre

terre, ou d'un champ entre deux ou plusieurs héri-
tiers ; & c'est à cause de cela que la *Géodesie* se nomme
aussi *division des champs*.

GEOGRAPHIE. La *Géographie* est la description de la
terre, du moins autant qu'elle nous est connue jusqu'à présent, considérée comme un corps sphérique
composé de terre & d'eau. Elle se divise en *Géogra-*
phie simple, qui n'est que la description de la terre
seule : & en Hydrographie, qui est la description de
l'eau, comme de la mer, d'un lac, d'une riviere,
&c.

GEOMETRIE. La *Géométrie* est une partie des Mathématiques, qui considere la grandeur, non pas tant par
rapport à elle-même que par rapport à celui qu'elle
peut avoir avec une autre grandeur de même genre.
Elle se divise en spéculative & en pratique. La *Géométrie*
spéculative considere simplement les propriétés des
lignes, des plans & des solides. La *Géométrie* pratique
enseigne à mesurer les lignes, les plans & les solides,
pour en sçavoir la valeur, en toises, pieds & pouces.
Cette derniere se subdivise en *altimétrie, longimétrie,*
planimétrie, géodésie, stéréométrie, &c. *Voyez* à chacun de ces mots.

GÉOMÉTRIE COMPOSÉE. C'est la science des lignes courbes, & des corps qu'elles produisent. Les sections coniques & les lignes de ce même genre font l'objet de
la *Géométrie composée.*

GEOMETRIE SUBLIME, OU TRANSCENDANTE. On décore
de cette épithete la *Géométrie* nouvelle de MM.
Leibnitz & Newton, à laquelle ils ont donné naissance par la découverte du calcul des infiniment-
petits.

GERSURES. En Maçonnerie, sont des fentes dans les
enduits de ciment ou de plâtre.

GIRANDOLE. On donne ce nom en général à toute fusée qui tourne sur son centre. Ainsi plusieurs fusées
arrangées autour d'une roue horizontale, parfaitement bien suspendue dans son aissieu, forment une

Girandole. Cette roue doit être d'un bois léger, & formée en polygone, pour pouvoir y attacher les fusées.

GIRON. Eſt un mélange de ſable & de cailloux, que l'on employe dans les fondations des édifices.

GIRON. Dans les eſcaliers, eſt la largeur de la marche ſur laquelle on poſe le pied.

GIRON DROIT. Celui qui eſt contenu entre deux lignes paralleles, pour les marches droites & courbes.

GIRON TRIANGULAIRE. Celui qui s'élargit depuis le colet par lequel la marche tient au noyau, juſqu'à l'endroit où il ſe termine dans la cage, & qui ſert autant pour les quartiers tournans des eſcaliers quarrés, que pour les marches d'eſcalier à vis.

GISTES. Piéces de bois dont on ſe ſert pour la conſtruction des plateformes des batteries, & ſur leſquelles on poſé les madriers.

GLACIERE. Foſſe en terre, de forme conique, de deux à trois toiſes de diametre par le haut, avec un faux plancher de ſolives, pour l'écoulement de ce qui pourroit ſe fondre de la glace ou de la neige qu'on y conſerve.

GLACIS. En Fortification, eſt une pente adoucie depuis le ſommet du chemin couvert, juſqu'au niveau de la campagne.

GLACIS DE CORNICHE. Eſt une pente peu ſenſible ſur la cymaiſe d'une corniche, pour faciliter l'écoulement des eaux de pluie.

GLAISE. Eſt une terre graſſe dont on fait des courrois pour les édifices aquatiques ; ce qui eſt abſolument néceſſaire à la fabrique des batardeaux deſtinés pour les fondations des piles des ponts de maçonnerie, & autres ouvrages aquatiques.

GLIPHE ou GLYPHE. C'eſt généralement tout canal creuſé en rond, ou en anglet, qui ſert d'ornement en Architecture. *Voyez* TRIGLYPHE.

GLOBE. Solide produit par la révolution d'un demi-cercle autour de ſon diametre ; c'eſt la même choſe qu'une ſphere.

Globe, en Geométrie. *Voyez* Sphere.

Globe de compression, *terme de Mine.* Quand le four‑
neau d'une mine eſt établi dans des terres homo‑
gênes, la poudre dont il eſt chargé venant à s'en‑
flammer, agit à la ronde, alors les terres ſe trouvent
preſſées & meurtries juſqu'à une certaine diſtance.
C'eſt cette meurtriſſure ſphérique que l'Auteur a
nommé *Globe de compreſſion.*

GOBETER. C'eſt jetter du plâtre avec la truelle, & paſ‑
ſer la main deſſus, pour le faire entrer dans les joints
des murs faits de platras & de moilons.

GODET, *terme d'Architecture hydraulique.* On appelle
ainſi les petits vaiſſeaux creux qui ſont ſur une roue
hydraulique, ou ceux d'un chapelet ſervant à l'é‑
puiſement des eaux. L'eau des batardeaux ſe vuide
par le moyen des roues à *Godets.*

GOND. Morceau de fer coudé, dont une partie eſt ar‑
rêtée dans la feuillure d'une porte, & l'autre, appel‑
lée le *mammelon*, entre dans la penture, & ſert à en
porter le ventail. Il y a des *Gonds* en plâtre & en bois,
& des *Gonds* à vis & à repos.

GORGE d'un ouvrage de Fortification, eſt, à propre‑
ment parler, l'entrée de cet ouvrage, c'eſt-à-dire
l'eſpace enfermé entre ce qui le termine à droite & à
gauche. Par exemple, la *Gorge* d'un baſtion eſt for‑
mée par deux lignes tirées de part & d'autre de l'an‑
gle de la figure juſqu'à l'angle de la courtine. La
Gorge d'une demi-lune eſt l'eſpace compris entre les
extrêmités des deux faces, du côté de la place ; & l'on
nomme *demi-Gorge d'un baſtion*, la diſtance com‑
priſe depuis l'angle de la figure juſqu'à l'angle de
la courtine. De même la *demi-Gorge* d'une demi-lune
eſt la diſtance compriſe depuis l'angle de la *demi-
Gorge*, juſqu'à l'extrêmité d'une des faces.

Gorge. Eſpece de moulure concave, qui ſert d'orne‑
ment en Architecture.

GORGERIN. C'eſt, dans le chapiteau Dorique, la petite
friſe qui eſt entre l'aſtragale & les annelets, que

quelques-uns nomment *collarin*.

GOUJONS. Grosse cheville de fer, qu'on employe à tête perdue, & qui est fort en usage dans la construction des édifices.

GOULOTTE. Petite rigole taillée sur la cymaise d'une corniche, pour faciliter l'écoulement des eaux de pluie par les gargouilles.

GOUSSET. Piéce de bois posée diagonalement dans une enrayure, pour assembler les coyers avec les tirans & plateformes, & pour lier dans une ferme une force avec un entrait.

GOUTIERE. Canal de bois de chêne refendu diagonalement, & creusé le plus souvent en angle droit, servant à recueillir les eaux de pluie sous le battellement des tuiles d'un comble, & à les conduire hors du mur de face.

GOUTTES. Ornemens ronds qui représentent des *Gouttes* d'eau, & qui sont comme des petits cônes sous le plafond de la corniche Dorique ; ou triangulaires, comme de petites pyramides au bas des triglyphes. On les nomme aussi *clochettes*, *campanes*, ou *larmes*.

GOUVERNAIL, *terme d'Architecture navale*. Piéce de bois plus large par le bas que par le haut, placée à la pouppe du vaisseau, qui avance de quelques pieds sur l'étambot, & qui sert à diriger sa course par le moyen d'un long manche appellé le *timon du Gouvernail*. C'est la partie la plus essentielle pour la manœuvre d'un vaisseau.

GOUVIONS. Fortes chevilles de fer qui servent à affermir les assemblages de charpente ; tels sont les venteaux des portes des grandes écluses ; au lieu de se servir de chevilles de bois, on se sert de *Gouvions*, qui sont des chevilles de fer. C'est à peu près la même chose que *goujons*.

GRAIN, *terme d'Artillerie*. On dit mettre un *Grain* à une piéce de canon de fonte, lorsque la lumiere étant devenue trop grande, pour avoir beaucoup tiré, on la remplit d'un métal nouveau, en échauffant la culasse de la piéce, afin que l'ancien & le nouveau puissent se lier, & quand le métal qu'on a coulé est refroidi, l'on y perce une autre lumiere.

GRAIN D'ORGE. C'est ainsi que l'on nomme une *languette*, dont le profil est triangulaire, que l'on pratique sur toute la longueur des palplanches, & qui s'introduit dans une raînure aussi triangulaire ; alors on dit que les palplanches sont assemblées à *Grain d'orge*.

GRAINOIR, *terme d'Artillerie*. Espece de crible, dans lequel se passe la poudre encore humide, par des petits trous ronds dans lesquels elle prend sa forme.

GRAPHOMETRE. Instrument composé d'un demi-cercle divisé en 180 dégrés, avec *boussole*, *alidade & pinnules*, qui posé sur un pied fixe & tournant par le moyen d'un genou, sert à prendre des angles & des hauteurs accessibles ou inacoessibles, par le moyen de la Trigonométrie.

GRATICULER. C'est diviser un dessein en petits carreaux égaux tracés avec du crayon, pour le réduire de grand en petit, ou de petit en grand, faisant sur le papier où on le doit copier, la même division de carreaux.

GRATTER. En Maçonnerie, signifie reblanchir un mur en le ratissant.

GRAVIER. Est un gros sable qui se trouve au bord, ou au fond de la mer & des rivieres.

GRAVITATION. Pression, ou effort qu'un corps exerce sur un autre corps qui se trouve au dessous de lui.

GRAVITÉ. Force par laquelle les corps sont portés, ou tendent, vers le centre de la terre. C'est un terme de Méchanique dont on se sert pour signifier la pesanteur ; ainsi au lieu de dire la pesanteur d'un corps, on peut dire sa *Gravité*.

GRAVITÉ SPÉCIFIQUE, OU PESANTEUR SPÉCIFIQUE D'UN CORPS. Est celle qui provient de la densité des parties matérielles dont il est composé, qui fait que ce corps pese plus qu'un autre de même volume. Par exemple, l'on fçait que la *Gravité* fpécifique de l'eau eft plus grande que celle de l'huile ; que la pefanteur fpécifique de l'or eft plus grande que celle de l'argent, &c.

GRAVOIS. Menues démolitions de bâtimens, principalement de ceux qui font faits de plâtre.

GRENADE. Eft une petite boule de fer creufe, que l'on remplit de poudre, & à laquelle on met le feu par le moyen d'une petite fufée de même nature que celle des bombes. Les *Grenades* font d'un ufage merveilleux dans les fiéges ; on les jette à la main dans les lieux où il y a des troupes.

GRÈS. Efpece de roche formée par le fable condenfé. Le dur fert pour paver, & le tendre pour bâtir.

GRESSERIE. Se dit autant de la roche dont on tire le grès, que de l'ouvrage d'Architecture & de Sculpture fait de cette matiere.

GREVE. C'eft le bord d'une riviere, ou d'un port, en pente douce, le plus fouvent pavé ; où l'on charge, & décharge les marchandifes.

GRILLAGE ou GRILLE, dans la fondation des éclufes, &c. Lorfque le terrein du fond n'eft pas affez ferme ou folide, pour plus grande fûreté on fe fert d'un *Grillage*, qui n'eft autre chofe que des piéces de bois pofées en long & en travers, d'où elles ont retenu le nom de *longrines* & de *traverfines*, lefquelles font affemblées à queue d'ironde, enforte qu'elles laiffent de petits efpaces ou compartimens, & forment ainfi une grille, fur laquelle on pofe des doffes qui compofent une plateforme ou plancher fervant à pofer les premieres affifes des pierres. A l'imitation de ces grandes *Grilles*, on en fait de petites de bois de fapin, qui font en ufage pour couvrir le deffus des *rifbermes* & jettées de fafcinages, de même que les *avants* ou *faux radiers* des éclufes.

GROS. On dit qu'une piéce de bois a tant de *Gros*, quand fes deux plus courtes dimenfions font égales.

GRUE. C'eft la plus grande des machines qui fervent

dans un attelier pour monter les fardeaux. Il y a encore une autre machine servant au même usage, que l'on appelle *Gruau*.

GUERITE. Est une petite tour de maçonnerie, ou de charpente, qui sert à mettre à couvert un sentinelle. Les *Guérites*, dans la Fortification, se placent ordinairement sur les angles saillans des ouvrages, pour mieux découvrir dans le fossé.

GUETTE. Poteau incliné servant de décharge pour revêtir & contreventer un pan de bois; & lorsqu'il est croisé avec deux *Guettons*, les petits poteaux inclinés sont les appuis des croisées.

GUICHET. C'est une petite porte auprès d'une plus grande, qui sert pour passer les gens de pied. C'est aussi, dans un ventail des portes cocheres, une petite porte pour passer ordinairement, afin de n'être pas obligé d'ouvrir trop souvent la grande porte.

GUICHET D'UNE PORTE D'ECLUSE. Est une ouverture qu'on fait dans la porte d'une écluse, qui se ferme par une vanne, ou empellement, afin de donner de l'eau quand on veut.

GUICHET DE CROISÉE. C'est l'assemblage qui porte le chassis de verre dans une croisée. On donne aussi ce nom aux volets qui le ferment par dedans.

GUIDE, *terme de Marine. Voyez* BOUÉE.

GUIGNAUX. Piéces de bois qui s'assemblent entre les chevrons d'un comble, pour faire le passage d'une souche de cheminée, & retenir les chevrons plus courts que les autres. Ces *Guignaux* font dans les couvertures le même effet que les chevêtres dans les planchers.

GUINDAS. Toutes les machines dont on se sert pour élever des fardeaux, par le moyen de la roue & de son aissieu, s'appellent *Guindas*.

GUINDER. C'est élever un fardeau, par le moyen de quelque machine.

K iv

HACHER. En Maçonnerie, c'eſt couper avec la *hachette* pour faire un renformis, un enduit, un crépi, ou une tranchée; & en Charpenterie, c'eſt faire des ruinures, ou hoches avec la *hache*, pour hourdir une cloiſon, un pan de bois, &c.

HACHER A LA PLUME. C'eſt, dans l'art de deſſiner, faire des ombres & teintes par des lignes les plus égales & parálleles que faire ſe peut; & *contrehacher*, c'eſt paſſer des ſecondes lignes quarrément, ou diagonalement, pour faire les ombres plus fortes.

HACHER UNE PIERRE. C'eſt avec la hache du marteau à deux layes, unir le parement d'une pierre dure, après que les ciſelures en ſont relevées.

HALER. C'eſt lier un cable à une piéce de bois, en y faiſant un halement, ou nœud, pour l'enlever.

HAMPE, *terme d'Artillerie.* Eſt un long bâton ſervant à emmancher une lanterne, un refouloir, ou un écouvillon, pour le ſervice du canon.

HANGAR. C'eſt un lieu couvert par un demi-comble, ou toît à un ſeul égoût, adoſſé contre un mur, & porté par des piliers de pierre ou de bois, de diſtance en diſtance. Un *Hangar* ſert de remiſe dans une baſſe-cour, ou d'attelier pour travailler dans les arſenaux, & autres endroits.

HAQUET, *terme d'Artillerie.* Ce ſont des chariots faits exprès pour porter les pontons de cuivre dont on ſe ſert à l'armée pour faire des ponts ſur des ri-vieres.

HARDI. Epithete qu'on donne en Architecture aux ou-vrages qui, nonobſtant la délicateſſe de leur conſ-truction, leur hauteur & leur étendue, ſubſiſtent avec admiration, comme les plus belles Egliſes Go-thiques.

HARMONIE. Terme uſité, par comparaiſon avec la Muſique, pour ſignifier l'union & le rapport qu'ont entr'elles les parties d'un bâtiment.

HARPES ou HARPIES. Pierres qu'on laisse alternativement en saillie à l'épaisseur d'un mur, pour faire liaison avec un autre qui peut être construit dans la suite. On appelle aussi *Harpes*, les pierres plus larges que les carreaux dans les chaînes, jambes, boutisses, &c. pour faire liaison avec le reste de la maçonnerie d'un mur.

HARPON. Est une barre de fer coudée à une de ses extrêmités. Elle sert à entretenir les clefs avec les ventrieres qui composent les quais de charpente & châteaux des havres qui sont de bois. Ceux dont on se sert dans les bâtimens ordinaires sont pareillement crochus, & servent à retenir les pans de bois dans les bâtimens de charpente.

HAUBANER. C'est arrêter à un piquet, ou à une grosse pierre, le hauban d'un engin, ou d'un gruau, pour le tenir ferme lorsqu'on monte quelque fardeau.

HAUTE MARÉE. Augmentation du flux, ou de la marée après la *morte eau*. Elle commence environ trois jours avant la pleine lune, mais sa plus grande élévation n'arrive que trois jours après la pleine lune. C'est alors que la marée monte à son plus haut point dans le flux, & descend à son plus bas dans le reflux.

HAUTEUR. En Géométrie, se dit en parlant de la *hauteur* d'une figure, ou d'un solide. Par exemple, la *Hauteur* d'un triangle, d'un parallelogramme, d'un cylindre, d'un cône, &c. est une perpendiculaire abaissée du sommet sur la base, ou sur la base prolongée.

HAUTEUR. On dit qu'un bâtiment est arrivé à *Hauteur*, lorsque les dernieres arrases sont posées pour recevoir la couverture. On dit aussi *Hauteur d'appui*, pour signifier trois pieds de haut, & *Hauteur de marche*, pour six pouces, parce que ces grandeurs sont déterminées par l'usage.

HAUTEUR, *terme de Guerre*. C'est dans un bataillon, &

dans un escadron, le nombre de rangs de soldats dont il est composé.

HAVRE DE BARRE. C'est un port où l'on ne peut entrer que quand la mer est haute.

HAVRE D'ENTRÉE. Est un port où l'on peut entrer en tout temps.

HELICE, *terme de* Géométrie. *Voyez* SPIRALE.

HELICE, *terme de Méchanique*, dont on se sert pour signifier les pas d'une vis.

HELICOÏDE. Ligne courbe qui se forme en fléchissant l'axe d'une parabole dans un cercle, & en donnant par là de la divergence aux demi-ordonnées. C'est une spirale parabolique.

HEMICYCLE. Trait d'un arc, ou d'une voûte fermée d'un demi-cercle, qu'on divise en autant de parties égales qu'il doit y avoir de voussoirs, qui doivent être impairs, parce qu'il en faut un qui ferme la voûte, & qu'on appelle *clef*.

HERISSON, *terme de Méchanique.* C'est ainsi que l'on nomme quelquefois le rouet d'un moulin, ou d'une autre machine, à cause qu'il est hérissé en dedans.

HERISSON, *terme d'Artillerie.* Est aussi une poutre garnie de pointes de fer qui se présentent en dehors, laquelle est soutenue au milieu par un pivot sur lequel elle tourne. Cette machine est propre à servir de barriere, c'est-à-dire à fermer un passage.

HERISSON FOUDROYANT, *terme d'Artillerie.* Espece de baril foudroyant, hérissé de pointes par le dehors, & rempli de mitrailles & de toutes sortes d'artifices en dedans. On le fait mouvoir sur deux roues, par le moyen d'une piéce de bois qui le traverse, & qui lui sert d'aissieu.

HERSE. Est un grillage composé de plusieurs piéces de bois qu'on met au dessus de la porte d'une forteresse en dedans, & qu'on suspend avec une ou plusieurs cordes, qui tiennent à un moulinet pour les laisser tomber sur le passage, & boucher l'entrée d'une porte, en cas de surprise.

HEURT. C'eſt l'endroit le plus élévé d'une rue, d'une chauſſée, &c. ou le ſommet de la montée d'un pont, d'après lequel on donne à droite & à gauche la pente pour l'écoulement des eaux, lorſqu'on ne peut pas les faire aller d'un même côté.

HEURTOIR. Eſt une piéce de bois poſée au pied de l'é-paulement d'une batterie, à l'extrêmité de la plate-forme, pour empêcher que les roues de l'affut ne choquent l'épaulement & ne l'endommagent.

HEURTOIRS. Piéces de bois poſées en éperons, ou en pointe, ſur leſquelles battent les venteaux des portes d'éclufes.

HEXAEDRE. Eſt un ſolide renfermé par ſix quarrés égaux. Ainſi un *Hexaëdre* ou un cube eſt la même choſe.

HEXAGONE. Figure de Géométrie qui a ſix angles & ſix côtés égaux entr'eux. Ainſi chaque angle de l'*He-xagone* eſt de ſoixante dégrés; d'où il ſuit que pour décrire cette figure, un côté étant donné, il ſuffit de former ſur ce côté un triangle équilatéral, dont le ſommet eſt le centre de l'*Hexagone* & du cercle dans lequel il eſt inſcrit, & de porter ce même côté ſix fois ſur la circonférence de ce même cercle.

HIE. *Voyez* MOUTON.

HIEMENT. C'eſt une maniere d'exprimer le mouve-ment d'un aſſemblage de piéces de charpente, cauſé par l'effort des vents. On le dit auſſi en parlant du bruit que fait une machine qui éleve un peſant far-deau. On appelle encore *Hiement* la maniere de battre les pieux avec l'engin, pour les enfoncer avec le mouton.

HIEROGLIPHES. Ce ſont des figures d'hommes, d'a-nimaux, de caracteres, &c. gravées ſur des obé-lifques, par leſquelles les Egyptiens exprimoient les maximes de leur religion & de leur philoſophie.

HOCHES ou COCHES. Entaillures que l'on fait ſur quelque choſe, pour marquer la largeur des murs ſur les piéces de bois qu'on a ſcellées pour tendre les lignes.

HOMOGENE , CORPS HOMOGENES. Sont ceux qui ne contiennent qu'une matiere uniforme , & par-tout également pesante, au contraire des corps *hetérogenes* , qui s'entendent de ceux qui sont composés de matieres de diverse pesanteur.

HOPITAL , dans les places de guerre , est un lieu où l'on reçoit les soldats malades. On établit aussi un *Hôpital* à la queue de la tranchée, le jour de l'assaut d'un chemin couvert , ou quand il se doit passer quelque action dangereuse.

HOTTE D'UNE CHEMINÉE. C'est le haut ou le manteau d'une cheminée, fait en forme pyramidale, & en maniere de tremie. C'est aussi le glacis en dedans par où le manteau se joint au tuyau de l'enchevêtrure.

HOURDER. C'est maçonner grossierement. On dit qu'un mur n'est que *Hourdé*, quand il est rude & inégal , & qu'il n'y a point encore d'enduit. *Hourder* signifie aussi faire l'aire d'un plancher sur des lattes.

HOURQUE ou HOURCHE. Est un bâtiment Hollandois, léger, plat de varangue , rond de bordage comme une flûte , & mâté comme un *heu*, ayant un bout de beaupré. Il porte jusqu'à deux cens tonneaux. Il est facile à conduire & très-excellent à louvoyer , aller à la bouline , & au plus près du vent.

HUISSERIE. Garniture de bois qui sert à fermer ou à ouvrir une porte.

HYDRAULIQUE , que l'on appelle aussi *hydrostatique* , est une science qui enseigne l'art de ménager les eaux , de les conduire , & de les élever par machines.

HYGROMETRE. Est une machine dont on se sert pour connoître les différentes dispositions de l'air à l'égard de sa sécheresse & de son humidité , & pour prévoir la pluie ou le beau temps.

HYPERBOLE , est une des trois sections coniques. Elle a deux axes , ou deux diametres , qui sont extérieurs à cette courbe. Mais si l'on prolonge le grand axe dans le plan de la courbe même, & qu'on y mene une ordonnée, le rectangle compris sous l'axe prolongé depuis le centre jusqu'à l'ordonnée, & sous la partie depuis l'ordonnée jusqu'au sommet de *l'Hyperbole*, est au quarré de l'ordonnée comme le quarré du grand axe est au quarré du petit.

L'*Hyperbole* est ordinairement accompagnée de ses *assymptotes*, qui sont deux lignes droites indéfinies, tirées du centre de l'*Hyperbole*, vers laquelle elles s'approchent toujours sans jamais la rencontrer. L'*Hyperbole* & ses *assymptotes* ont plusieurs belles propriétés, qu'on peut voir dans le *Traité des sections coniques* du Marquis de Lhôpital, ou dans le *Cours de Mathématique* de l'Auteur de ce Dictionnaire.

HYPERBOLOÏDE. *Voyez* CONOÏDE.

HYPOTENUSE. En Géométrie, c'est dans un triangle rectangle le côté opposé à l'angle droit. Dans un triangle rectangle, le quarré de l'*Hypotenuse* est égal à la somme des quarrés des deux autres côtés.

JAL   JAM

JALONS. Sont de grands piquets ou des perches, dont on se sert pour le nivellement, & pour lever des plans & des cartes.

JAMBAGES. Se dit d'un pilier entre deux arcades. Il est différent du trumeau, en ce qu'il a quelques dosserets, ou pilastres, & que le trumeau est simplement entre deux croisées.

JAMBAGES DE CHEMINÉES. Sont les deux petits murs qu'on éleve de chaque côté d'une cheminée, pour en porter le manteau.

JAMBE. C'est, en Maçonnerie, une espece de chaîne de carreaux & de boutisses, pour porter & entretenir les murs d'un bâtiment.

JAMBE D'ENCOIGNURE. Celle qui porte deux poitrails, ou deux retombées sur deux faces d'un bâtiment.

JAMBE SOUS POUTRE. Espece de chaîne de pierre , pour ſe porter une ou pluſieurs poutres de fond.

JAMBE DE FORCE. *Voyez* FORCE.

JAMBETTE. Petite piéce de bois debout , pour ſoulager les arbalêtriers , les forces , & les chevrons d'un comble. On nomme auſſi *Jambettes* , les deux piéces de bois qui ſervent à ſoutenir le treuil d'un engin.

JARET. C'eſt , dans une ligne courbe ou droite , un angle , ou un coude qui en ôte l'égalité du contour , & pour lors l'on dit fort à propos que cette ligne *ja-rette* ; ce qui ſe dit auſſi des voûtes & arcades qui ont ce défaut dans la courbure de leur douelle.

JAUGE , *terme de Fontainier* , qui ſignifie la groſſeur d'une conduite d'eau , ou d'un ajutage. Ainſi on dit que cette conduite , ou cet ajûtage a tant de pouces de *Jauge* , pour ſignifier la quantité d'eau qui en ſort. Ce mot ſe dit auſſi de l'inſtrument avec lequel on *Jauge*. On nomme auſſi *Jauge* , une verge de fer diviſée d'un côté en un certain nombre de parties égales , & de l'autre côté en parties inégales , ſelon certaine proportion , ſervant à meſurer promptement la quantité de liqueur que peut contenir un tonneau.

JAUGER. C'eſt auſſi raporter une meſure égale à une autre , & la repairer ; & *contre-jauger* , eſt rendre des eſpaces & hauteurs paralleles. On dit *Jauger* une pierre , pour connoître ſi ſon épaiſſeur eſt égale.

JET. C'eſt le mouvement de quelque corps pouſſé avec violence , ou l'eſpace qu'un corps parcourt étant pouſſé par une force quelconque.

JET. Se dit encore , en termes de Fonderie , des tuyaux de terre cuite , ou de cire , que font les Fondeurs , pour couler le métal dans leurs moules.

JET D'EAU. Fontaine qui s'élance à plomb par un ſeul ajutage qui en détermine la groſſeur.

JETS DE FEU. On appelle ainſi certaines fuſées fixes , dont les étincelles font d'un feu vif & clair , comme des gouttes d'eau éclairées du ſoleil.

JETTÉE. Eſt une eſpece de digue compoſée de charpente & de pierres, que l'on fait dans un port de mer pour le mettre à l'abri des vents & des lables, & qui ſert auſſi de chemin pour communiquer à pluſieurs forts.

JEU. C'eſt, en Méchanique, le mouvement facile de quelque choſe, par le moyen d'une ouverture proportionnée ; ainſi on dit qu'une porte a du *Jeu*, lorſqu'elle s'ouvre & ſe ferme facilement dans ſa feuillure.

IMPOSTE. En Architecture, eſt une pierre en ſaillie avec quelque profil, qui couronne un jambage, & porte le couſſinet d'une arcade.

IMPRIMER. C'eſt, dans l'art de bâtir, peindre d'une ou de pluſieurs couches d'une même couleur à huile, ou à détrempe, les ouvrages de charpenterie, de menuiſerie, de ſerrurerie, &c. qui ſont au dedans & au dehors des bâtimens, autant pour les conſerver que pour les décorer.

INCLINAISON. Tendance de deux lignes, ou de deux ſurfaces, vers un même point, de maniere qu'elles font un angle.

INCOMMENSURABLES. Nom qu'on donne en Arithmétique à des nombres qui n'ont point de commun diviſeur, tels que 3 & 5, & à des racines qu'on ne peut exprimer par aucun nombre entier ou rompu, & dont on ne connoît pas le rapport qu'elles ont entr'elles.

INCRUSTER. C'eſt revêtir de pierre ou de marbre un mur, en y ajoûtant des paremens en ſaillie. C'eſt auſſi remettre une bonne pierre à la place d'une autre, qu'on eſt obligé de hacher, parce qu'elle eſt écornée, ou éclatée ſous la charge.

INDETERMINÉ, *Problême Indéterminé.* C'eſt ainſi que les Géometres appellent un problême ſuſceptible d'une infinité de ſolutions différentes.

INFINIMENT PETIT. Les nouveaux Calculateurs appellent ainſi une quantité ſi petite, qu'elle n'eſt rien en comparaiſon d'une autre quantité quelconque, ou une quantité moindre que toute quantité aſſignable.

Infiniment petits, *Calcul des Infiniment petits, Calcul infinitéſimal.* Les Géometres appellent ainſi les nouveaux *Calculs*, qui ont pour objet des quantités infinies. *Voyez* aux mots Differentiel & integral.

Ingenieur. Par rapport à l'Architecture civile, eſt un homme intelligent en Mechanique, qui, par les machines qu'il invente, augmente les forces mouvantes, autant pour traîner & enlever les fardeaux, que pour conduire & élever les eaux.

Ingenieur. C'eſt, en Architecture militaire, un homme parfaitement inſtruit dans l'art de tracer toutes ſortes d'ouvrages de fortification, & capable de reconnoître les défauts des places de guerre, d'y remédier, & de faciliter l'attaque & la défenſe de toutes ſortes de poſtes. Les qualités d'un bon *Ingénieur* ſeroient parfaitement bien définies, ſi on rapportoit toutes celles que poſſédoit feu M. le Maréchal de Vauban.

Ingenieur Directeur. Eſt celui qui a la direction d'un certain nombre de places fortifiées, dont il eſt obligé de faire la viſite, afin de rendre compte à la Cour des ouvrages, ou des réparations qui y ſont néceſſaires.

Ingenieur en chef. Eſt celui qui eſt chargé en chef des travaux d'une ou de pluſieurs places, & qui a pluſieurs autres *Ingénieurs* pour travailler ſous ſes ordres.

Ingenieur ordinaire du Roi. Eſt le nom que l'on donne en général à tous les *Ingénieurs* entretenus par Sa Majeſté dans les places de guerre, pour les diſtinguer de tant d'autres gens qui prennent la qualité d'*Ingénieur*, ſans en avoir les talens.

Inscrit. On dit en Géométrie qu'une figure eſt *Inſcrite* dans une autre, quand les angles de la figure *Inſcrite* touchent les côtés, ou les angles, de l'autre figure. On *Inſcrit* des figures dans toutes les figures rectilignes, & curvilignes, mais principalement dans le cercle.

Inspecteur des travaux. Eſt un homme capable, prépoſé de la part du Directeur, ou d'un
Ingénieur

Ingénieur en chef, pour veiller autant aux bonnes qualités des matériaux, qu'à la prompte expédition & à la conſtruction des ouvrages, conformément aux devis.

INSTRUMENT. Ce mot s'entend du compas, de la regle, de l'équerre, &c. qui ſervent pour deſſiner, & du niveau, du graphometre, &c. Ils ſont différens des outils, en ce que ceux-ci ne ſervent qu'à l'exécution manuelle & pratique des ouvrages.

INSULTER. C'eſt attaquer hautement un poſte, y entrant à découvert pour ſe mêler à coups de mains, ſans ſe vouloir ſervir de tranchées, de la ſappe, ni des attaques qui ſe font par les formes, en gagnant le terrein pied à pied.

INTEGRAL, *Calcul Intégral*. Méthode de trouver la ſomme des quantités différentielles; c'eſt, à proprement parler, le *calcul différentiel* renverſé. Par ce dernier on apprend à différencier une *Intégrale*, qui eſt la quantité différenciée. Le *calcul Intégral*, au contraire, enſeigne à intégrer cette différentielle, c'eſt-à-dire à trouver la quantité qui a été différenciée. Telles ſont à peu près, en Arithmétique, la multiplication & la diviſion, qui ſe détruiſent réciproquement, & ſont une preuve l'une de l'autre. Les Anglois appellent ce calcul *méthode inverſe des fluxions*.

INTERSECTION. On ſe ſert de ce terme en Géométrie pour exprimer la rencontre de deux lignes, ou de deux plans, qui ſe coupent mutuellement.

INTRADOS. *Voyez* EXTRADOS.

INVERSE, *terme d'Arithmétique*. Epithete qu'on donne à une raiſon où le conſéquent d'un rapport eſt à la place de l'antécedent.

INVERSE, *terme de Calcul*. La *méthode inverſe des fluxions* eſt, ſelon Newton, l'art de trouver la fluente d'une fluxion. C'eſt ce que Leibnitz appelle *Calcul intégral*.

INVESTIR UNE PLACE. C'eſt ſe rendre maître de ſes principaux paſſages, avec la cavalerie, en attendant que l'armée arrive pour en former le ſiége.

INVESTITURE, ou pour mieux dire *Investissement*, se dit en parlant d'une place que l'on a investie ; ainsi l'on doit dire, par exemple, j'étois dans une telle ville lorsque l'on en fit l'*investissement*, & non pas l'*Investiture*, parce qu'*Investiture* ne se doit dire qu'en parlant d'un acte contenant un dépouillement suivi de prise de possession, comme cession de bénéfice ecclésiastique, ou laïque.

JOINTIVES, *Lattes Jointives*, *terme de Maçonnerie.* C'est lorsqu'en contrelattant une cloison, pour la recouvrir de plâtre, on cloue les lattes si proches l'une de l'autre qu'elles se touchent.

JOINTOYER. C'est, après qu'un bâtiment a pris sa charge, remplir les ouvertures des joints des pierres d'un mortier approchant de la même couleur. Et, quand un bâtiment est vieux, ou construit dans l'eau, c'est en rejointoyer, ou remplir les joints d'un mortier de chaux & de ciment.

JOINTS. Ce sont les séparations d'entre les pierres, qu'on remplit de mortier, de plâtre, ou de ciment, ou qu'on laisse à sec.

JOINTS DE DOUELLE. Ceux qui sont sur la largeur du dedans d'une voûte, ou sur l'épaisseur d'un arc.

JOINTS DE LIT. Ceux qui sont de niveau, ou suivant une pente donnée.

JOINTS DE RECOUVREMENT. Celui qui se fait par le recouvrement d'une marche sur une autre.

JOINTS DE TÊTE, ou DE FACE. Ceux qui sont en coupe, ou en rayon au parement, & séparent les voussoirs & claveaux.

JOINTS EN COUPE. Ceux qui sont inclinés, & tracés d'après un centre.

JOINTS FEUILLÉS. C'est le recouvrement de deux pierres l'une sur l'autre, par une entaille de leur demi-épaisseur.

JOINTS GRAS. Celui qui est plus ouvert que l'angle droit, & *Joint maigre*, c'est tout le contraire.

JOINTS MONTANS. Ceux qui sont plats.

JOINTS OUVERTS. Ceux qui, à caufe de leurs cales épaiffes, font hauts & faciles à ficher. On appelle auffi *Joints ouverts*, ceux qui fe font écartés par mal-façon, ou parce que le bâtiment s'eft affaiffé plus d'un côté que d'autre.

JOINTS QUARRÉS. Ceux qui font d'équerre en leurs re-tours.

JOINTS RECOUVERTS. C'eft le recouvrement qui fe fait de deux dales de pierre, par le moyen d'une efpece d'ourlet qui en cache les *Joints*.

JOINTS SERRÉS. Ceux qui font fi étroits qu'on eft obli-gé de les ouvrir avec le couteau à fcie, à mefure que le bâtiment taffe & prend fa charge.

IONIQUE, *Ordre Ionique*, *terme d'Architecture civile.* *Voyez* au mot ORDRE.

JOUÉE. C'eft dans l'ouverture, ou la baye d'une porte, ou d'une croifée, l'épaiffeur du mur, laquelle com-prend le *tableau*, la *feuillure* & l'*embrafure*. On ap-pelle auffi *Jouée*, ou *jeu*, la facilité de toute ferme-ture mobile dans fa baye.

JOUES, *terme d'Artillerie*. Ce font, dans une batterie de canons, les deux côtés qui terminent la coupure de l'épaulement ou du parapet, depuis la partie fu-périeure jufqu'à la genouilliere de l'embrafure.

JOUG. *Voyez* FLEAU.

JOUILLIERES. Ce font, dans une éclufe, les deux murs à plomb avancés dans l'eau, qui retiennent les berges, & où font attachées les portes, ou les cou-liffes des v annes. *Voyez* BAJOYERS.

JOUR. Être de *Jour*, c'eft commander des troupes, ou les attaques d'un fiége, pendant l'efpace de vingt-quatre heures, & partager ce commandement, en qualité d'Officier général, avec d'autres Officiers gé-néraux qui fe relevent tour à tour.

JOURNAL, *terme de Pilotage*. Regiftre contenant tout ce qui arrive fur un vaiffeau jour par jour, & d'heure en heure.

ISOLÉ. Ce mot s'entend en plufieurs manieres, dans la

Fortification. Par exemple , les pavillons & les corps de casernes sont dit *Isolés* , quand ils ne sont point adossés à aucun autre mur , & qu'on a la liberté de tourner à l'entour. On dit aussi qu'un parapet est *Isolé* , quand il est séparé de la muraille de son rempart de quatre ou cinq pieds , pour laisser un petit chemin propre à faire les rondes.

ISOPERIMETRES. On appelle ainsi, en Géométrie , des figures qui ont des circonférences égales.

ISOSCELE. Epithete qu'on donne , en Géométrie , à un triangle dont les côtés sont égaux.

ISTHME. Est une langue , ou portion de terre serrée entre deux mers , qui joint une terre avec une autre ; comme l'*Isthme* de Suez , dans notre continent , qui joint l'Asie avec l'Afrique , & l'*Isthme* de *Panama* , dans l'autre continent , qui joint les deux Amériques.

LAIT DE CHAUX. C'est de la chaux délayée avec de l'eau , dont on se sert pour blanchir les murs , & qu'on appelle aussi *laitance*.

LAMBOURDE. Piéce de bois de sciage , comme un chevron , ou même comme une solive , qu'on couche en long pour y clouer un plancher.

LAMBOURDE. *Voyez* PIERRE DE LAMBOURDE.

LAMBRIS DE MENUISERIE. C'est un assemblage par panneaux montans , ou pilastres de menuiserie , dont on couvre en tout ou en partie les murs d'une piéce d'appartement. On nomme *Lambris d'appui* celui qui n'a que deux à trois pieds de hauteur dans le pourtour d'une piéce , & dans les embrasures des croisées.

LAMBRIS DE DEMI-REVÊTEMENT. Celui qui ne passe pas la hauteur de l'attique d'une cheminée , & au dessus duquel on met de la tapisserie d'étoffe ; & *Lambris de revêtement*, celui qui eſt depuis le bas juſqu'au haut.

Lᴀᴍʙʀɪs ᴅᴇ ᴘʟᴀꜰᴏɴᴅ. *Voyez* Sᴏꜰɪᴛᴇ.

LAMBRISSER. C'eſt revêtir un mur d'un lambris de menuiſerie.

LAMES DE LA MER, qu'on nomme auſſi *houles*, ſont des vagues d'une mer agitée, qui endommagent ordinairement les jettées & les autres ouvrages que l'on fait à l'entrée d'un port. On appelle *refrain*, le retour ou rejailliſſement des *houles* ou *Lames*, quand la mer briſe ou rompt, c'eſt-à-dire lorſqu'elle bat & choque avec violence.

LAMPION DE REMPART. Eſt un vaiſſeau de fer où l'on met du goudron & de la poix, pour brûler pendant la nuit ; il ſert à éclairer le rempart d'une place aſſiégée, comme ſont les rechauds de rempart.

LANCES A FEU. Eſpece de chandelles d'artifice de feu brillant d'une flamme claire, comme celle d'une chandelle, & non pas par étincelles comme les autres fuſées. Elles ſervent à allumer les piéces d'artifice, & à former une illumination ſymmétriſée.

Lᴀɴᴄᴇ ᴅ'ᴇᴀᴜ. On appelle ainſi un jet d'eau d'un ſeul ajutage de peu de groſſeur, ſur une grande hauteur.

LANCIS. Ce ſont, dans les jambages d'une porte, ou d'une croiſée, les deux pierres plus longues que le piédroit qui eſt d'une piéce. Ces *Lancis* ſe font pour ménager la pierre qui ne peut pas toujours faire parpain dans un mur épais. On nomme *Lancis du tableau* celui qui eſt au parement, & *Lancis de l'éccinçon*, celui qui eſt en dedans du mur.

LANÇOIR, *terme d'Hydraulique*. C'eſt la pale qui arrête l'eau d'un moulin. On leve le *Lançoir* quand on veut que le moulin agiſſe, ou lorſqu'il eſt néceſſaire de faire écouler l'eau du biez ou canal.

LANDRETUN. Eſt une pierre brune un peu veinée de rouge, &c. qui tient du marbre par la dureté, mais non pas pour le grain, qui eſt plus groſſier. Elle eſt fiere ſous le marteau, & fort ſujette aux ſils qui la traverfent. Elle fe tire d'une carriere qui eft à trois lieues de Boulogne en Picardie, d'un lieu nommé *Landretun.*

LANGUETTE. Eft une efpece de tenon, ou avance taillée fur un des côtés des palplanches, pour entrer dans une rainure, & former auffi un affemblage avec une autre palplanche pofée auprès, dans la rainure duquel doit entrer la *Languette.* Ces *Languettes* font pointues à angles droits, pour être plus faciles à s'emboîter.

LANGUETTES. Séparations de deux ou plufieurs tuyaux dans une fouche de cheminée, lefquelles fe font de plâtre pur, de brique, ou de pierre.

LANGUETTES DE CHAUSSE D'AISANCE. Ce font des dales de pierres dures, qui féparent une chauffe d'aifance à chaque étage jufqu'à hauteur de devanture, & plus bas.

LANGUETTE DE MENUISERIE. C'eft une efpece de tenon continu fur la rive d'un ais, réduit environ au tiers de l'épaiffeur, pour entrer dans une rainure.

LANGUETTE DE PUITS. Dale de pierre qui partage un puits également fous un mur mitoyen, & qui defcend plus bas que le rez-de-chauffée.

LANTERNE. En Artillerie, eft un inftrument compofé d'une longue hampe, qui porte au bout une cuiller de cuivre, dont la capacité fe regle fur la quantité de poudre dont on charge le canon; on la nomme auffi *chargeoir.*

LANTERNE, dans les machines, eft un pignon à jour qui eft compofé de deux tours, ou piéces de bois rondes, au bord defquelles font des *fufeaux*, où s'engraînent & s'accrochent les dents d'une roue, ou d'un rouet.

LANTERNE. En Architecture, eft une efpece de petit dôme fur un comble, pour donner du jour, & fervir d'amortiffement. Ce mot fe dit auffi d'une cage quarrée de charpente, garnie de vitres au deffus d'un comble, d'un corridor de dortoir, ou d'une galerie, pour l'éclairer.

LARDOIR ou SABOT. Armature de fer dont on garnit le bout d’un pilot.

LARMIER. C’est le plus fort membre quarré d’une corniche, dont le plafond est souvent creusé en canal, & que les ouvriers nomment *mouchette*. Il est aussi appellé *couronne*, mais particulierement *Larmier*, ou *gouttiere*, parce que l’eau de pluie en tombe par gouttes ou larmes.

LARMIER BOMBÉ ET REGLÉ. C’est, en dedans, ou en dehors œuvre d’une porte ou d’une croisée, le linteau ceintré par le devant, & droit par son profil.

LARMIER DE CHEMINÉE. C’est le couronnement d’une souche de cheminée.

LARMIER DE MUR. C’est une espece de plinthe sous l’égoût du chaperon d’un mur mitoyen ou de clôture.

LATRINES. Lieux de commodité, qu’on nomme aussi *retraits*.

LATTE. Morceau de bois de chêne refendu selon son fil, en maniere de regle mince, qui s’attache sur les chevrons d’un comble, pour en porter la tuile ou l’ardoise. La *Latte* pour la tuile est différente de celle pour l’ardoise, qui est plus large & de même longueur.

LATTER. C’est, sur un comble, attacher avec des clous des lattes espacées de quatre pouces, pour y arrêter la tuile, ou l’ardoise. *Latter à claire-voye*, c’est mettre des lattes sur un pan de bois pour retenir les platras des panneaux, & le recouvrir de plâtre. *Latter à lattes jointives*, c’est clouer des lattes si près les unes des autres qu’elles se touchent, & c’est ce qu’on appelle *lattis*, pour lambrisser les cloisons, plafonds, ceintres, &c.

LAVER. C’est passer sur un dessein différentes couleurs qu’on adoucit avec le pinceau, selon les sujets qu’il représente.

LAVER. En Charpenterie, c’est ôter avec la besaiguë tous les traits de scie & rencontres d’une piéce de bois de fciage , pour la dreffer & l'aviver.

LAVIS. Se dit de toute couleur fimple délayée avec de l'eau.

LAYE. C'eft une petite route qu'on fait dans un bois pour former une allée, ou pour arpenter & en lever le plan, quand on en veut faire la vente.

LAYER une pierre, c'eft la tailler avec la laye, qui eft un marteau bretelé, ou refendu à dents par fa hache.

LAZARET. On appelle ainfi, dans quelques villes maritimes de la Méditerranée, poffedées par les Chrétiens, une grande maifon hors de la ville, dont les logemens font féparés & ifolés, & où les équipages des vaiffeaux qui viennent du levant, fufpects de pefte, font quarantaine. On nomme auffi *Lazaret*, un hôpital pour retirer ceux qui font attaqués de la maladie contagieufe, comme celui de *Milan*.

LEMME, *terme de Géométrie*. Propofition qui n'appartient pas proprement à la chofe à laquelle on la rapporte, mais qu'on y joint pour en démontrer la vérité. C'eft une propofition préparatoire pour faire concevoir plus facilement la démonftration de quelque théorême, ou la conftruction de quelque problême.

LEST, *terme de Marine*. C'eft un amas de terre, ou de cailloux, qu'on met au fond de cale d'un bâtiment, pour le tenir en affiette, & le faire entrer dans l'eau.

LESTER. C'eft charger un bateau jufqu'à un certain dégré, pour le faire tenir droit quand il eft à la voile.

LEVÉE. C'eft une efpece de quai de maçonnerie, ou de file de pieux qui foutient les berges d'une riviere, & en empêche le débordement.

LEVÉE. Se dit auffi en terme de Maçonnerie. Par exemple, quand on conftruit un revêtement, ou qu'on y employe de la brique, on en établit plufieurs rangs l'un fur l'autre, qui vont toujours en diminuant en largeur d'une demi-brique, & après les avoir bien garnis fur toute l'épaiffeur du mur jufqu'à l'arrafement du dernier rang, on en recommence un autre femblable au premier , & fur celui-là encore d'autres rangs , qui vont toujours en diminuant d'une demi-brique ; alors tout ce qui eft compris entre le premier & le dernier rang , s'appelle une *Levée*.

Levée d'un piston. Se dit du chemin qu'il fait dans un corps de pompe , pour refpirer ou refouler l'eau. On dit auffi *le jeu d'un pifton*, pour fignifier la même chofe ; ainfi quand on dit qu'un pifton a trois pieds de *levée* ou de *jeu*, cela marque qu'il afpire ou refoule à chaque fois une colonne d'eau de trois pieds de hauteur , & qui a pour bafe un cercle égal à celui du pifton.

Lever un plan. C'eft prendre la pofition des corps folides , & les dimenfions des fuperficies avec la toife & autres inftrumens , pour en former enfuite le plan , fuivant une échelle , fur le papier.

Levier. Piéce de bois de brin , qui , par le fecours d'un coin , nommé *orgueil*, qui eft pofé deffous le bout , aide à lever avec peu d'hommes un gros fardeau , ayant le poids d'une part , & la puiffance de l'autre. Lorfqu'on pefe fur le *Levier*, on dit *faire une pefée*, & lorfqu'on l'abat avec des cordes , à caufe de fa longueur & de la grandeur du fardeau , on dit *faire un abattage*.

Levier , *terme de Méchanique*. C'eft une barre inflexible , confidérée fans pefanteur , fur laquelle trois puiffances font appliquées en trois points différens , enforte que l'action de deux puiffances foit directement oppofée à celle qui leur réfifte. Le point où agit cette puiffance réfiftante fe nomme *point d'appui*.

Levier de la premiere espece. Eft celui où le point d'appui eft entre la puiffance & le poids. Par exemple , les cifeaux & les tenailles peuvent paffer pour des *Leviers de la premiere efpece*.

Levier de la seconde espece. Eft celui où le point d'appui eft à une de fes extrêmités , la puiffance appliquée à l'autre extrêmité , & le poids fufpendu entre le point d'appui & la puiffance. Par exemple , les portes & les fenêtres peuvent passer pour des *Leviers de la seconde espece*, dont les gonds servent de point d'appui à une des extrêmités, & la puissance appliquée à l'autre ; car si l'on suppose toute la pesanteur de la porte réunie dans un poids suspendu dans sa largeur, le poids se trouvera entre le point d'appui & la puissance.

LEVIER DE LA TROISIEME ESPECE. Est celui dont le point d'appui est à l'une de ses extrêmités, le poids à l'autre, & la puissance appliquée entre les deux extrêmités, c'est-à-dire entre le point d'appui & le poids.

LEVIER D'EAU. Est une machine hydraulique composée de deux tuyaux cylindriques d'inégale grosseur, qui se communiquent par un troisiéme tuyau. Or si l'on verse de l'eau dans un de ces tuyaux, elle passera incontinent dans l'autre, où elle se maintiendra à la même hauteur que dans le premier, quoiqu'il y ait quatre à cinq fois plus d'eau dans l'un que dans l'autre ; c'est-à-dire, quoique la base du premier soit quatre ou cinq fois plus grande que celle du second.

LEZARDES. On appelle ainsi les fentes, ou crevasses qui se font dans les murs de maçonnerie, & qui sont ordinairement occasionnées par une mauvaise fondation.

LIAIS. *Voyez* PIERRE DE LIAIS.

LIAISON. Maniere de ranger les briques & les pierres par enchaînement, les unes avec les autres ; & *déliaison*, c'est lorsque les pierres n'ont pas au moins six pouces de recouvrement . tant au dedans du mur, qu'au parement, suivant l'art de bâtir.

LIAISON A SEC. Celle dont les pierres sont posées sans mortier, leur lit étant poli & frotté au grès, comme ont été construits plusieurs bâtimens antiques, faits des plus grands quartiers de pierres.

LIAISON DE JOINT. S'entend du mortier, ou du plâtre détrempé, dont on fiche & jointoye les pierres.

LIAISONNER. C'est arranger les pierres, ensorte que les joints des unes portent sur le milieu des autres.

C'eſt auſſi remplir de mortier leurs joints pendant qu'elles ſont ſur les cales.

LIBAGE. Gros moilon, ou quartier de pierre malfait & ruſtique, de quatre ou cinq à la voye, qu'on employe équarri à paremens bruts, dans les garnis & fonde-mens.

LIEN. Piéce de bois dans l'aſſemblage d'un comble, pour lier les poinçons avec les *faites* & *ſoufaites*. Il y a auſſi des *Liens* ceintrés qui ſervent de courbes dans les enfoncemens des combles, & dans l'aſſemblage des fermes rondes des vieux pignons.

LIEN DE FER. Morceau de fer méplat, coudé ou ceintré, pour retenir quelque piéce de bois dans un aſſem-blage de charpenterie ou de menuiſerie.

LIEN PENDANT. Eſt une piéce de bois qui ſert à retenir les garde-fous des ponts de charpente, à l'endroit des *poteaux montans*, où elle eſt retenue par une de ſes extrêmités avec tenons & mortaiſes, & l'autre eſt retenue ſur le chapeau du chevalet qui lui répond.

LIERNES DE PALÉE. Sont des piéces de bois plates, poſées ſur le côté au long des rangées des pilots, qui forment les palées des ponts de bois, auxquels elles ſont attachées avec des chevilles de fer.

LIERNES. Sont auſſi des piéces de bois qui ſervent à en-tretenir deux poinçons ſur le faîte d'un comble, & à porter le faux plancher d'un grenier.

LIERNES. Nervures dans les voûtes gothiques qui for-ment une croix, & qui par un bout ſe joignent aux tiercerons, & par l'autre à la clef.

LIEUE. Meſure ſervant à marquer la diſtance d'un en-droit à l'autre. L'on diſtingue en France trois ſortes de lieues; la grande, la moyenne, & la petite. La grande lieue de France eſt ordinairement de 3000 pas géométriques, ou de 2500 toiſes, parce que le pas géométrique vaut cinq pieds de Roi. La *Lieue* moyenne ou commune eſt de 2400 pas géomé-triques, ou de 2000 toiſes; & la petite de 2000 pas géométriques, c'eſt-à-dire le double du mille d'Italie, que l'on nomme ainfi, parce qu'il contient 1000 pas géométriques.

Il y a une ordonnance d'un Roi de France, par laquelle les lieues du Royaume doivent être mefurées par celles qui font égales aux deux *Lieues* depuis la porte du grand Châtelet de Paris, jufqu'à la porte de l'Eglife de Saint Denis, dont la diftance eft de 4400 toifes; ainfi, felon cette Ordonnance, les *Lieues* de France doivent être de 2200 toifes, ou de 2640 pas géométriques.

LIGNE. En Géométrie, eft une étendue dont on ne confidere que la longueur. On en diftingue de deux fortes, la droite & la courbe. La *Ligne droite* eft une longueur confidérée fans largeur, & qui exprime le plus court chemin d'un point à un autre. La *Ligne courbe* eft auffi une longueur confidérée fans largeur, mais qui n'eft pas le plus court chemin compris entre fes deux extrêmités.

Ligne horizontale. Eft celle qui eft étendue fur le plan de l'horizon, comme celle qu'on imagineroit dans une plaine.

Ligne inclinée. Eft celle qui eft penchée ou élevée obliquement fur le plan de l'horizon, comme le penchant d'une colline.

Ligne oblique. Eft une *Ligne* droite qui venant rencontrer une autre, penche plus d'un côté que d'un autre.

Lignes paralleles. Sont celles qui étant prolongées comme on voudra, ne fe rencontreront jamais, & feront toujours également éloignées entr'elles.

Ligne perpendiculaire. Eft une *Ligne* droite qui venant tomber fur une autre, ne penche pas plus d'un côté que de l'autre, & forme deux angles droits.

Ligne tangente. Eft une *Ligne* droite qui rencontre une *Ligne* courbe en un feul point fans la couper, c'eft-à-dire fans entrer en dedans.

Ligne verticale. Eft celle qui eft élevée à plomb, ou

perpendiculairement au deſſus ou au deſſous de l'horizon ; telles ſont les *Lignes* qui expriment les hauteurs & les profondeurs.

LIGNE , *terme de Meſurage.* C'eſt une petite longueur qui eſt la douziéme partie d'un pouce.

LIGNE CUBE. Eſt un petit cube qui a une *Ligne* de longueur, autant de largeur & de hauteur.

LIGNE DE TOISE CUBE. Eſt un petit parallelepipede , qui a pour baſe une toiſe quarrée , & pour hauteur ou épaiſſeur une *Ligne* , & qui eſt la douziéme partie d'un pouce de toiſe cube.

LIGNE QUARRÉE. Eſt une petite ſuperficie quarrée , dont chaque côté eſt d'une ligne de longueur , & cette petite ſuperficie eſt la cent quarante-quatriéme partie d'un pouce quarré.

LIGNE DE TOISE QUARRÉE. Eſt un petit rectangle qui a pour baſe une *Ligne* , c'eſt-à-dire la douziéme partié d'un pouce , & une toiſe ou ſix pieds de hauteur.

LIGNE DE SOLIVE. Eſt un parallelepipede qui a pour baſe un plan de ſix pouces de longueur & d'uné ligne de largeur , & pour hauteur la toiſe.

La connoiſſance de toutes ces différentes Lignes eſt utile pour le toiſé des Fortifications.

LIGNE DE DIRECTION , *terme de Méchanique.* Eſt une ligne droite dans laquelle un corps peſant tend à deſcendre. Il y a auſſi des lignes de direction de puiſſance , alors c'eſt une ligne droite par laquelle une puiſſance tire ou pouſſe un poids pour le ſoutenir , & pour le mouvoir.

LIGNE D'EAU , *terme de Fontainier.* C'eſt la cent quarante-quatriéme partie d'un pouce d'eau. Elle fournit cent trente quatre pintes d'eau , meſure de Paris , en vingt-quatre heures.

LIGNE , *terme de Fortification. Voyez* les Articles ſuivans.

LIGNE OU LIGNES. Eſt une fortification de terre , derriere laquelle ſe place une armée pour pouvoir garder un poſte , ou défendre plus aiſément une étendue de terrein plus grande que celle que l'armée pourroit occuper étant campée à l'ordinaire.

LIGNE CAPITALE DU BASTION. C'eſt celle qui eſt tirée de l'angle du centre du baſtion à ſon angle flanqué. Dans la fortification réguliere elle doit couper le baſtion en deux parties égales.

LIGNE CAPITALE DE LA DEMI-LUNE. C'eſt celle qui eſt tirée de l'angle flanqué de la demi-lune à l'angle rentrant de la contreſcarpe ſur laquelle elle eſt conſtruite.

LIGNES DE CIRCONVALLATION. Eſt une fortification de terre compoſée d'un parapet & d'un foſſé, qu'on fait ordinairement autour des villes dont on fait le ſiége, hors de la portée du canon de la place, lorſqu'on appréhende que l'ennemi ne s'approche pour en faire lever le ſiége.

LIGNES DE COMMUNICATION. Ce ſont les parties de l'enceinte d'une place de guerre qui joignent la citadelle à la ville.

LIGNE DE CONTRE-APPROCHE. Eſt une eſpece de tranchée qui part du glacis, & qui eſt faite par l'aſſiégé pour aller au devant de l'ennemi, & tâcher d'enfiler ſes travaux.

LIGNE DE CONTREVALLATION. Eſt une ligne ſemblable à celle de la circonvallation, mais dont l'objet eſt de couvrir l'armée aſſaillante contre les entrepriſes de la garniſon. Ainſi la circonvallation eſt faite pour prévenir les attaques de l'ennemi du côté de la campagne, & la contrevallation, pour s'oppoſer aux ſorties des aſſiégés du côté de la ville. L'armée aſſiégeante eſt campée entre ces deux lignes, la tête du camp faiſant face à la campagne.

LIGNE DE DEFENSE. En Fortification, eſt celle qui part de l'extrêmité du flanc joignant la courtine, pour raſer la face du baſtion oppoſé au flanc, lorſqu'il y a une partie de la courtine qui découvre la face. Toutes les lignes qui partent du flanc pour aller à la pointe du baſtion qui lui eſt oppoſé, ſont des défenſes *fichantes,* car il n'y a que celle qui découvre la longueur entiere de la face qui s'appelle *Ligne de défenfe rafante* , mais comme on n'affecte plus gueres de fecond flanc, on trouve peu de défenfes fichantes aux nouvelles forterefles.

LIGNE MAGISTRALE. C'eft celle qu'on imagine pafler par le cordon du revêtement de la place , & qui eft exprimée par le principal trait dans un plan.

LIGNE DE MOINDRE RESISTANCE , *terme d'Artillerie.* Eft celle qui partant du centre du fourneau , ou de la chambre d'une mine , va rencontrer perpendiculairement la fuperficie extérieure du terrein.

LIGNE DE CHANVRE , *terme de Maçonnerie.* C'eft une cordelette ou ficelle , dont les Maçons fe fervent pour élever les murs de pareille épaifleur dans leur longueur , & les charpentiers , pour tringler le bois.

LIGNE , *terme de Tactique.* Eft la difpofition d'une armée qui eft rangée en bataille , & qui fait un front étendu fur la longueur d'une *Ligne* droite , autant que le terrein le peut permettre , afin que par cette forte de fituation , les différens corps de cavalerie & d'infanterie ne puiffent être coupés , ni chargés en flanc par l'ennemi.

LIMAÇON. *Voyez* VIS D'ARCHIMEDE.

LIMANDE. Piéce de bois plate & droite comme une membrure , qui , dans la charpenterie , fert à divers ufages.

LIMITES , *terme d'Arpentage.* Bornes , extrêmités d'un héritage , ou d'une terre , qui touchent à un autre héritage.

LIMITES D'UNE EQUATION , *terme d'Algebre.* On nomme ainfi deux quantités , dont l'une eft plus grande , & l'autre plus petite que la racine de l'équation , mais qui ne different pas fenfiblement l'une de l'autre.

LIMON. C'eft une piéce de bois de quatre à fix pouces d'épaifleur , fur neuf à dix de large , qui fert dans un efcalier à porter les marches & les baluftres.

LIMOSINAGE. C'eft toute maçonnerie faite de moilons

à bain de mortier, & dreſſée au cordeau avec paremens bruts, à laquelle les *Limoſins* travaillent ordinairement dans les fondations. On l'appelle auſſi *Limoſinerie.*

LINCOIR. Eſpece de noulet au droit des cheminées & des lucarnes, pour retenir les chevrons.

LINTEAU. Piéce de bois pour fermer le haut d'une croiſée, ou d'une porte, & poſée ſur ſes piédroits.

LINTEAU ou LITTEAU, eſt auſſi une longue piéce de bois, dont le profil eſt ordinairement triangulaire, ou en figure de trapeze, ſervant à clouer & à maintenir les paliſſades que l'on plante dans les chemins couverts, & ſur les bermes des ouvrages de fortification qui ne ſont point revêtus.

LINTEAU DE FER. Barre pour porter les *claveaux* d'une platebande, qu'on nomme auſſi *platebande*, & qui doit être groſſe à proportion de ſa portée & de ſa charge.

LISSE ou CHAPITEAU. C'eſt une piéce de bois que l'on poſe deſſus les files des pilots ſur le ſommet, afin de les recouvrir par cette eſpece de chaperon, auquel ils ſont aſſemblés avec tenons & mortaiſes & pattes de fer par deſſus.

LISSE. Se dit encore des piéces de bois qui ſervent à former les gardes-fous des ponts de charpente. Elles ſont retenues à tenons & mortaiſes dans les poteaux montans, & poſées horizontalement ; on les nomme *cours de Liſſe.* Il y a ordinairement deux cours de *Liſſe*, dont le premier eſt appellé *Liſſe d'appui.*

LISSE. Eſt auſſi, en Architecture, toute piéce unie & ſans ornement.

LISTEL ou LISTEAU. C'eſt une petite moulure quarrée, qui ſert à en couronner une plus grande, ou à ſéparer les cannelures d'une colonne, & qui s'appelle *filet* & *quarré.*

LIT. Se dit de la ſituation d'une pierre dans la carriere naturelle. On appelle *Lit tendre* celui de deſſus, & *Lit dur*, celui de deſſous.

LIT DE VOUSSOIR & de CLAVEAU. C'en eſt le côté caché dans les joints.

LIT EN JOINT. *Voyez* DELIT.

LIT DE PONT DE BOIS. C'en eſt le plancher compoſé de poutrelles, & de travées, avec ſon couchis.

LIT DE CANAL OU DE RESERVOIR. C'en eſt le fond de ſable, de glaiſe, de pavé, ou de ciment & de cailloutage.

LOGARITHME. Suite de nombres artificiels en proportion arithmétique, correſpondans à d'autres nombres en proportion géométrique. Ainſi un *Logarithme* eſt un nombre quelconque d'une progreſſion arithmétique commençant par zero, qui correſpond à un autre nombre d'une progreſſion géométrique. On trouve des tables de *Logarithmes* toutes calculées dans divers traités de Trigonométrie, comme ceux d'Ozanam, Deſparcieux, Rivard, &c

LOGARITHMIQUE, *terme de Géométrie.* Ligne courbe dont les abſciſſes ſont en raiſon des ordonnées, & les demi-ordonnées en raiſon des rayons qui y répondent.

LOGEMENT D'UNE ATTAQUE. Eſt un travail que l'on fait dans un poſte dangereux pendant les approches d'une place, comme ſur un chemin couvert, ſur les terres des dehors, ſur une breche, dans le fond du foſſé, & par tout où il eſt beſoin de ſe couvrir contre le feu de l'ennemi, ſoit par des hauteurs de terres, des barriques, & des gabions remplis de terre, par des ſacs à terre, des paliſſades, des balots de laine, des faſcines, des mantelets, & généralement par tout ce qui peut aſſurer & couvrir des ſoldats dans un terrein qu'ils veulent conſerver après l'avoir gagné.

LONGIMETRIE. Eſt la maniere de meſurer les longueurs & les hauteurs, tant acceſſibles qu'inacceſſibles.

LONGPAN. C'eſt le plus long côté d'un comble, qui a environ le double de ſa largeur, ou plus.

M

LONGRINES. Sont des pièces de bois, ou *racinaux* ; posées sur la longueur d'une écluse, & qui font partie de la grille.

LOQUET. Pièce de menus ouvrages de fer qu'on fait mouvoir sur une platine, pour ouvrir & fermer par haut & par bas, un ventail de porte, ou un guichet de croisée. Il y en a des courbes à bouton, & des longs à queue, avec une poignée.

LOSANGES DE VERRE. Carreaux de verre posés sur la pointe dans les panneaux de vitre en plomb.

LOUVEUR. Ouvrier qui fait le trou à une pierre pour la louver, c'est-à-dire y mettre la *louve*, qui est un morceau de fer avec un œil comme une main, qu'on serre dans un trou avec deux *louveteaux*, qui font des coins de fer ; ce qui sert à l'enlever du chantier sur le tas.

LOXODROMIE. Ligne que le vaisseau décrit sur mer en formant un même angle aigu avec tous les méridiens qu'il coupe dans sa route. Un vaisseau décrit cette ligne quand il ne navigue ni directement sous l'équateur, ni directement sous un même méridien, mais obliquement, ou en suivant tout autre rumb de vent.

LUCARNE. C'est une médiocre fenêtre prise dans un comble, & portée sur le mur de face, pour éclairer l'étage en galetas.

LUCARNE BOMBÉE. Est celle qui est formée en portion de cercle.

LUCARNE FLAMANDE. Celle qui, construite de maçonnerie, est couronnée d'un fronton, & porte sur l'entablement.

LUCARNE DAMOISELLE. Petite *Lucarne* de charpente qui porte sur les chevrons, & est couverte en contrevent, ou en triangle.

LUCARNE A LA CAPUCINE. Celle qui est couverte en croupe de comble.

LUCARNE FAITIERE. Celle qui est prise dans le haut d'un comble, & qui est couverte en maniere de petit pignon fait de deux *noulets*.

LUMIERE des piéces d'artillerie, des armes à feu, & de la plupart des artifices, c'est le trou par où l'on y donne le feu.

LUNETTE. En Fortification, est aujourd'hui un petit ouvrage avancé, qui a à peu près la figure d'un bastion, ayant deux faces & deux flancs. Les *Lunettes* ont ordinairement une communication qui est unie avec le chemin couvert par deux parapets en glacis, & cette communication est formée par une ou deux traverses, que l'on nomme aussi *tambours*. Il y a de fort belles *Lunettes* à Cambrai, & à Luxembourg.

LUNETTE. Espece de voûte qui traverse les reins d'un berceau, pour donner du jour, pour en soulager la portée, & en empêcher la poussée. On la nomme *Lunette biaise*, quand elle coupe obliquement un berceau; & *rampante*, lorsque son ceintre est corrompu, comme sous une rampe d'escalier.

LUNETTE. Petite vûe dans un comble, ou dans une fléche de clocher, pour donner un peu de jour & d'air à la charpente.

LUNETTE. Se dit aussi d'un mur qui ôte la vûe à un bâtiment voisin, & qui est élevé à six pieds de distance, suivant la coutume.

LUNETTE. Se dit encore de l'ais percé d'un *siége d'aisance*.

LUNULE, *terme de Géométrie*. C'est une figure renfermée entre deux lignes courbes, ou entre deux arcs de cercle. Si l'on inscrit un triangle rectangle dans un demi-cercle dont le diametre devienne l'hypothénuse, & que sur chaque côté qui comprime l'angle droit, comme diametre, on décrive un demi-cercle, l'espace en forme de croissant, renfermé par la circonférence de chacun de ces deux cercles, & par une partie de la circonférence du grand demi-cercle, s'appelle *Lunule*.

MACHECOULIS. Ce font, au haut du pourtour des redoutes, des petites galeries garnies d'une devanture faite de dales, ou de briques, & portées en faillie fur des corbeaux de bois, ou de pierres, pour défendre le pied de la redoute.

MACHEFER. Scorie qui fort des forges & fourneaux, & du fer quand on le bat fur l'enclume. Il eft très-bon à faire du ciment quand il eft pilé.

MACHINE. C'eft généralement tout ce qui fert à augmenter, ou à regler les forces mouvantes.

Il y en a fix principales, aufquelles on peut rapporter toutes les autres. On les appelle *Machines fimples*; fçavoir, le *levier*, le *tour*, la *roue dentée*, la *poulie*, la *vis*, & le *coin*.

MACHINES COMPOSÉES. Sont celles qui font compofées de plufieurs *Machines* fimples, que l'on peut employer en une infinité de manieres différentes, felon l'occafion & la néceffité.

MACHINE DE BATIMENT. C'eft un affemblage de piéces de bois tellement difpofées, qu'avec le fecours des poulies & des cordages, un petit nombre d'hommes peut enlever de gros fardeaux, & les pofer en place; telles font le *vindas*, l'*engin*, la *grue*, &c. qui fe montent & démontent felon le befoin qu'on en a. Les meilleures *Machines* font les plus fimples.

MACHINE HYDRAULIQUE. S'entend de toutes les *Machines* qui fervent à conduire & à élever les eaux, foit par le moyen de l'eau même, ou par quelqu'autre force mouvante. *Voyez* à ce fujet la premiere partie de notre *Architecture hydraulique*.

MACHINE PNEUMATIQUE. Eft celle qui, par l'impulfion de l'air, imite le fon des inftrumens que l'on touche, & même la voix humaine, comme l'orgue. On appelle auffi *Machine pneumatique*, une *Machine* qui fert à pomper l'air de deffous une cloche de verre,

& qui eſt extrêmement utile pour pluſieurs expériences phyſiques. Elle a été inventée dans le dix-ſep-
tiéme ſiécle par Othon Guerick, Magiſtrat de Mag-
debourg, en Saxe.

MACHINISTE. C’eſt celui qui fait ou qui invente des
machines pour augmenter les forces humaines. Il
faut qu’il ſoit ſçavant dans les Mathématiques &
dans les Méchaniques, autrement il ne parviendra
point à calculer exactement les puiſſances agiſſantes
& reſiſtantes, qui ſe rencontrent dans les machines
qu’il imaginera.

MAÇON. Eſt celui qui entreprend & conſtruit un bâtiment. On donne auſſi ce nom aux compagnons qui
travaillent en mortier, ou en plâtre.

MAÇONNERIE. C’eſt l’arrangement des pierres avec le
mortier, ou autre liaiſon ; & ce mot ſe dit auſſi bien
de l’ouvrage, que de l’art avec lequel on le fait.

MAÇONNERIE DE BLOCAGE. Celle qui eſt faite de menues pierres jettées à bain de mortier.

MAÇONNERIE EN LIAISON. Celle qui eſt faite de carreaux
& de boutiſſes de pierres, bien poſées en recouvrement les unes ſur les autres.

MAÇONNERIE DE LIMOSINAGE. Celle qui ſe fait de moilons poſés ſur leur lit en liaiſon, ſans être dreſſés en
leurs paremens.

MAÇONNERIE DE MOILON. Celle où les moilons d’appareil, ou de même hauteur, ſont équarris, bien giſ-
ſans, poſés de niveau en liaiſon, & piqués en leurs
paremens.

MADRIER. Eſt une planche fort épaiſſe, de longueur &
largeur différente, ſuivant l’uſage auquel on la deſtine.
Les *Madriers* ſont d’ordinaire de bois de chêne ; on s’en
ſert pour les plateformes d’une batterie, & pour
mettre ſous la fondation des murailles d’un rempart,
des magaſins, des ſouterreins, des caſernes, &c. pour
les mieux ſoutenir. On en couvre auſſi les demi-ſa-
pes, les logemens, & le trou du Mineur ; enfin les
Madriers ſont d’un très-grand uſage.

MAGASIN D'ATTELIER. C'est un hangar fermé, en maniere de barraque, où un Entrepreneur fait serrer tous les équipages d'un attelier, comme échelles, dosses, cordages, outils, &c. & y entretient un homme pour y travailler & les tenir en ordre. Il y a, dans les grands atteliers, des *Magasins* particuliers de charpenterie, de tuiles, d'ardoises, & de lattes pour les couvertures, de serrurerie, de gros & de menus fers; de menuiserie, vitrerie, &c. où l'on tient séparément autant ce qui provient des démolitions, que ce qui est neuf; & des gens en sont chargés par compte, pour en avoir soin, & les distribuer.

MAGASIN GENERAL DE MARINE. Est le lieu où l'on enferme, & où l'on distribue toutes les choses nécessaires à l'armement des vaisseaux. Les *Magasins* particuliers, sont ceux qui tiennent séparément les vivres, les poudres, les cables, le goudron, &c. & chacun porte le nom de ce qu'il renferme.

MAIGRE. Se dit, en Maçonnerie, de toute pierre trop coupée, & plus petite que l'endroit qu'elle doit occuper, & qui, par conséquent, laisse les joints trop ouverts; & en charpenterie, de tout tenon, ou autre lien, qui, étant trop mince, ne remplit pas exactement sa mortaise, ou son entaille.

MALANDRES. Ce sont, dans le bois à bâtir, des nœuds pourris, qui font que les piéces ne peuvent être employées de leur longueur, étant équarries; c'est pourquoi on les rabat en toisant ces piéces.

MALFAÇON. Ce mot se dit de tout défaut de matiere & de construction, causé par ignorance, négligence de travail, ou épargne.

MAMMELON. Est une extrêmité arrondie, de quelque piéce de fer, ou de bois, qu'on fait entrer dans un trou où elle doit être mobile; ainsi l'on dit le *Mammelon d'un gond*, pour dire la partie qui entre dans le trou de la penture. Dans les machines, l'on nomme aussi *Mammelon*, les extrêmités d'un treuil amenuisées, sur lesquelles le treuil tourne, & qui sont logées dans deux trous, qu'on appelle *lumieres*. Enfin l'on nomme encore *Mammelon*, dans les éclufes, l'extrêmité des montans des chardonnets, que l'on arrondit pour l'encaftrer dans la crapaudine mâle.

MANIER-A-BOUT. C'eft relever la tuile, ou l'ardoife d'une couverture, & y ajoûter des lattes neuves avec les tuiles qui y manquent, faifant refervir les vieilles. C'eft auffi, fur une forme neuve, affeoir du vieux pavé, & en remettre du nouveau à la place de celui qui eft caffé.

MANIVELLE, *terme de Méchanique*. C'eft un morceau de fer replié deux fois à angle droit, qui eft ordinairement au bout de la broche de l'aiffieu d'une machine, pour lui donner du mouvement. Il y a d'autres *Manivelles*, pour faire mouvoir les piftons des pompes ; il y en a de doubles, & même de triples, que l'on nomme *Manivelles à tiers points*, qui font agir trois piftons, comme aux pompes du Pont Notre-Dame à Paris.

MANŒUVRE. C'eft un homme qui fert de compagnon Maçon, ou couvreur. Ce mot fe dit auffi de ceux qui fervent à porter le mortier, les moilons, les terres, &c. On appelle *goujats*, les moindres *Manœuvres*, comme ceux qui portent le mortier fur l'oifeau.

MANOEUVRE, *terme de Marine*, dont on fe fert auffi dans l'art de bâtir, pour fignifier le mouvement libre des ouvriers, & des machines, dans un endroit ferré ou étroit, pour y pouvoir travailler, comme dans une tranchée, pour y élever un mur d'alignement au cordeau, ou dans un batardeau, pour fonder une pile de pont ; c'eft pourquoi il doit y avoir au moins fix pieds d'efpace entre le batardeau & la pile, pour laiffer la *Manœuvre* libre.

MANOEUVRE, en terme d'Artillerie, fe dit auffi en parlant du mouvement que fe donnent plufieurs hommes pour mettre une piéce de canon, ou un mortier fur fon affut, avec le fecours de la chêvre, ou de quelqu'autre machine ; & en général on entend par le mot de *Manœuvre*, le méchanifme par lequel on enleve, ou l'on tranfporte de gros fardeaux.

MANOEUVRE DES VAISSEAUX. L'art de foumettre les mouvemens du vaiffeau à des loix conftantes, pour le diriger, felon le befoin, le plus avantageufement qu'il eft poffible. MM. Bernoulli, le Chevalier Renaud, Pitot, Savérien, &c. ont écrit fur la *Manœuvre des vaiſſ aux*.

MANSARDE. *Voyez* COMBLE COUPÉ.

MANTEAU DE CHEMINÉE. C'eft ce qui paroît d'une cheminée dans une chambre ; mais ce mot fe dit plutôt de la partie inférieure de la cheminée, compofée des *jambages*, du *chambranle*, de la *gorge*, ou *attique*, & de la corniche, que de la partie fupérieure, qui ne comprend que le tuyau couronné de fa corniche, & orné d'un cadre avec bas-relief, ou d'une bordure avec tableau. Il eft ainfi nommé, parce qu'il couvre la hotte & le tuyau de la cheminée.

MANTEAU DE FER. C'eft la barre de fer qui fert à tenir la platebande ou anfe de panier de la fermeture d'une cheminée.

MANTELETS. En Fortification, font de groffes planches de cinq ou fix pieds de haut, fur trois ou quatre de large, couvertes de fer blanc, ou de peaux de bœuf fraîches, que l'on conduit avec deux roues, pour couvrir, dans l'attaque des places, un Ingénieur, ou quelques Travailleurs qui pouffent une fape.

MARCHE. C'eft la partie d'un efcalier, fur laquelle on pofe le pied, & qui eft comprife par fa hauteur & fon giron ; on la nomme auffi *degré*.

MARCHE-PALIER. C'eft la marche qui fait le bord d'un palier.

MARDELLE, ou plutôt MARGELLE. C'eft une pierre percée, qui, pofée à hauteur d'appui, fait le bord d'un puits. Elle eft ordinairement ronde, ou à pans ; mais on la fait ovale avec languette, pour un puits mitoyen.

MARÈE, que l'on appelle communément *flux & reflux*, eft une croiffance, ou une augmentation confidérable de la mer, laquelle diminue enfuite, & cela pendant un certain temps limité, qui eft de fix heures & douze minutes, qu'elle employe à venir ou monter, & pareillement fix heures & douze minutes à s'en retourner, ou defcendre; enforte qu'elle monte & baiffe deux fois en vingt-quatre heures quarante-huit minutes, reculant néanmoins chaque jour de $\frac{3}{4}$ d'heures, à l'imitation de la lune qui retarde de même l'heure de fon lever, en quoi la reffemblance de la *Marée* lui eft encore telle, que dans le temps que la lune fe leve, jufqu'à ce qu'elle foit parvenue à fon méridien, la mer monte, & baiffe enfuite jufqu'au coucher de la même lune : fi bien qu'en connoiffant le tems que la lune doit parvenir au méridien, on fera certain de celui de la haute mer. Les *Marées*, dans leur inégalité, ont encore cela de propre avec la lune, qu'elles décroiffent depuis la nouvelle lune jufqu'au premier quartier, tems que l'on exprime par le terme de *morte eau*, qui ne veut dire autre chofe qu'une *Marée* qui eft diminuée de quelque chofe de fa grande hauteur. Elles augmentent depuis le premier quartier jufqu'à la pleine lune, où elles fe trouvent de leur plus grande hauteur, & ce tems-là s'appelle *vives eaux*. Elles décroiffent encore depuis la pleine lune jufqu'au dernier quartier, temps qui s'appelle, comme auparavant, *mortes eaux*, & elles augmentent depuis le dernier quartier jufqu'à la nouvelle lune ; ce qui s'appelle, de même que ci-devant, *vives eaux* : enforte que pendant un mois lunaire, il y a deux vives & deux mortes eaux. On obferve encore deux circonftances, ou changemens annuels aux *Marées*, qui arrivent au tems des pleines & des nouvelles lunes les plus proches des *équinoxes*, car alors les *Marées* font les plus grandes de toutes. Il y a des côtes, comme font celles de la mer méditerranée, où les *Marées* ne font pas confidérables ; & d'autres où elles montent jufqu'à vingt-quatre pieds de hauteur.

MARNOIS. Espece de bateau médiocre qui vient de Brie & de Champagne, sur les rivieres de Marne & de Seine, en descendant jusqu'aux ponts de Paris. Les plus grands ont douze toises de long, seize pieds de large en fond, & dix-huit pieds sur le haut bord, qui est haut de quatre pieds.

MARSILIANE. C'est une espece de vaisseau dont se servent les Vénitiens pour naviger dans le Golphe de Venise, & le long des côtes de Dalmatie. Il est bâti à poupe quarrée; il a le devant fort gros, porte quatre mâts, & est environ du port de sept cens tonneaux.

MASSE. Terme pour expliquer l'ensemble, ou la grandeur d'un édifice.

Masse de bois. Est un gros marteau de bois, dont on se sert pour frapper les piquets dans les ouvrages de fascinages, & pour paver les grilles à pierres seches.

Masse de carriere. Se dit d'un tas de plusieurs lits de pierre les uns sur les autres, dans une carriere.

MASSIF. S'entend aussi d'un ouvrage qui est trop pesant par rapport au dessein ou à la matiere. Ainsi on dit qu'un entablement est *Massif*, lorsqu'il excede la proportion du quart de sa hauteur. On dit encore qu'un bâtiment est *Massif*, lorsque les murs en sont trop épais, & les jours trop petits, à proportion des trumeaux.

MASTIC. Composition faite de poudre de brique, de poix résine & de cire, dont on se sert pour jointoyer le marbre.

MASURES. On nomme ainsi les ruines des moindres bâtimens, qui ne valent point la peine d'être relevés.

MATÉRIAUX, & non MATÉREAUX. Ce sont toutes les matieres qui entrent dans la construction d'un bâtiment, comme la pierre, le bois, & le fer.

MATHEMATIQUE. La science des quantités & des proportions de tout ce qui peut être compté ou mesuré. Elle ne consiste, à proprement parler, que dans l'Arithmétique, la Géométrie, la Trigonométrie, & l'Algebre; c'est ce qu'on appelle *Mathématique pure* ou *simple*.

MATURE. L'art de mâter les vaisseaux. Cet art consiste à déterminer la position des mâts sur le navire, & à fixer la hauteur de ces mâts. MM. Bouguer & Camus, de l'Académie des Sciences, ont écrit *ex professo* sur cette matiere.

MAXIMUM & MINIMUM. Les Géometres appellent ainsi l'art de trouver, dans la Géométrie sublime, la plus grande & la moindre quantité, c'est-à-dire la plus grande & la moindre ordonnée d'une courbe, qui peut représenter telle quantité que l'on veut.

MÉCHANIQUE. La *Méchanique* est la science de faire mouvoir commodément les corps pesans, à l'aide des machines.

MECHE. C'est une espece de corde faite d'étoupes de lin ou de chanvre, à trois cordons. Son usage est, quand elle est une fois allumée, d'entretenir long-temps le feu, pour le communiquer ou au canon, ou au mortier, par l'amorce de poudre qui se met à la lumiere.

MELANDRES. Avant que les gazonneurs puissent poser le gazon à queue, il faut qu'on leur prépare la place de niveau, de la largeur que peut occuper le gazon, qui est de douze à quinze pouces, & qui s'appelle *Melandre*, & lorsqu'ils ont posés un rang de gazon, il faut leur préparer une *Mélandre* nouvelle dessus, en continuant ainsi jusqu'au haut de l'élévation du gazon.

MEMBRES. On donne ce nom en général dans l'Architecture civile, à toutes les petites parties, & à tous les ornemens qui dépendent des Ordres.

MEMBRURE. Piéce de bois, ordinairement de trois pouces sur sept de grosseur, qui sert à former les batisses de la plus forte menuiserie, comme ceux des portes cocheres, & à en recevoir les panneaux à rainure & à languette.

MENEAUX. Ce sont, dans les croisées, les montans & traverses de bois, de fer, ou de pierres, qui servent à en séparer les jours & les guichets. On nomme *faux Meneaux*, ceux qui, n'étant pas assemblés le dormant de la croisée, s'ouvrent avec le guichet.

MENTONNETS. Ce font des boſſages, par entailles, d'environ deux pieds, qu'on laiſſe au bout des racinaux d'un pilot, pour arrêter les plateformes ou madriers, qu'on attache enſuite avec des clous.

MENUISERIE. C'eſt l'art de travailler & d'aſſembler le bois pour les menus ouvrages ; ce mot ſe dit auſſi de l'ouvrage même.

MENUISERIE D'ASSEMBLAGE. Celle qui conſiſte en batis & panneaux aſſemblés à tenons & mortaiſes, rainures & languettes, collés & chevillés, & qui eſt dormante, comme toutes les ſortes de lambris, & mobile, comme toutes les fermetures.

MÉPLAT. Se dit particulierement d'une piéce de bois de ſciage, qui a beaucoup plus de largeur que d'épaiſſeur, comme une *membrure*, une *plateforme*, &c. *Voyez* BOIS & FER MÉPLAT.

MERLON, *terme d'Architecture militaire*. C'eſt, dans une batterie de canons, la maſſe de terre, ou la partie du parapet renfermée entre deux embraſures, c'eſt-à-dire entre deux eſpeces de fenêtres faites dans le parapet, pour paſſer la bouche du canon. Les *Merlons* couvrent les piéces & ceux qui les ſervent.

MESURE. Quantité priſe, ou donnée, pour proportionner une ſuperficie, ou un corps, & les comparer avec un autre. *Prendre des Meſures*, c'eſt rapporter ſur le papier celles qu'on leve ſur les lieux avec quelques inſtrumens ; & *donner des Meſures*, c'eſt regler la proportion de ce que l'on deſſine, par rapport à l'uſage du lieu & à la connoiſſance qu'on en a.

MESURE. En Géométrie, c'eſt une quantité continue, dont on ſe ſert pour en meſurer une autre homogene & plus grande, afin de ſçavoir combien la petite *Meſure* eſt contenue de fois dans une plus grande, pour en déterminer le contenu. Cette petite *Meſure* eſt une ligne, comme une toiſe courante, un pied ou un pouce courant, quand ce que l'on veut meſurer eſt une longueur. Cette *Meſure* eſt un plan, comme une toife quarrée, un pied ou un pouce quarré, quand on veut mefurer des fuperficies ; enfin cette *Mefure* eft un folide, comme une toife, un pied, ou un pouce cube, quand on veut mefurer des corps.

MESURE D'UN ANGLE. Eft un arc de cercle décrit à volonté de la pointe de l'angle, comme centre, & terminé par fes deux côtés, de forte qu'autant de dégrés & de minutes que contiendra cet arc, auffi d'autant de dégrés & de minutes fera l'angle qui le mefure.

MESURE ITINERAIRE. Eft le nom que l'on donne en général à l'éloignement d'une ville à une autre, mefurée par lieues, par milles, ou par ftades. La lieue commune contient deux milles d'Italie ; le mille, huit ftades ; & la ftade, 125 pas géométriques, c'eft-à-dire 104 toifes.

METOPE. En Architecture, c'eft l'efpace quarré qui eft entre les triglyphes de la frife Dorique, ou à l'extrêmité de chaque entrevoux des folives d'un plancher, dont les triglyphes repréfentent les bouts. *Demi-Métope*, c'eft l'efpace un peu moindre que la moitié d'un *Métope*, à l'encoignure de la frife Dorique.

MEULIERE. *Se* dit de tout moilon de roche, malfait & plein de trous, comme le tuf, mais beaucoup plus dur.

MILLE. Mefure itinéraire qui fert en plufieurs pays de l'Europe à déterminer la diftance des lieux fur la terre. Le *Mille* d'Italie eft de mille pas géométriques.

MINE. Eft une petite chambre fouterreine pratiquée dans l'épaiffeur des terres, au pied d'une muraille que l'on veut faire fauter, dans laquelle on va par de petites galeries, ou rameaux.

MINEUR. Eft celui qui travaille à la conftruction des *Mines*.

MINUTE. En Géométrie, eft la foixantiéme partie d'un dégré, parce que le dégré eft divifé en foixante parties égales, nommées *Minutes*, & chaque *Minute* a été divifée en foixante autres parties égales, appellées *fecondes*.

MOBILE. En terme de méchanique, se dit d'un corps qui est mu. Tout *Mobile*, en tombant, augmente son mouvement en certaine proportion réglée. Un *Mobile* imprime une partie de son mouvement à un *Mobile* qu'il rencontre.

MODILLONS. Ce sont des petites consoles renversées sous les plafonds des corniches Ioniques, Corinthiennes & Composites, qui doivent répondre sur le milieu des colonnes ; ils sont particulierement affectés à l'Ordre Corinthien, où ils sont toujours taillés de sculpture avec enroulement. Les Ioniques & les Composites n'en ont point, si ce n'est quelquefois une feuille d'eau par dessus.

MODULE. Petite mesure qui sert dans l'Architecture pour en mesurer les parties. Le *Module* se prend ordinairement du diametre inférieur des colonnes, ou des pilastres. Vignole prend pour *Module* le demi-diametre de la colonne, & il divise ce demi-diametre en douze parties pour les Ordres Toscan & Dorique, & en dix-huit, pour les trois autres Ordres.

MOILON. C'est la moindre pierre qui provient d'une carriere. Il y en a aussi de roche, qu'on nomme *meulieres* ou *molieres*. Le *Moilon* s'employe aux fondemens, aux murs médiocres, pour le garni des gros murs, &c. & le meilleur est le plus dur.

MOILON ENCOUPE. Est celui qui est posé de cant, ou de champ, dans la construction des voûtes.

MOILON PIQUÉ. Celui qui, après avoir été ébousiné, est piqué jusqu'au vif avec la pointe du marteau.

MOILON D'APPAREIL. Celui qui est équarri, comme un petit carreau de pierre qui doit servir en parement dans un mur de face.

MOINE DE MINE. *Voyez* SAIGNÉE DE SAUCISSON.

MOINEAU. En Fortification, c'est une espece de petit bastion plat, fort bas, que l'on place au milieu de la courtine, lorsque les lignes de défense sont trop longues, & qu'une tenaille dans le fossé ne peut pas suffire pour la défense du mousquet. Lorsqu'un bastion plat ordinaire est trop grand, on l'attache fort rarement à la courtine, parce que ses flancs ne verroient pas les faces des bastions qui sont à droite & à gauche ; c'est ce qui fait qu'on prend la demi-gorge de cet ouvrage sur les lignes de défense du corps de la place, & sa capitale se prend au-delà des mêmes lignes de défense.

MOISES. Piéces de bois en maniere de plateformes avec entailles, lesquelles jointes ensemble par leur épaisseur avec des boulons, servent à entretenir les autres piéces d'un assemblage de charpente, comme les palées ou files de pieux des ponts, & les principales piéces des grues, gruaux, & autres machines, que l'on retient avec des *Moises*.

MOISES CIRCULAIRES. Celles qui servent dans la construction des moulins à élever les eaux, & à d'autres usages.

MOLE. C'est un massif de maçonnerie fondé dans la mer par le moyen des batardeaux, ou à pierres perdues, qui étant de figure droite, ou circulaire, au devant d'un port, lui sert comme de rempart pour le mettre à couvert de l'impétuosité des vagues, & en empêcher l'entrée aux vaisseaux étrangers.

MOMENT ou INSTANT. Selon les Mathématiciens, le *Moment*, ou l'*instant*, est une partie indivisible du tems, de même qu'un point mathématique peut être considéré à l'égard de la ligne. Car de même qu'on peut tracer une ligne par un mouvement continu, la durée d'un écoulement continu de plusieurs *Momens*, compose le tems.

MONTANS. Ce sont des corps, ou saillies aux côtés des chambranles, qui servent à porter les corniches & frontons qui les couronnent ; il y en a de simples & de ravalés.

MONTANT D'EMBRASURE. Espece de revêtement de bois, ou de marbre, avec compartimens arrasés, ou en saillie, dont on lambrisse les embrasures des portes & des croisées.

MONTANS DE MENUISERIE. Ce sont, dans l'assemblage des

portes & croifées, les principales piéces de bois à plomb, fur lefquelles croifent quarrément les traverfes.

Montans de charpenterie. Ce font, dans les machines, les piéces de bois à plomb retenues par des arcboutans, comme il y en a à une fonnette. L'on nomme encore *Montant*, dans les machines hydrauliques, une piéce de bois pofée verticalement, à laquelle eft attaché un ou plufieurs piftons. Cette piéce hauffe & baiffe par le moyen d'un balancier, pour faire refouler & afpirer le pifton.

MONTÉE. On appelle ainfi vulgairement un efcalier, parce qu'il fert à monter aux étages d'une maifon.

Montée de pont. C'eft la hauteur d'un pont confidéré depuis le rez-de-chauffée de fa culée, jufques fur le couronnement de la voûte de fa maîtreffe arche.

Montée de voussoir ou de claveau. C'eft la hauteur du panneau de tête d'un vouffoir ou d'un claveau, confidérée depuis la douelle jufqu'à fon couronnement. Les claveaux ordinaires des portes & croifées doivent, fi leur platebande eft arrafée, avoir au moins quinze pouces de *Montée* prife à plomb, & non pas fuivant leur coupe.

Montée de voute. C'eft la hauteur d'une voûte, depuis fa naiffance, ou premiere retombée, jufqu'au deffous de fa fermeture : on la nomme auffi *vouffure*.

MONTER. C'eft, en Maçonnerie, élever avec des machines les matériaux taillés, du chantier fur le tas, & c'eft, en charpenterie & en menuiferie, affembler des ouvrages préparés, & les monter en place. *Remonter* fe dit pour raffembler les piéces de quelque machine, ou de quelque vieux comble, ou pan de de bois, dont on fait refervir les piéces.

MONT-PAGNOTTE, ou *Pofte des Invulnérables*. C'eft une hauteur que l'on choifit hors de la portée du canon d'une place affiégée, & où fe viennent placer les curieux du camp, qui veulent voir fans danger le feu des attaques & l'état du fiége.

MORCES.

MORCES. On appelle ainſi les pavés qui commencent un revers , & font des eſpeces de harpes , pour faire liaiſon avec les autres pavés.

MORESQUES. Peintures faites à la maniere des Maures; qui conſiſtent en divers grotefques & ouvrages de compartiment.

MORTAISE ou MORTOISE , *terme de charpenterie & de menuiſerie*. C'eſt une entaille en longueur , creuſée quarrément de certaine profondeur avec le ciſeau ou la beſaiguë , dans une piece de bois de charpenterie ou de menuiſerie , pour recevoir le tenon d'une autre piece de bois. La *Mortaiſe* , pour être bien faite , doit être auſſi juſte en *gorge* qu'en *about*.

MORTES-EAUX , *terme de marine*. Le tems des mortes-eaux eſt celui où les eaux de la mer font les plus baſſes. *Voyez* au mot MARÉE.

MORTIER. C'eſt un compoſé de chaux & de ſable , ou de chaux & de ciment , pour liaiſonner les pierres. On dit que le *Mortier* eſt gras , lorſqu'il y a beaucoup de chaux.

MORTIER, *terme d'Artillerie*. Eſt une eſpece de canon fort court, dont la bouche a d'ordinaire un pied de diametre, ou au moins huit pouces : on s'en ſert à jetter des bombes & des carcaſſes. Son affut n'a point de roues , à cauſe de la violence de la poudre. L'Auteur de cet ouvrage a donné un traité ſur la maniere de tirer les bombes avec préciſion , qui a pour titre , le *Bombardier François* , auquel on peut avoir recours pour ce qui concerne les mortiers & leur ſervice. *Voyez* auſſi les *Mémoires d'Artillerie* de *Surirey de Saint-Remy* , derniere édition , en trois volumes in 4°. la *Théorie de l'Artillerie* , par Mr. *Dulacq* , in 4°. & le *Traité d'Artillerie* de Mr. *Le Blond* , in 8°.

MOSAÏQUE , *terme d'Architecture*. Ouvrage compoſé de petites pieces de rapport diverſifiées de couleur , & arrangées par compartimens ſur un fond de pierre ou de marbre.

MOT , *terme de guerre.* Est une parole de signal & de difcernement , qui fe donne chaque foir dans une armée , par le Général , & dans une place , par le Gouverneur ou par le principal Commandant , pour s'affurer contre les furprifes , & empêcher l'ennemi ou un traître d'aller & de venir pour des communications dangereufes.

MOUCHETTE. Les ouvriers appellent ainfi le larmier d'une corniche ; & lorfqu'il eft refouillé & creufé par-deffous , en maniere de canal , il fe nomme *Mouchette pendante.*

MOUFLE. C'eft en méchanique un inftrument compofé de deux ou de plufieurs poulies enchaffées féparément , & retenues avec un boulon dans une main de bois , de fer , ou de bronze , appellée *écharpe* ou *chape* , ce qui eft proprement la *Moufle* , dont la multiplication des poulies augmente confidérablement les forces mouvantes , & qui , par le moyen des cables attachés aux machines , fert à enlever les plus pefans fardeaux.

MOUILLE. *Voyez* PORTES D'ÉCLÛSE.

MOUILLER , *terme de marine.* Jetter l'ancre en quelque endroit , s'y arrêter.

MOULE , *terme d'artificier.* C'eft un canon de bois , dans lequel on introduit la fufée pour la charger , & empêcher que le cartouche ne fléchiffe.

MOULE. *Voyez* PANNEAU.

MOULIN. Machine agitée & mife en mouvement par quelque force extérieure , & qui caufe une forte impreffion aux corps qui font expofés à fon choc. On appelle ainfi principalement les machines qui fervent à moûdre les grains. Il y a trois fortes de moulins , qui prennent leur dénomination de leur force motrice : ce font les moulins à eau , les moulins à vent , & les moulins à animaux. On a depuis quelque tems inventé une quatriéme forte de moulins qui agiffent par le moyen du feu. *Voyez* à ce fujet notre *Architecture hydraulique* , premiere partie , où l'on trouve des descriptions de toutes les fortes de moulins qui aient été exécutés jusqu'à présent.

MOULINET. Est un rouleau, au travers duquel il y a deux leviers en croix, dont on se sert pour tirer les cordages, & pour enlever des fardeaux.

MOULURE. Est une saillie au-delà du nud du mur, ou d'un parement de menuiserie, dont l'assemblage compose les corniches, chambranles, & autres membres d'architecture.

MOUSSE. Pour empêcher absolument l'eau de pénétrer au travers des radiers & portes des écluses, on se sert de *mousse*, ou de la *bourre* qu'on met entre les doubles planches qui portent le plancher supérieur des mêmes radiers, ou sous les tingues qui recouvrent les coûtures des portes, après avoir bien goudronné les côtés des planches entre lesquelles se trouve la mousse.

MOUTON. Est un billot de bois ou de fer dans une sonnette, retenu par des clefs au-devant des deux montans de la sonnette, que l'on éleve par des cordes, à force de bras, pour enfoncer, en retombant, des pieux & des pilots.

MOUVEMENT, *terme de méchanique.* Changement de lieu, continuel ou successif ; ou autrement, c'est le passage d'un corps transporté d'un lieu en un autre. Il y a plusieurs sortes de *mouvemens* : le *mouvement absolu*, le *mouvement relatif*, le *mouvement uniforme*, le *mouvement accéléré*, le *mouvement retardé*, le *mouvement composé*, & le *mouvement de projection* ; en voici les définitions.

Mouvement absolu. Est le rapport successif d'un corps à différens corps considerés comme immobiles.

Mouvement relatif. Changement de lieu relatif d'un corps quelconque, dont la vîtesse s'estime par la quantité de l'espace relatif parcouru par ce mobile.

Mouvement égal ou uniforme. Est celui par lequel un corps parcourt des espaces égaux dans des tems égaux, comme est le mouvement des corps célestes, lequel ne reçoit aucune altération sensible. Le mouvement inégal est celui par lequel un corps, qui est en mouvement, augmente sa vîtesse, ou la retarde.

Mouvement accéléré. S'entend d'un corps qui se meut en tombant librement de haut en bas, & qui acquiert en des tems égaux de sa chute, des dégrés égaux de vîtesse ; c'est pourquoi on l'appelle *mouvement uniformément accéléré.* Galilée s'est apperçu le premier du rapport selon lequel les corps accéleroient dans des tems différens, ou le rapport du chemin qu'ils faisoient en tombant, ayant démontré que les espaces parcourus étoient dans la raison des quarrés des tems qu'un corps avoit employé à les parcourir.

Mouvement retardé. Mouvement qui diminue à chaque instant : tel est le mouvement d'un corps projetté verticalement, dont la vîtesse est retardée à chaque instant par la résistance de l'air, & par sa propre pesanteur.

Mouvement composé. C'est le mouvement d'un corps poussé par deux puissances différentes. Un corps exposé à l'impulsion de deux puissances qui s'efforcent de le faire mouvoir, chacune suivant leur direction particuliere, se dérobe, pour ainsi dire, à leur mutuelle impression, & s'échappe par une direction commune aux deux : il suit alors un *mouvement composé.*

Mouvement de projection. Mouvement qu'acquierent les corps lorsque, par l'impulsion qu'ils ont reçue, ils se meuvent à travers l'air, ou tout autre fluide. Une bombe chassée hors du mortier par l'effet de la poudre enflammée, a un mouvement de projection.

MOUVEMENT DE VIBRATION. Est un mouvement circulaire d'un corps qui est ordinairement sphérique, qu'on appelle *pendule*, parce qu'il eft fufpendu par un fil inflexible & attaché à un point fixe, qu'on nomme *centre de mouvement réciproque*, parce que c'eft autour de ce point que le pendule fe meut quand on l'ôte du lieu le plus bas, qui eft celui de fon repos, pour y retourner, allant & venant deçà & delà.

MOUVEMENT D'ONDULATION. Eft un mouvement circulaire qu'on obferve dans les corps liquides, comme dans l'eau, lorfqu'on vient d'y jetter un corps pefant qui fait tourner les parties de l'eau en cercle.

MOYE. C'eft, dans une pierre dure, un tendre qui fuit fon lit de carriere qui le fait déliter, & qui fe connoît quand la pierre ayant été quelque tems hors de la carriere, elle n'a pu réfifter aux injures de l'air. On dit *moyer* une pierre, pour la fendre felon la moye de fon lit.

MUFLE, *terme d'Architecture*. Ornement de fculpture, qui repréfente la tête de quelque animal, comme celle d'un lion, & qui fert de gargoüille à une cymaife.

MUID. Eft une mefure dont on fe fert pour les liqueurs, principalement pour mefurer l'eau quand on fait le calcul du produit de quelque machine hydraulique. Ainfi il eft bon de fçavoir qu'un muid contient huit pieds cubes d'eau, ou deux cens quatre-vingt pintes de Paris.

MULTINOME, *terme d'Algebre*. Grandeur compofée de plufieurs *monomes*.

MULTIPLE D'UN NOMBRE. Nombre qui en contient un autre plus petit plufieurs fois fans refte. Par exemple le nombre vingt-quatre eft multiple de fix, parce qu'il contient le nombre fix quatre fois : il eft auffi multiple de quatre, parce qu'il le contient fix fois.

MULTIPLICANDE. Nombre qui doit être multiplié.

MULTIPLICATEUR. Nombre par lequel on en multiplie un autre.

MULTIPLICATION. Troisiéme régle de l'Arithmétique, qui enseigne à multiplier un nombre par un
autre. Ce n'est, à proprement parler, qu'une addition abrégée. La preuve de la multiplication se
fait par la division.

MULTIPLIER. C'est ajoûter un nombre à lui-même
aussi souvent que l'autre nombre contient d'unités.

MUR ou MURAILLE. C'est un corps de maçonnerie
de certaine épaisseur & hauteur proportionnée, pour
renfermer & séparer des lieux servant à divers usages dans les bâtimens.

MUR BOUCLÉ. Celui qui fait ventre avec crevasses.

MUR COUPÉ. Celui dans lequel on a fait une tranchée,
pour y loger le bout des solives ou poteaux de cloisons de leur épaisseur, en bâtissant, ou après coup.

MUR CRENELÉ. Celui dont le chaperon est coupé par
creneaux & merlons, en maniere de dents, comme
on en voit aux vieux murs, plutôt par ornement ou
marque d'une maison seigneuriale, que pour servir
de défense.

MUR CRÉPI. Celui qui étant de moilons ou de briques,
est recouvert d'un crépi.

MUR D'APPUI. Petit mur d'environ trois pieds de haut,
qui sert d'appui ou de garde-fou à un pont, quai,
terrasse, balcon, &c. ou de clôture à un jardin. On
le nomme aussi mur de parapet.

MUR DECHAUSSÉ. Celui qui est dépéri ou ruiné à son
rez de chaussée, ou celui dont il paroît du fondement, le rez de chaussée étant plus bas qu'il ne de-
vroit être.

MUR DE CHUTE, *terme d'Architecture hydraulique*. Aux
sas que l'on fait aux canaux de navigation pour faciliter la montée & la descente des bateaux, il y a ordinairement deux écluses, une en bas, & l'autre en
haut, & cette derniere est construite à l'endroit de
la chute qui cause la différence des deux niveaux
d'eau. Or l'on nomme *Mur de chute* le corps de

maçonnerie revêtu de palplanches , qui soutient les
terres de l'extrémité du canal supérieur , parce que
sa hauteur exprime la chute ou la différence du niveau de l'écluse d'en haut & de celle d'en bas.

Mur de douve. C'est le mur de dedans d'un reservoir , qui est séparé du vrai mur par un corroi de
glaise , de certaine largeur , & fondé sur des racinaux & des plate-formes.

Mur de face. S'entend de tous les murs extérieurs d'u-
ne maison , sur la rue , la cour , ou un jardin. Les
murs de face de devant & derriere sont nommés
antérieurs & *postérieurs* ; & ceux de côté, *latéraux*.
Il s'en fait de pierres de taille , de moilons , de briques, & de cailloux. Les gros murs sont ceux de
face & de refend.

Mur dégradé. Celui dont quelques moilons sont ar-
rachés , & les petits blocages & le crépi tombés en
tout , ou en partie.

Mur de parpain. Celui dont les assises de pierre en
traversent l'épaisseur , & qui sert pour les *échifres* ,
& pour porter les cloisons , pans de bois , &c.

Mur de pierres seches. Espece de contre-mur qui
se fait à sec, & sans mortier , entre les piédroits
d'une voûte & les terres qui y sont adossées , pour
empêcher l'humidité & que les murs des souterreins ne se pourrissent.

Mur de pignon. Celui qui finit en pointe, & où le
comble va se terminer.

Mur en décharge. Celui dont le poids est soulagé
par des arcades bandées d'espace en espace dans la
maçonnerie.

Mur enduit. Celui qui est ravalé de mortier , ou de
plâtre dressé avec la truelle.

Mur en l'air. On appelle ainsi tout mur qui ne
porte pas de fond , mais à faux , comme sur un
arc , ou sur une poutre en décharge , & qui est érigé
sur un vuide pratiqué pour quelque sujétion en bâtissant , ou percé après coup. *Mur en l'air* se dit

auſſi d'un mur porté ſur des étais pour une réfection par ſous-œuvre.

MUR EN SURPLOMB OU DEVERSÉ. Celui qui panche en dehors ; on le nomme auſſi *mur forjeté*.

MUR EN TALUD. Celui qui a une inclinaiſon ſenſible, pour arcbouter contre des terres, & réſiſter au courant des eaux.

MUR MITOYEN, qu'on appelle auſſi *mur commun*. Celui qui eſt également ſitué ſur les limites de deux héritages qu'il ſépare, & eſt conſtruit aux frais communs des deux propriétaires, & contre lequel on peut bâtir, & même le hauſſer, s'il a ſuffiſamment de l'épaiſſeur, en payant les charges à ſon voiſin, c'eſt-à-dire de ſix toiſes l'une. Les marques d'un mur mitoyen ſont des filets de maçonnerie des deux côtés, & le chaperon à deux égoûts.

MUR OURDÉ. Celui dont les moilons & les platras ſont groſſierement maçonnés.

MUR PENDANT OU CORROMPU. Celui qui eſt en péril imminent.

MUR PLANTÉ. Celui qui eſt fondé ſur un pilotage, ou ſur une grille de charpente.

MUR RECOUPÉ. Celui qui étant bâti ſur le penchant d'une colline, a ſes aſſiſes par retraites & empartemens, pour mieux réſiſter à la pouſſée des terres.

MUSOIR. C'eſt la partie la plus avancée des écluſes, ou plutôt c'eſt la partie ſaillante qui forme la pointe des aîles des mêmes écluſes.

MUTULES. Eſpeces de modillons quarrés, dans la corniche Dorique, qui répondent aux triglyphes.

NACELLES. On appelle ainſi , dans les profils , tous les membres qui ſont en demi-ovale, que les ouvriers nomment *gorge* ; mais *nacelle* ſe dit plus particulierement de la *ſcotie*.

NAISSANCE DE VOUTE. C'eſt le commencement de la curvité d'une voûte formée par les retombées ou premieres aſſiſes , qui peuvent ſubſiſter ſans ceintre.

NAISSANCE D'ENDUITS. Ce ſont , dans les enduits, certaines platebandes au pourtour des croiſées & ailleurs , qui ne ſont ordinairement diſtinguées des panneaux de crépi ou d'enduit qu'elles entourent , que par des *badigeons*.

NAVIGATION. L'art de conduire ſûrement & facilement un vaiſſeau ſur mer. Cet art a trois parties. La premiere eſt *le pilotage* , qui enſeigne la maniere de preſcrire la route d'un vaiſſeau. La ſeconde eſt *la manœuvre* ; c'eſt l'art de ſoumettre les mouvemens du vaiſſeau à des loix conſtantes, pour les diriger le plus avantageuſement qu'il eſt poſſible. La troiſiéme eſt *la mâture* , qui donne des régles pour maintenir le corps du navire dans un juſte équilibre. Ces trois arts réunis forment ce qu'on appelle *la navigation*. Le P. *Fournier* , le P. *Deſchalles* , & Mrs. *Bouguer*, pere & fils , ſont les principaux auteurs qui ont écrit ſur cette ſcience.

NEGATIF. Épithéte que les Algébriſtes donnent à des quantités précédées du ſigne moins——, & qui ſont au-deſſous de zero.

NERVURES. Ce ſont , dans les feuillages des rainceaux d'ornemens , les côtes élevées de chaque feuille, qui repréſentent les tiges des plantes naturelles ; ce ſont auſſi des moulures rondes ſur le contour des conſoles.

NETTOYER LA TRANCHÉE , *en terme de guerre*.

C'eſt faire plier la garde de la tranchée, pour en chaſſer les travailleurs par une vigoureuſe ſortie de la garniſon qui raſe enſuite le parapet, comble la ligne, & encloue le canon de l'aſſiégeant.

NICHE. C'eſt un renfoncement pris dans l'épaiſſeur d'un mur, pour y placer une figure ou ſtatue.

NIVEAU. Inſtrument qui ſert à tracer une ligne parallele à l'horizon, à poſer horizontalement les aſſiſes de maçonnerie, à dreſſer un terrein, à régler les pentes, & à conduire les eaux. On appelle auſſi niveau, la ligne parallele à l'horizon ; ainſi on dit *poſer de niveau.*

NIVEAU A LUNETTES. Celui qui a une ou deux lunettes perpendiculaires à ſon plomb, qui ont chacune un cheveu, ou un brin de ſoie mis horizontalement au foyer du verre oculaire, lequel ſert à prendre & à déterminer exactement un point de niveau fort éloigné.

NIVEAU A PENDULE. Celui qui marque la ligne horizontale par le moyen d'une autre ligne qui eſt perpendiculaire à celle de ſon plomb, où le pendule donne naturellement.

NIVEAU A PINULES. Tout niveau qui, au lieu de lunettes, a deux pinules égales, & poſées parallelement aux deux extrémités de ſa baſe, par leſquelles on bornoye le point qui eſt de niveau avec l'inſtrument, mais qu'on ne peut pas déterminer ſi préciſément qu'avec des lunettes, parce que, quelque petite que ſoit l'ouverture de chaque pinule, l'eſpace qu'elle découvre eſt toujours trop grand pour prendre exactement un point.

NIVEAU D'AIR. Celui qui marque la ligne de niveau par le moyen d'une petite bulle d'air, renfermée avec quelque liqueur dans un cylindre de verre ſcellé hermétiquement par ſes extrémités.

NIVEAU D'EAU. Celui qui marque la ligne horizontale par le moyen de la ſuperficie de l'eau, qui tient naturellement cette ſituation.

Niveau de paveur. Longue régle au milieu & fur l'épaisseur de laquelle est assemblée, à angles droits, une autre plus large, où est attaché au haut un cordeau avec un plomb qui pend fur une ligne tracée d'équerre à la grande régle, & qui marque, en couvrant exactement cette ligne, que la bafe est de niveau.

Niveau de réflexion.. Celui qui fe fait par le moyen d'une fuperficie d'eau un peu longue, repréfentant renverfé le même objet que l'on voit avec les deux yeux, enforte que le point où ces deux objets paroiffent s'unir, est de niveau avec le lieu où est la fuperficie de l'eau.

NIVELER. C'est, avec un niveau, chercher une ligne parallele à l'horizon, en une ou plufieurs stations, pour connoître & régler les pentes, dreffer de niveau un terrein, les eaux, &c. *Niveleur* est celui qui nivele.

NIVELLEMENT. C'est l'opération qu'on fait avec un niveau, pour connoître la hauteur d'un lieu à l'égard d'un autre.

NOMBRE, *terme d'Arithmétique.* Affemblage de plufieurs quantités quelconques.

Nombre cubique. Est celui qui est formé par la multiplication d'un nombre quarré, multiplié par lui-même. Par exemple 27 est un nombre cubique, dont la racine est 3; parce que trois fois 3 font neuf, qui multipliés par 3, donnent 27 pour produit.

Nombre plan. Celui qui vient de la multiplication de deux nombres. 12 est un nombre plan, parce qu'il est formé par la multiplication de 3 par 4.

Nombre quarré. Nombre formé par la multiplication d'un nombre par lui-même. 4, 9, 16, &c. font des nombre quarrés, parce qu'ils font produits par 2 multipliés par 2, 3 par 3, &c.

Nombre solide. Nombre formé de la multiplication d'un nombre plan par quelque nombre que ce foit. 24 est un nombre folide, parce qu'il provient de

12, qui eft un nombre plan , multiplié par 2.

NOUE. C'eft l'endroit où deux combles fe joignent en angle rentrant , & qui fait l'effet contraire de l'areftier. La *Noüe corniere* eft celle où fe joignent les couvertures de deux corps de logis. On appelle auffi *Noüe* , la piece de bois qui porte les empanons.

NOULETS. Ce font les petits chevrons qui forment les chevalets & les noües , ou angles rentrans , par lefquels une lucarne fe joint à un comble , & qui forme la fourchette.

NOURRICE ou MERE NOURRICE. C'eft le nom que l'on donne à une pompe afpirante qui fournit de l'eau à un petit baffin élevé à la hauteur fupérieure des autres pompes. Cette eau fert , quand les piftons s'abaiffent , à rafraichir les cuirs qui font autour , & à empêcher que l'air n'ait aucune communication avec la capacité des tuyaux & des corps de pompe qui font au-deffous. Ceci fe trouve à la Machine de Marly. *Voyez* la defcription de cette ingénieufe Machine , dans le fecond volume de notre *Architecture hydraulique* , premiere partie.

NOYAU DE BOIS. Piéce de bois qui , pofée à plomb , reçoit dans fes mortaifes les tenons des marches d'un efcalier de bois , & dans laquelle font affemblés les limons des efcaliers , à deux ou à quatre *noyaux*. On appelle *noyau de fond* , celui qui porte dès le rez de chauffée jufqu'au dernier étage. *Noyau fufpendu* , celui qui eft coupé au-deffous des paliers & rampes de chaque étage ; & *noyau à corde* , celui qui eft taillé d'une groffe moulure , en maniere de corde , pour conduire la main , comme on les faifoit anciennement. On appelle auffi *noyau* , dans la vis d'Archimede , le cylindre autour duquel eft appliqué le canal qui fait monter l'eau.

Noyau d'escalier. C'eft un cylindre de pierre , qui porte de fond , & qui eft formé par les bouts des marches gironnées d'un efcalier à vis. On appelle

noyau creux, celui qui, étant d'un diamétre suffi-
fant, a un puifard dans le milieu, & retient par en-
caftrement les collets des marches ; & auffi *noyau
creux*, celui qui, étant en maniere de mur circulaire, eft percé d'arcade ou de croifée, pour donner
du jour. Il y a encore de ces *noyaux* qui font quarrés,
& qui fervent aux efcaliers en arc de cloître, à lunettes, & à repos.

Noyau, *terme d'Artillerie*. Longue piece de fer que
l'on pofe dans le milieu du moule d'un canon, afin
que le métal fe répande également de tous côtés, ce
qui forme l'épaiffeur de la piece. Ce noyau eft recouvert d'une pâte de cendres très-fines, & recuites
au feu, comme le moule, arrêtée avec du fil d'archal
autour du noyau, & mife couche fur couche, jufqu'à
la groffeur du calibre dont doit être l'ame de la
piece.

NUD DE MUR. C'eft la furface d'un mur qui fert de
champ aux faillies.

NUMÉRATEUR. C'eft, dans une fraction, le nombre
qui indique combien l'on a de parties d'un tout
propofé. Ainfi dans la fraction $\frac{4}{6}$ le nombre 4 eft le
numérateur, qui indique qu'un tout étant divifé en
fix parties, la fraction en vaut quatre, ou les deux
tiers.

NUMÉRATION. C'eft l'action de diftinguer, d'évaluer, & d'énoncer jufte des nombres, quelque
grands qu'ils puiffent être, de maniere à donner une
idée diftincte de leur place, & de leur figure.

OBE   OBE

OBÉLISQUE ou AIGUILLE. Sorte de pyramide ;
extrêmement haute & étroite, quadrangulaire, terminée en pointe, & chargée d'infcriptions, ou

d'hiéroglyphes sur les quatre faces. Les plus beaux Obélisques viennent d'Egypte, & sont de marbre ou de granit. On en voit plusieurs, à Rome, qui servent d'ornement dans les places publiques.

OBLIQUE, *terme de Géométrie*. Qui n'est pas droit, ou qui n'est pas élevé à plomb. Une *ligne oblique* qui tombe sur une autre, fait d'un côté un angle aigu, & de l'autre un angle ouvert plus grand qu'un droit.

OBLONG. Qui est plus long que large.

OBTUS, ANGLE OBTUS, *terme de Géométrie*. Angle qui est plus grand qu'un droit, c'est-à-dire qui est de plus de quatre-vingt-dix dégrés.

OBUS, *terme d'Artillerie*. Est aujourd'hui un mortier, ordinairement de huit pouces de calibre, monté sur un affut à rouage, comme sont ceux des pieces de 24, pouvant servir à tirer des bombes à ricochet, dans l'attaque des places, parce qu'on met ces *obus* sur le prolongement des branches du chemin couvert. Cette maniere de tirer des bombes à ricochet est excellente pour balayer un chemin couvert : on ne s'en est cependant pas servi beaucoup jusqu'à présent dans les siéges, quoiqu'elle soit capable du plus grand effet. On peut voir ce que j'ai dit là-dessus dans le *Bombardier François*, page xxxix.

OCTAEDRE. Est un des cinq corps réguliers, terminé par huit triangles équilatéraux & égaux.

OCTANS. Instrument dont on se sert pour prendre la mesure d'un angle. Il consiste en un arc de quarante-cinq dégrés, qui est la huitiéme partie d'un cercle.

OCTOGONE. Est un polygone qui a huit angles & huit côtés égaux, aussi-bien que les angles compris par ses côtés, lorsqu'il est régulier.

ODOMETRE. Instrument par le moyen duquel on mesure le chemin qu'on fait, soit à pied, soit dans quelque voiture.

OEIL. Se dit de toute fenêtre ronde, prise dans un fronton, ou un attique, ou dans les reins d'une voûte.

OEIL DE BOEUF. Petit jour fait dans une couverture, pour éclairer un grenier, ou un faux comble, & fait de plomb ou de poterie. On appelle encore *yeux de bœuf*, les petites lucarnes d'un dôme.

OEIL DE PONT. On peut appeller ainſi certaines ouvertures rondes, au-deſſus des piles, & dans les reins des arches d'un pont, qui ſe font autant pour rendre l'ouvrage léger, que pour le paſſage des groſſes eaux.

OEIL DE VOLUTE. C'eſt le petit cercle du milieu de la volute Ionique, que les Architectes appellent *Cathete*.

ŒUVRE, terme qui a pluſieurs ſignifications dans l'art de bâtir. *Mettre en œuvre*, c'eſt employer quelque matiere pour lui donner une forme, & la poſer en place. *Dans œuvre*, & *hors d'œuvre*, ſe dit des meſures du dedans & du dehors d'un bâtiment. *Sous œuvre*; on dit reprendre un vieux mur *ſous œuvre*, quand on le rebâtit par le pied. On dit qu'un cabinet, un eſcalier, ou une galerie eſt *hors d'œuvre*, quand elle n'eſt attachée que par un de ſes côtés au corps de logis.

OGIVES. Ce ſont les arcs qui, dans les voûtes gothiques, ſe croiſent diagonalement à la clef, & forment ce qu'on nomme *croiſée d'ogives* : les arcs en berceau, d'où naiſſent les *ogives*, ſe nomment *arcs doubleaux*.

OISEAU, *terme de maçonnerie*. Eſpece d'auge, avec deux manches, qui ſert aux manœuvres à porter le mortier ſur leurs épaules dans les atteliers. *Voyez* au mot *volet*.

ONDECAGONE. Figure de Géométrie qui a onze côtés : elle eſt réguliere lorſque tous les côtés & tous les angles ſont égaux.

ONGLET, *terme de Géométrie*. C'eſt la portion d'un corps cylindrique, pyramidal, ou uniforme, coupé de maniere que la ſection traverſe ſa baſe obliquement.

Onglet, *voyez* Assemblage en onglet.

Onglet. Se dit auſſi de la partie d'une dame, ou tourelle achevallée ſur un batardeau, qui ſe trouve entre la ſurface de la cape d'un batardeau, & la baſe de la tourelle, priſe à l'endroit de l'arrête de la cape.

Orbe, *en Geométrie.* C'eſt un corps ſphérique, terminé par deux ſuperficies ſphériques, l'une concave, & l'autre convexe. Ainſi lorſque d'une grande ſphere on en retranche une plus petite qui a le même centre que la grande, la différence eſt un *orbe.*

Ordonnance. Se dit en architecture, comme en peinture, de la compoſition d'un bâtiment, & de la diſpoſition de ſes parties.

Ordonnée, *en Géométrie.* C'eſt le nom que l'on donne aux lignes droites que l'on mene paralleles à la tangente d'une courbe, & qui ſont terminées d'une part par l'axe ou le diamétre de cette courbe qui répond à la tangente, & de l'autre par la courbe même; l'on nomme auſſi *ordonnée* toute perpendiculaire élevée ſur le diamétre d'un demi cercle, & terminée par la circonférence.

Ordre. C'eſt un arrangement régulier de parties ſaillantes, dont la colonne eſt la principale, pour compoſer un beau tout enſemble. L'*Architecture* n'a que cinq *Ordres* qui lui ſoient propres, ſçavoir : le *Toſcan*, le *Dorique*, l'*Ionique*, le *Corinthien*, & le *Compoſite.*

Ordre toscan. C'eſt le premier, le plus ſimple, & le plus ſolide, qui a ſa colonne de ſept diamétres de hauteur, ayant ſon chapiteau & ſa baſe avec peu de moulures & ſans ornemens, ainſi que ſon entablement.

Ordre dorique. Eſt le ſecond, & le plus proportionné ſelon la nature, qui ne doit avoir aucun ornement ſur ſa baſe, ni dans ſon chapiteau, & dont la hauteur de la colonne eſt de huit diamétres. Sa friſe eſt diſtribuée par *triglyphes & métopes.*

Ordre

ORDRE IONIQUE. Eſt le troiſiéme, qui tient la moyenne proportionnelle entre la maniere ſolide & la délicate. Sa colonne a neuf diamétres de hauteur ; ſon chapiteau eſt orné de *volutes*, & ſa corniche, de *denticules*.

ORDRE CORINTHIEN. Eſt le quatriéme, le plus riche, & le plus délicat. Il fut inventé par Callimachus, Sculpteur Athénien ; ſon chapiteau eſt orné de deux rangs de feuilles, & de huit volutes qui en ſoutiennent le tailloir. Sa colonne a dix diamétres de hauteur, & ſa corniche a des modillons.

ORDRE COMPOSITE. Eſt le cinquiéme, & ainſi nommé parce que ſon chapiteau eſt compoſé des deux rangs de feuilles du Corinthien, & des volutes de l'Ionique ; on l'appelle auſſi *Italique* ou *Romain*, parce qu'il a été inventé par les Romains. Sa colonne a dix diamétres de hauteur, & ſa corniche a des denticules, ou des modillons ſimples.

ORDRE DE BATAILLE. Eſt une diſpoſition des bataillons & des eſcadrons d'une armée, rangée ſur une ligne, ou ſur pluſieurs, pour combattre avec plus d'avantage, ſelon la nature du terrein.

ORDRE DES LIGNES COURBES. Diſtribution des lignes courbes en claſſes, ſuivant le rapport des ordonnées aux abſciſſes, ou, ce qui revient au même, ſuivant les nombres des points dans leſquels elles peuvent être coupées par une ligne droite ; ainſi toute ligne droite eſt une *ligne du premier ordre*. Le cercle & les ſections coniques ſont *du ſecond ordre*. Les paraboles cubiques, la ciſſoïde des anciens, &c. ſont *du troiſiéme*, &c.

OREILLE, CROSSETTES A OREILLES, *terme d'Architecture*. On appelle ainſi les retours qu'on fait faire par en haut aux chambranles & aux bandeaux des portes & des croiſées.

ORGUES, *en Fortification*. Ce ſont de longues & groſſes pieces de bois détachées l'une de l'autre, & ſuſpendues par des cordes, au-deſſus des portes d'une ville, afin qu'en cas de quelque entreprise formée par l'ennemi, on les puisse laisser tomber à plomb sur le passage, & le fermer, sans crainte qu'en mettant de travers un chevalet, ou quelqu'autre obstacle au-dessous, l'ennemi puisse arrêter, & tenir en l'air toute cette file de pieces de bois. Les orgues sont en cela préférables aux *herses*, parce que les pieces qui composent la *herse* sont assemblées l'une avec l'autre, & qu'étant arrêtée & suspendue par un endroit, tout le reste s'arrête aussi ; c'est pourquoi on doit toujours employer les orgues préférablement aux *herses*.

ORGUE EN ARTILLERIE. Est une machine composée de plusieurs canons de mousquets attachés ensemble, de front, dont on se sert quelquefois dans un flanc bas, ou dans une tenaille, pour défendre le passage du fossé, parce que l'on peut, avec cette machine, tirer plusieurs coups à la fois.

ORGUEIL. C'est une grosse cale de pierre, ou un coin de bois, que les ouvriers mettent sous le bout d'un levier, ou d'une pince, pour servir de point d'appui, ou de centre, au mouvement circulaire d'une pesée, ou d'un abattage.

ORIENTER. Terme qui, en fortification, signifie marquer, avec la boussole, sur le dessein ou sur le terrein, la disposition d'une place ou d'une carte de pays, par rapport aux points cardinaux du monde. On dit *s'orienter* pour se reconnoître dans un lieu, d'après quelqu'endroit remarquable, pour en lever le plan.

ORILLON. Est une masse de terre revêtue de muraille, que l'on avance sur l'épaule des bastions, pour couvrir le canon qui est dans le flanc retiré, & empêcher qu'il ne soit démonté par l'assiégeant. Il y a des *orillons* de figure ronde, & d'autres, à peu près, de figure quarrée, appellés *épaulemens*.

ORLE, ou OURLET, *en Architecture*. Est un filet sous l'ove d'un chapiteau. On l'appelle *ceinture*, lorsqu'il est au haut ou au bas du fust de la colonne.

ORTHOGRAPHIE, *terme d'Architecture*. C'est l'élévation géométrale d'un bâtiment, qui en fait paroître les parties selon leurs véritables proportions. *Voyez* ÉLÉVATION.

OVALE, *terme de Géométrie*. C'est une espece d'ellipse, ou de figure circulaire, allongée par les deux extrémités, dont l'une est plus pointue que l'autre : elle a la figure d'un œuf, d'où elle tire son nom.

OVE, ŒUF, QUART DE ROND, ou ÉCHINE, *terme d'Architecture civile*. C'est une moulure ronde, dont le profil est ordinairement un quart de cercle.

OURDAGE, *terme d'Architecture hydraulique*. Est un bâtis de charpente fait à la hâte, dont le devant est élevé en talut. Il sert à appuyer les pilots, & à leur donner la pente nécessaire, lorsqu'on les veut enfoncer pour la construction des quais & jettées de charpente, &c.

OUTILS A MINEURS. Les outils, dont les Mineurs se servent ordinairement, sont les suivans : la sonde, l'aiguille, la pince, la drague, la beche, la pelle de bois ferrée, la masse, le marteau, le grain d'orge, grelere, pic à roc, hoyaux, ciseaux feuilles de sauge, poinçons, louchet, équerres, plomb de maçon, regles, maillets, &c.

OUTILS A PIONNIERS. On entend sous ce nom tous les outils dont on se sert dans une armée, pour ouvrir la tranchée, pour faire les retranchemens, & les lignes de circonvallation, ou des chemins. Ils consistent en hoyaux, ou louchet, pic-hoyau, pic à roc, pic à tête, escoupe, beche, pelle de bois, & pelle de bois ferrée, hache, serpe, &c. & généralement le mot d'*outil* s'entend de tous les instrumens méchaniques qui servent à l'exécution manuelle des ouvrages.

OUVERTURE. C'est un vuide, ou une baye dans un mur, laquelle se fait pour servir de passage, ou pour donner du jour, c'est aussi une *fraction* causée dans une muraille, par mal-façon ou caducité. C'eſt encore le commencement de la fouille d'un terrein, pour une tranchée, rigole, ou fondation.

OUVERTURE DE LA TRANCHÉE. Eſt le travail que l'aſſiégeant fait au commencement d'un ſiége, pour s'approcher de la place, ſans être vû de ceux qui ſont dedans. S'il y a quelque terrein inégal autour d'une fortereſſe qui ne ſoit pas vû, on ne manque guere de le choiſir pour l'ouverture de la tranchée.

OUVRAGE. Ce mot ſe dit de toutes ſortes de travaux qui entrent dans la compoſition des bâtimens, comme de maçonnerie, de charpenterie, de ſerrurerie, &c. Il y a de deux ſortes d'*ouvrages* dans la maçonnerie : les gros, comme les murs de fondation, ceux de face, & de refend, ceux avec crépis, enduits, & ravalemens, & toutes les eſpeces de voûtes, de pareille matiere ; & les *legers & menus ouvrages* ſont, les platras de différentes eſpeces, comme tuyaux, ſouches, manteaux de cheminée, lambris, plafonds, &c. On appelle *ouvrages de ſujétion*, ceux qui ſont ceintrés, rampans, ou cherchés par leur plan, ou leur élévation, & dont les prix augmentent à proportion du déchet notable de la matiere, & de la difficulté qu'il y a de les exécuter.

OUVRAGE. Se dit encore de toutes les pieces de fortification qui défendent une place contre les inſultes des ennemis : tels ſont les ſuivans.

OUVRAGE A CORNES. C'eſt un front de fortification qui avance dans la campagne, & qui eſt joint ordinairement à la Place par deux longs côtés qu'on appelle ſes ailes ou ſes branches.

OUVRAGE A COURONNE. On donne ce nom à un ouvrage compoſé de deux fronts de fortification qui avancent dans la campagne, & qui ſont joints à la Place, comme l'ouvrage à cornes, par deux longs côtés. Il ſuit de ce qu'on vient de dire, que l'ouvrage à couronne eſt compoſé d'un baſtion & de

deux demi-baftions, & que l'ouvrage à cornes eft
formé par une courtine & deux demi-baftions.

Ouvrages avancés, Ouvrages détachés, *terme
de Fortification.* Ce font des ouvrages que l'on conftruit au-delà du foffé du rempart principal d'une
place forte : telles font les demi-lunes, les contre-
gardes, les tenailles, les ouvrages à corne, &c.

<hr>

PAI   PAL

PAIR, *nombre pair.* Epithéte que l'on donne à un
nombre qui peut fe divifer en deux parties égales :
tels font les nombres 2, 4, 6, &c.

PALE. Efpece de petite vanne, fervant à ouvrir &
fermer la chauffée d'un étang, ou d'un moulin : on
l'appelle auffi *bonde.*

PALÉE. Aux ponts de bois ordinaires, les piles qui
fervent à porter les travées, fe nomment des *palées*;
elles confiftent chacune en un rang, ou file de pilots
frappés fort près les uns des autres, liés, & entretenus enfemble avec des *moifes* & *liernes* garnies
de chevilles & boulons de fer. Lorfque le courant
de l'eau eft trop rapide, pour éviter le fracas des
glaces, à quelque diftance des *palées*, on pratique
un rang de petits pilots qui forment un angle ou
avant-bec, lefquels font efpacés de douze à quinze
pouces les uns des autres, entretenus & recouverts
par un *chaperon* ou *liffe*, & par des *moifes*, afin de
réfifter aux glaçons, & conferver ainfi les *palées*:
on ne les conftruit que du côté d'*Amont.*

PALIER ou REPOS. C'eft un efpace entre les rampes,
& aux tournans d'un efcalier; *demi-palier*, eft celui
qui eft quarré de la longueur des marches. On appelle *palier de communication* celui qui fépare deux
appartemens de plain pied, & qui communique de
l'un à l'autre.

O iij

PALISSADE, *terme de Fortification*. Ce sont des pieces de bois, d'environ huit pieds de long, sur dix-huit à vingt pouces de tour, apointées par un de leurs bouts : leur usage le plus ordinaire est d'assurer un poste contre les insultes des ennemis. Il y a peu de choses, si l'on en excepte les hommes & l'artillerie, qui servent davantage à la défense des places que les *palissades*. On les espace également de deux pouces de distance l'une de l'autre, mesurés sur le linteau auquel elles sont attachées. Il entre ordinairement huit à neuf palissades dans la toise courante, dont chacune pese environ soixante & dix livres.

PALPLANCHES. Ce sont des planches de toutes sortes de bois, & quelquefois de sapin rouge, principalement dans les endroits où ce bois est commun, lesquelles sont d'environ six pouces d'épaisseur, un pied de largeur, & de longueur proportionnée à la qualité du terrein dans lequel elles sont frappées. On les taille par le bas, en pointe, afin qu'elles entrent plus facilement en terre, où on les enfonce avec le mouton.

PAN. C'est le côté d'une figure rectiligne, ou irréguliere.

PAN DE BOIS. Assemblage de charpente, qui sert de mur de face à un bâtiment, & qui se fait de plusieurs manieres ; le plus ordinaire est de *sablieres*, de *poteaux à plomb*, & d'autres inclinés en décharge. Celui qu'on appelle *à brins de fougere*, est une disposition de petits *potelets* assemblés diagonalement à tenons & mortaises, dans les intervalles de plusieurs poteaux à plomb, laquelle ressemble à des branches de *fougere*, dont les brins font cet effet. Celui de losanges entrelacées, est aussi une disposition des pieces d'un pan de bois, ou d'une cloison posée en diagonale, entaillées de leur demi-épaisseur, & chevillées ; les panneaux des uns & des autres sont remplis, ou de briques, ou de maçonnerie enduite d'après les poteaux, ou recouverte & lambrissée fur un lattis. On appelloit autrefois les *pans de bois cloisonnages* & *colombages*.

PAN DE MUR. C'eſt une partie de la continuité d'un mur; ainſi on dit, quand quelque partie d'un mur eſt tombée, qu'il n'y a qu'un *pan* de mur, de tant de toiſes, à conſtruire, ou à réparer.

PAN. Meſure de Languedoc & de Provence. C'eſt la même choſe que *Palme* & *Empan*.

PANNACHE. Eſt une portion triangulaire de voûte, qui aide à porter la tour d'un dôme.

PANNE. Piece de bois qui, portée ſur les *taſſeaux* & *chantignoles* des forces d'un comble, ſert à en ſoutenir les chevrons; il y a des *pannes* qui s'aſſemblent dans les forces, lorſque les fermes ſont doubles. On nomme *panne de briſis* celle qui eſt au droit des briſis d'un comble à la manſarde.

PANNEAU. C'eſt l'une des faces d'une pierre taillée. On appelle *panneau de douelle*, celui qui eſt fait en dedans, ou au dehors de la curvité d'un vouſſoir; *panneau de tête*, celui qui eſt au devant; & *panneau de lit*, celui qui eſt caché dans les joints; on appelle encore *panneau*, ou *moule*, un morceau de fer blanc, ou de carton levé & coupé ſur l'épure, pour tracer une pierre.

PANNEAU DE FER. C'eſt un morceau d'ornement, de fer forgé, ou fondu, & renfermé dans un chaſſis, pour une rampe, balcon, ou porte; il ſe fait auſſi de ces panneaux par ſimples compartimens.

PANNEAU DE MAÇONNERIE. C'eſt, entre les pieces d'un pan de bois ou d'une cloiſon, la maçonnerie enduite d'après les poteaux; c'eſt auſſi, dans les ravalemens des murs de maçonnerie, toute table entre des naiſſances, plate-bandes, & cadres.

PANNEAU DE MENUISERIE, qu'on nomme auſſi *Panneau de remplage*. C'eſt une table d'ais minces, collés enſemble, dont pluſieurs rempliſſent le bâtis d'un lambris, ou d'une porte d'aſſemblage de menuiſerie. On appelle panneau *recouvert*, celui qui excede le

bâti, & est ordinairement moulé d'un quart de rond ;
on nomme encore *panneau*, du bois de chêne fendu,
& débité en planches de différentes grandeurs, de six
à huit lignes d'épaisseur, dont on fait les moindres
panneaux de menuiserie.

PANNERESSE. C'est la même chose que *carreau*.

PANTOGRAPHE ou SINGE. Instrument de mathématique, qui sert à copier toutes sortes de desseins,
& à les réduire de grand en petit, & de petit en
grand. On trouve la description de cet instrument
dans le Cours de mathématique du P. Deschalles ;
mais le Sr. Langlois ayant cherché les moyens de le
perfectionner, est parvenu à le porter à un point de
précision qui le rend très commode, & d'un usage
universel. Voyez-en la description & l'usage dans
la *méthode de lever les plans*, édition de 1750.

PANTOMETRE. On donne ce nom, en général, à
tout instrument de mathématique, avec lequel on
peut faire toutes les opérations de la géométrie pratique, telles que la mesure des hauteurs, des distan-
ces, &c. ainsi un *graphometre*, un *demi-cercle*, une
planchette, sont des *pantometres*.

PARABOLE, *terme de Géométrie*. Une des *sections coniques*. (*Voyez* ce mot.) La *Parabole* est un plan indéfini, terminé par une ligne courbe, qu'on nomme
ligne parabolique, & que l'on confond ordinairement avec la *parabole* même, au-dedans de laquelle,
tirant à l'axe, ou au diamétre, autant d'*ordonnées*
que l'on voudra, les quarrés de ces *ordonnées* seront
entr'eux comme les *abscisses* correspondantes ; ou,
ce qui revient au même, le quarré de chaque *ordonnée* est égal au rectangle sous l'*abscisse* correspondante & le *parametre*. Cette parabole est nommée
quarrée, pour la distinguer de la *parabole cubique*,
dont nous allons parler.

PARABOLE CUBIQUE. Elle ressemble assez à la précé-
dente, avec cette différence qu'elle n'est point une
section conique. Sa propriété est que le cube d'une

de ſes ordonnées eſt égal au parallelipipede compris
ſous le quarré du *parametre* , & l'*abſciſſe* correſ-
pondante à l'*ordonnée*. Il y a encore des paraboles
du quatriéme , du cinquiéme , & du ſixiéme dégré ,
dont nous ne ferons point mention ici.

PARABOLOÏDE. *Voyez* CONOÏDE.

PARALLELES. On appelle ainſi , *en Géométrie*, des
quantités qui gardent toujours entr'elles une égale diſtance ; de ſorte qu'étant prolongées à l'infini
elles ne s'écartent, ni ne s'approchent l'une de l'autre.

PARALLELE , *terme de Fortification*. Eſt le nom qu'on
donne à la ligne , c'eſt-à-dire au foſſé bordé de ſon
parapet , que les aſſiégeans font d'ordinaire autour
du glacis d'une place attaquée. On appelle auſſi
parallele , ou *place d'armes* , la partie de la tranchée
qui embraſſe tout le front de l'attaque , & qui ſert
à contenir des ſoldats, pour protéger l'avancement
des travaux.

PARALLELE , *terme de deſſein*. Inſtrument compoſé de
deux regles attachées enſemble par leurs extrêmités ,
qui ſert à tirer des lignes égales & paralleles entr'elles.

PARALLELIPIPEDE. Eſt un ſolide formé ordinairement par ſix ſurfaces rectangles , dont les oppoſées
ſont égales & paralleles.

PARALLÉLOGRAMME. Eſt une figure plane de quatre
côtés, dont les deux oppoſés ſont égaux & paralleles.
On le nomme *parallelogramme rectangle* , ou ſimplement rectangle , quand il a ſes quatre angles droits,
& *parallelograme oblique* , lorſqu'il eſt incliné ſur ſa
baſe.

PARALOGISME. Les Mathématiciens donnent ce nom
à un raiſonnement qui a l'apparence d'une démonſtration , mais qui, dans le fond , eſt faux , & ſoutenu
ſur de mauvais principes.

PARAMETRE. Eſt une ligne droite déterminée, qui eſt
particulierement affectée aux *ſections coniques* ; par

exemple le *parametre* de la *parabole*, est une ligne quadruple de la distance du foyer de cette *parabole* au sommet de l'axe, ou d'un diamétre de la même *parabole*. Le *parametre* est toujours une troisiéme proportionnelle à telle *abscisse* qu'on voudra & à l'*ordonnée* correspondante. De même le *parametre* d'une *ellipse* & d'une *hyperbole*, est une troisiéme proportionnelle au grand & au petit axe, ou quelquefois au petit & au grand axe.

PARAPET, *en Fortification.* Est une masse de terre, ordinairement de trois toises d'épaisseur, qu'on éleve sur le bord supérieur du rempart, propre à couvrir les troupes & l'artillerie contre les batteries de l'ennemi. Ce parapet doit avoir un talut, ou pente, au-dessus, afin que les soldats qui sont à couvert derriere, puissent voir les ennemis dans le chemin couvert qui leur est opposé. On donne encore le nom de *parapet* à tout ce qui couvre contre le canon; on dit aussi *parapet* d'un *pont*, ou d'un *quai*, en parlant de la muraille qui est au long du petit chemin, ou *trottoir*, qui sert pour les gens de pied.

PARC D'ARTILLERIE. Est un lieu où l'on fait amas de toutes les munitions qui sont nécessaires au service du canon & au remuement des terres, pour un siége; il est ordinairement situé hors de la portée du canon de la place: il y a aussi un parc d'artillerie à la suite d'une armée.

PAREMENT. C'est ce qui paroît d'une pierre, ou d'un mur, au dehors, & qui, selon la qualité des ouvrages, peut être layé, traversé, ou poli au grès. Les anciens, pour conserver les arrêtes des pierres, les posoient à paremens bruts, & les retailloient ensuite sur le tas.

PAREMENT DE MENUISERIE. C'est ce qui paroît extérieurement d'un ouvrage de menuiserie, avec cadres & panneaux, comme d'un lambris, d'une embrasure, d'un revêtement, &c. la plûpart des portes, guichets de croisées, &c. sont à deux paremens. Il

y a des assemblages, tels que le parquet, qui sont arrasés en leur parement.

PAREMENT DE PAVÉ. Se dit de l'assiette uniforme du pavé, sans bosses, ni flaches.

PARPAIN. Dans les murs de la moyenne épaisseur, on fait ensorte d'y poser des pierres qui le traversent, faisant face des deux côtés ; & ces pierres transversales sont des *parpains*, ou *pierres parpaignes*.

PARQUET, *terme de Menuiserie*. Assemblage de plusieurs pieces de bois, composé d'un chassis, & de plusieurs traverses qui se croisent à angles droits, ou obliquement ; ces traverses sont remplies de panneaux, ou petites planches quarrées, retenus avec languettes dans les rainures du bâtis ; & c'est ce qu'on appelle une *feuille de parquet*. Le parquet doit être assemblé proprement, à parement arrasé, & il s'attache sur des lambourdes, avec des clous à tête perdue, ensorte que le tout fasse un plancher sur lequel on puisse marcher.

PARTAGE, POINT DE PARTAGE, *en termes d'hydraulique*, se dit du plus haut point qui se trouve, d'où l'on puisse faire écouler les eaux d'un côté, ou de l'autre ; & on appelle *bassin de partage*, dans un canal qui est fait par artifice, l'endroit où est le sommet du niveau de pente, & où les eaux se joignent pour la continuité du canal. Le bassin de *Nauroufe* a été choisi pour le point de *partage* du canal de Languedoc ; c'est où se fait le partage des eaux qui vont d'un côté dans l'Océan, par la riviere de Fresquel, & par la Garonne, & de l'autre, par la riviere d'Ande, dans la Méditerranée. *Point de partage* se dit du repaire où cette jonction se fait. L'étang de *Longpendu*, en Bourgogne, avoit été marqué autrefois pour un *point de partage*, pour la jonction de la Saone à la Loire, parce que, d'un côté, il se décharge dans la Brebinche, & de là dans la Loire, & de l'autre dans la Dehume, & de là dans la Saone.

PARTEMENT, *terme de Navigation*. C'est la direction

du cours d'un vaiſſeau vers l'Orient, ou l'Occident, par rapport au méridien d'où il eſt parti ; ou bien c'eſt la différence de longitude entre le méridien ſous lequel un vaiſſeau ſe trouve actuellement, & celui où la derniere obſervation a été faite.

PARTERRE, *terme de Jardinage.* C'eſt la partie découverte d'un jardin, placée ordinairement devant le principal corps de logis, & formée avec des traits de buis, & des platebandes garnies de fleurs. Voyez la *Théorie & la Pratique du jardinage*, pour les différens deſſeins de *parterres.*

PARTI. Eſt un petit corps de cavalerie, ou d'infanterie, qui va dans le pays ennemi, à la découverte, ou au pillage.

PARTISAN. Eſt un homme de guerre, intelligent à commander un parti, qui connoît le pays, entend bien les embuſcades, & ſçait conduire un parti.

PAS, *terme de méchanique.* C'eſt, dans une vis, le plan qui s'entortille autour d'un cylindre, avec un angle aïgu, par le moyen duquel on peut élever, peu à peu, de grands fardeaux, ou preſſer fortement quelque choſe.

PAS géométrique. Eſt une meſure qui a cinq pieds de longueur ; le *pas commun* n'en a que deux & demi ; ainſi le pas géométrique eſt double du pas commun.

PAS, *terme de Charpenterie.* Petites entailles, en embrevement, faites ſur les plate-formes d'un comble, pour recevoir le pied des chevrons.

PAS DE PORTE, ou SEUIL. C'eſt la pierre qu'on met au bas d'une porte, entre les tableaux, & qui differe du ſeuil, en ce qu'elle avance au-delà du nud du mur, en maniere de marche. *Voyez* au mot SEUIL.

PAS DE SOURIS, *terme de Fortification.* Ce ſont de petits dégrés pratiqués aux arrondiſſemens du foſſé, & à ſes angles rentrans, pour communiquer du foſſé au chemin couvert.

PASSAGE. C'eſt, dans une maiſon, une allée différente

du corridor, en ce qu'elle n'est pas si longue.

PATACHE. Est un vaisseau de haut bord, qui sert à la guerre, à faire des courses, & qui suit ordinairement un plus grand. Elle sert encore de premiere garde à l'entrée d'un port, pour arrêter les vaisseaux, & les empêcher d'y aborder. Elle va faire la découverte, & reconnoître les navires qui vont ranger la côte ; enfin elle sert aussi pour faire payer quelques droits. On nomme encore *patache*, un bateau qui, sur les rivieres, tient lieu de bureau, pour visiter les marchandises qui passent, soit pour en faire payer les droits, ou pour empêcher la contrebande.

PATÉ ou Fer a cheval. *Voyez* à ce mot.

Pate, *terme de Mine*. Quand on creuse un puits dans un terrein qui n'est point de bonne consistance, & qu'on est obligé de coffrer, l'on pose des chassis horizontalement, pour retenir les planches, à mesure que l'on approfondit. Les extrémités des pieces du premier chassis qui est au bord du puits, excedent de dix ou douze pouces, pour appuyer sur les terres fermes (& ces appuis se nomment *oreilles*): or pour que tous les autres chassis que l'on met ensuite, puissent se soutenir, on accroche le second au premier, avec des bouts de planches cloués l'un à l'autre ; on accroche ainsi le troisiéme au second, & le quatriéme au troisiéme, & ce sont ces bouts que les mineurs appellent *pates*.

PATIN. Piece de bois posée de niveau sur le parpain d'échiffre d'un escalier, & dans laquelle sont assemblés à plomb les noyaux & potelets.

Patins, *terme d'Architecture hydraulique*. On appelle ainsi les pieces de bois qu'on couche sur un pilotage, & sur lesquelles on pose les plate-formes, pour fonder dans l'eau.

PATROUILLE. Est un guet de nuit, composé ordinairement de cinq ou six soldats commandés par un sergent, qui part du corps-de-garde de la place, pour observer ce qui se passe dans les rues, &

veiller à la tranquillité & à la sûreté de la ville.

PATTE D'OYE DE PAVÉ. C'est l'extrémité d'une chauffée de pavé, qui s'étend en glacis rond, pour se raccorder au ruisseau d'en bas.

PATTE D'OYE, *en terme de Mine.* Se dit des trois petits rameaux, pratiqués à l'extrémité d'une galerie.

PAVÉ. Se dit autant de l'aire pavé sur laquelle on marche, que de la matiere qui l'affermit ; comme est le caillou, ou le gravois, avec mortier de de chaux & de fable, ou le grès, la pierre dure, &c.

PAVÉ DE GRÈS. Celui qui est fait de quartiers de grès, de huit à neuf pouces, presque de figure cubique, dont on se sert en France pour paver les grands chemins, rues, cours, &c. On appelle *pavé fendu,* celui qui est de la demi épaisseur du précédent, & dont on pave les petites cours, les écuries, &c. & *pavés d'échantillon,* ceux qui sont des grandeurs ordinaires, selon la coutume.

PAVÉ DE PIERRE. Celui qui est fait de dales de pierre dure, à joints quarrés, posées d'équerre, ou à losanges, à carreaux égaux, avec plate-bandes, ou de quartiers tracés à la fauterelle, & posés à joints incertains.

PAVEMENT. Ce mot se dit aussi-bien de l'action de paver, que d'un espace pavé en compartiment de carreaux de terre cuite, de pierre, ou de marbre.

PAVER. C'est asseoir le pavé, le dresser avec le marteau, & le battre avec la demoiselle. On dit paver à *sec,* lorsqu'on asseoit le pavé sur une forme de fable de riviere, comme dans les rues, & sur les grands chemins ; paver à bain de mortier, lorsqu'on se sert de mortier de chaux & de fable, ou de chaux & de ciment, pour asseoir & maçonner le pavé, comme on fait dans les cours, les écuries, terrasses, aqueducs, pierrées, cloaques, &c. *Repaver,* c'est, sur une forme neuve, manier à bout le vieux pavé,

& en mettre de nouveaux à la place de ceux qui
font caſſés.

'PAVEUR. Eſt celui qui taille & aſſeoit le pavé ; ce
nom eſt commun pour le maître & les compagnons.

PAVILLON , *terme d'Architecture.* C'eſt un bâtiment,
le plus ſouvent iſolé , & d'une figure quarrée , ſous
un ſeul comble ; c'eſt auſſi, dans une façade, un
avant-corps qui en marque le milieu ; & lorſqu'il
flanque une encoignure , on le nomme *pavillon an-*
gulaire.

PAVILLON , *terme de Marine.* C'eſt ainſi qu'on appelle,
ſur mer , la banniere qui s'arbore au haut des mâts
d'un vaiſſeau , pour faire connoître de quelle nation
il eſt , & le rang que tiennent ceux qui le commandent. On dit *Pavillon* d'Amiral , *Pavillon* Marchand,
Pavillon François , &c.

PENDENTIF , *terme d'Architecture.* Portion de voûte ,
entre les arcs d'un dôme , ſur laquelle on taille ordinairement des ornemens de ſculpture, ou des
compartimens ; on la nomme auſſi *fourche, & pan-*
nache d'une voûte.

PENDULE. Le *Pendule* eſt un poids ſuſpendu par un
filet inflexible , attaché à un point fixe , qu'on nomme *centre de mouvement réciproque ,* autour duquel il
fait , quand on le met en mouvement, des arcs de
cercle , en deſcendant & en remontant, qu'on appelle *vibrations.*

Toutes les vibrations d'un même pendule, ſoit
grandes ou petites, ſont à peu-près d'une égale
durée ; mais les pendules de différentes longueurs
ont un nombre inégal de vibrations en tems égal ,
parce que celles d'un *pendule* d'une certaine longueur , ſont d'une plus grande durée que celles
d'un autre pendule dont la longueur eſt plus petite.
Par exemple , un *pendule* long de neuf pouces deux
lignes $\frac{1}{4}$, marque les demi-ſecondes dans chacune de

fes vibrations ; un autre long de trois pieds , huit pouces $\frac{1}{2}$, marque une feconde ; un autre de quatorze pieds , dix pouces , marque deux fecondes. L'on a reconnu , par plufieurs expériences , que les longueurs des *pendules* font réciproquement proportionnelles au quarré des nombres de leurs vibrations , en tems égal , c'eft-à-dire que la longueur du premier *pendule* eft à celle du fecond , comme le quarré du nombre des vibrations de ce fecond , dans un certain tems, eft au quarré du nombre des vibrations du premier , dans le même tems. *Galilée* eft le premier qui ait fait des obfervations fur le mouvement des *pendules* , & Mr. *Huyghens* en a appliqué le premier la théorie aux horloges connues fous le nom de *pendules*.

PÊNE , *terme de Serrurerie*. Petit morceau de fer quarré , qui eft mis en mouvement , dans la ferrure , par le moyen de la clef , & d'un ou plufieurs refforts , & qui fert à tenir une porte fermée, quand il eft entré dans la gache qui le retient.

PENNETON , *terme de Serrurerie*. C'eft la partie de la clef qui entre dans la ferrure , & qui fert à ouvrir & à fermer le pêne.

PENTAGONE. Eft un polygone , ou figure qui a cinq angles & cinq côtés ; elle eft *réguliere* , quand fes angles & fes côtés font égaux , & *irréguliere* , quand elle a fes côtés inégaux.

PENTE. Inclinaifon peu fenfible , que l'on fait ordinairement pour faciliter l'écoulement des eaux ; elle eft réglée à tant de lignes par toife , pour le pavé & les terres , pour les canaux des aqueducs & conduites , & pour les chêneaux & gouttieres des combles.

PENTURE , *terme de Serrurerie*. Bande de fer plat , repliée en rond par un bout, pour recevoir le *mammelon* d'un gond , qui eft attachée fur le bord d'une porte , ou d'un contrevent , & qui fert à le faire mouvoir ,

mouvoir, pour l'ouvrir, ou le fermer.

PERCÉ, *terme d'Architecture*. Ce mot s'entend de la diſtribution des jours d'une façade ; c'eſt pourquoi on dit qu'un pan de bois, ou un mur de face eſt bien percé, lorſque les vuides ſont bien proportionnés aux pleins ; on dit auſſi qu'une égliſe, qu'un veſtibule, qu'un ſalon, &c. eſt bien percé, lorſque la lumiere y eſt répandue également.

PERCHE. Eſt une longueur de vingt-deux pieds, ſelon l'Ordonnance, qui eſt en uſage parmi les arpenteurs, quoique dans la prevôté de Paris la perche ne ſoit que de dix-huit pieds ; ainſi la perche quarrée, ſelon la même Ordonnance, eſt un quarré, dont chaque côté eſt de vingt-deux pieds. L'arpent de terre doit contenir cent perches quarrées.

PERIMETRE. C'eſt le contour d'une figure, ou d'un corps quelconque.

PERISTYLE. On entend par ce mot, en général, un lieu décoré de colonnes iſolées, ſoit au dedans, ſoit au dehors d'un édifice ; tel eſt le fameux periſtyle du Louvre, à Paris, qui décore la façade de ce palais, du côté de Saint Germain l'Auxerrois.

PERPENDICULAIRE. On fait uſage de ce terme, en Géométrie, pour exprimer la ſituation verticale d'une ligne, ou d'une ſurface ; ainſi une ligne eſt perpendiculaire à une autre ligne, ou une ſurface à une autre ſurface, quand elle fait, en tombant ſur elle, des angles égaux de part & d'autre.

PERRIERE, *terme d'Artillerie*. Barre de fer, qui a une maſſe pointue à ſon extrêmité, avec laquelle le maître fondeur enfonce & débouche le trou du fourneau, pour en faire ſortir le métal tout liquide & tout bouillonnant, qui va de là ſe précipiter dans les moules.

PERRON. Eſcalier découvert, en dehors d'une maiſon, & qui ſe fait de différentes formes & grandeurs, ſuivant la place qu'il doit occuper, & la hauteur où il doit arriver.

P.

PERSIQUE. Les Architectes appellent ainsi un Ordre d'architecture, où l'on emploie des figures d'esclaves Persans, au lieu de colonnes, pour porter une tribune, un entablement, &c.

PERSPECTIVE, *partie de l'Optique,* C'est une science qui enseigne, par régles, à représenter sur une superficie plane, les objets tels qu'ils paroissent à la vûe.

PERTUIS. C'est un passage étroit, pratiqué dans une riviere aux endroits où elle est basse, pour en rehausser l'eau de trois ou quatre pieds, & faciliter ainsi la navigation des bateaux qui montent ou qui descendent, & qui se fait, en laissant entre deux batardeaux, une ouverture qu'on ferme avec des aiguilles, ou avec des planches en travers, ou enfin avec des portes à vannes.

PESANTEUR. Est une qualité, ou vertu, par laquelle une chose pesante est emportée en bas. Au lieu de *pesanteur,* on dit aussi *gravité.*

PESANTEUR ABSOLUE D'UN CORPS. Est la force avec laquelle ce corps tend à descendre, lorsqu'il ne touche à quoi que ce soit; la *pesanteur absolue* d'une pierre qui est en l'air, est l'effort qu'elle fait pour descendre vers la terre.

PESANTEUR RELATIVE D'UN CORPS. Est la force qu'il a pour se mouvoir avec une partie de sa pesanteur; ainsi la pesanteur relative d'un corps qui est sur un plan incliné, est la force que ce corps a pour rouler sur le plan.

PESANTEUR SPECIFIQUE. *Voyez* GRAVITÉ SPECIFIQUE.

PESSIERE. Est une digue pour soutenir les eaux d'une riviere, afin de former un reservoir propre à donner de l'eau à une machine; le surplus des eaux de la riviere coule par-dessus la *pessiere,* sans l'endommager.

PETARD, *terme d'Artillerie.* Machine de fer, ou de fonte, qui a la forme d'un cône tronqué; sa profondeur & fa largeur, doivent être proportionnées à fon épaiffeur. Cette machine a quatre anfes, par lefquelles elle eft fortement arrêtée, avec des liens de fer, à un madrier ; il y a auffi un fort crochet de fer au madrier, pour l'attacher à l'endroit où le petard doit être placé. L'ufage du *petard* eft de rompre, ou d'enfoncer des portes, des barrieres, & même des murailles, lorfqu'étant chargé de poudre, & la bouche appliquée contre un madrier, on y met le feu par la lumiere.

PEUPLER. C'eft, en charpenterie, garnir un vuide de pieces de bois, efpacées à égale diftance ; ainfi on dit *peupler* de poteaux une cloifon, *peupler* de folives un plancher, *peupler* de chevrons un comble, *peupler* de pilots une fondation.

PHARE, *terme de Marine.* Lieu élevé dans un port de mer, ou le long d'une côte dangereufe, où l'on entretient du feu toute la nuit, pour fervir de fignal aux vaiffeaux ; c'eft la même chofe que *fanal* : *voyez* ce mot. *Voyez* auffi la defcription de la *Tour de Cordouan*, dans notre *Architecture hydraulique*, feconde partie, tome premier.

PIC-HOYAU. *Voyez* Outils a Pionniers.

PIECE, *en termes d'Artillerie.* Ce mot fignifie *le canon*, ou *le mortier*.

Piece, *en Architecture.* Se dit de chaque différent lieu dont une maifon, ou un appartement eft compofé, comme d'une falle, d'une chambre, d'un cabinet.

Piece de charpente. C'eft tout morceau de bois taillé, qui entre dans un affemblage de charpenterie, & qui fert à divers ufages dans les bâtimens ; on nomme maîtreffes pieces, les plus groffes, comme les *poutres*, *tirans*, *entraits*, *jambes de force*, &c.

Piece de bois C'eft, felon l'ufage de Paris, une mefure de fix pieds de long, fur foixante & douze pouces d'équarriffage ; ainfi une piece de bois méplat, de douze pouces de largeur, fur fix pouces de groffeur,

& fix pieds de long , fera ce qu'on appelle une *piece* ; à quoi on réduit toutes les pieces de bois , de différentes groffeurs & longueurs, qui entrent dans la conftruction des bâtimens , pour les eftimer par *cent*.

PIED. Mefure imitée de la longueur du pied humain , & différente , felon les lieux où l'on s'en fert pour mefurer les fuperficies & les folides ; mais comme en France nous avons un pied d'une certaine grandeur déterminée dans tout le royaume, par l'autorité du Prince , & qu'à caufe de cela on le nomme *pied de Roi* , nous parlerons feulement de celui-ci , étant le feul d'ufage parmi tous les Mathématiciens, les Ingénieurs , & Architectes du royaume. Or, pour donner une idée de la longueur de ce pied, on fçaura qu'un pendule qui auroit pour longueur cinq de ces pieds , fait en une heure 1846 vibrations fimples. Le pied dont nous parlons eft divifé en douze parties égales, que l'on nomme *pouces*, chaque pouce en douze autres parties égales , que l'on nomme *lignes* , & chaque ligne en douze parties égales, que l'on nomme *points*. Ce *pied* étant confideré felon fa longueur , eft nommé pied courant , & fert pour mefurer les lignes.

Le *Pied quarré* eft une fuperficie quarrée, dont chaque côté eft d'un pied de long, & qui contient 144 pouces quarrés ; il fert pour mefurer les fuperficies.

Le *Pied cubique* doit être confideré comme un cube, dont chaque face eft d'un pied quarré ; il fert pour mefurer les folides, & contient 1728 pouces cubes.

Le *Pied de toife quarrée* eft la fixiéme partie de la toife quarrée ; & comme cette toife contient trentefix pieds quarrés , le pied de toife quarrée en contient fix , & doit être confideré comme un rectangle qui a un pied de bafe , fur une toife de hauteur.

Le *Pied de toife cube* eſt la ſixiéme partie de la toiſe cube ; & comme cette toiſe eſt de deux cens ſeize pieds cubes, le pied de toiſe cube en contient par conſéquent trente-ſix, & doit être conſideré comme un parallelipipede qui a une toiſe quarrée de baſe, ſur un pied de hauteur.

Le *Pied de ſolive*, qui eſt la ſixiéme partie de la ſolive, eſt un parallelipipede qui a pour baſe un rectangle de douze pouces de longueur, un pouce de largeur, & pour hauteur la toiſe.

Le *Pied cube d'eau*, c'eſt-à-dire de l'eau ordinaire, comme celle des rivieres, peſe ſoixante & dix livres, & contient trente-cinq pintes de Paris, parce que la pinte de Paris peſe deux livres : il faut huit pieds cubes pour faire un muid d'eau, ou deux cens quatre-vingt pintes. L'eau de la mer étant ſalée, eſt plus peſante que celle des rivieres ; ſon pied cube peſe ſoixante & douze livres : auſſi pourroit-il arriver qu'un vaiſſeau qui auroit toute ſa charge, venant à paſſer de la mer dans un fleuve, ou dans une riviere, couleroit à fond, lorſqu'il ſeroit parvenu à l'eau douce, parce que la peſanteur ſpécifique de l'eau douce eſt moindre d'un trente-ſixiéme que celle de la mer.

PIED DE BICHE. Barre de fer, dont un bout eſt attaché par un crampon dans le mur, & l'autre, en forme de crochet, s'avance ou recule dans les dents d'une crémilliere, ſur le guichet d'une porte cochere, pour empêcher qu'il ne ſoit forcé.

PIED DE CHEVRE. C'eſt une troiſiéme piece de bois qu'on ajoûte à une chevre, pour lui ſervir de jambe, lorſqu'on ne peut l'appuyer contré un mur, pour enlever quelque fardeau à plomb, de peu de hauteur, comme une poutre, ſur des treteaux, pour la débiter.

PIED DE MUR. C'eſt la partie inférieure d'un mur, compriſe depuis l'empattement du fondement juſqu'au-deſſus, ou à hauteur de retraite.

PIEDESTAL. C'eſt un corps quarré, avec baſe & corniche, qui porte une colonne, & lui ſert de ſoubaſſement ; il eſt différent ſelon les cinq Ordres d'Architecture.

PIEDROITS. Sont des murs qui portent une voûte ; on nomme auſſi piedroit la partie du trumeau d'une porte, ou d'une croiſée, qui comprend le bandeau, ou chambranle, le tableau, la feuillure, &c.

PIERRE. Matiere la plus utile pour bâtir, qui ſe tire, dure ou tendre, des carrieres.

PIERRES D'ATTENTE Pierres qui ſaillent au-delà d'un mur, ſoit ſur ſa longueur, ou ſur ſon épaiſſeur, pour faire corps avec un autre mur que l'on ſe propoſe d'y joindre par la ſuite. *Voyez* au mot HARPES.

PIERRE DE CANT OU DE CHAMP, OU PIERRE DEBOUT. Eſt une façon de poſer les pierres, ou les briques, autrement qu'en la pratique ordinaire ; car au lieu de les poſer ſur leurs lits, on les poſe ſur le côté.

PIERRE DE PRATIQUE, OU A JOINTS INCERTAINS. Eſt une eſpece de moilonnage qui s'alite aiſément ; on s'en ſert comme elle ſort de la carriere, pour paver le deſſus des quais qui ſe conſtruiſent au long des ports de mer, avec cette précaution de les poſer dans les compartimens ſpacieux d'un grillage, ſur leurs lits, & à joints incertains, en bain de mortier, à chaux & à ſable.

PIERRES PERDUES, FONDEMENT A PIERRES PERDUES. C'eſt une maniere de fonder dans l'eau, quand on ne peut pas faire les épuiſemens néceſſaires. *Voyez* au mot ENROCHEMENT. *Voyez* auſſi le livre troiſiéme de la *ſcience des Ingénieurs*, & la ſeconde partie de notre *Architecture hydraulique*, où il eſt parlé amplement de ces différentes manieres de bâtir dans l'eau.

PIERRES SECHES. On ſe ſert de pierres poſées de cant, pour paver les compartimens des grilles qui cou-

vrent les fafcinages , lefquelles fe travaillent fans
mortier : ce qui fait que l'on appelle ces ouvrages ,
à pierres feches.

PIERRÉE. Canal fouterrein , fouvent conftruit à pierres feches , & glaifé dans le fond , qui fert à
conduire les eaux des fontaines , des cours , & des
combles.

PIERRÉE. Se dit d'une forte de mortier compofé de
chaux , de fable , & de cailloutage , pour former un corps de maçonnerie , à l'aide des coffres.

PIERRIER. Eft une efpece de gros canon court &
large , fort peu différent du mortier , fervant à
jetter des pierres dans un chemin couvert , ou dans
un autre lieu refferré où il y a des troupes.

PIEUX. Pieces de bois de chêne qu'on employe de
leur groffeur , pour faire les paléés des ponts de
bois , ou qu'on équarrit pour les files de pieux qui
retiennent les berges de terre , les digues , &c. ou
qui fervent à conftruire les batardeaux. Les *pieux*
font différens des pilots , en ce qu'ils ne font jamais tout-à-fait enfoncés dans la terre , & que
ce qui en paroît en dehors , eft fouvent équarri.

PIGNON. C'eft le haut d'un mur mitoyen , ou d'un
mur de face , qui fe termine en pointe , & où vient
finir le comble.

PIGNON A REDANS. C'eft , à la tête d'un comble à deux
égoûts , un *pignon* dont les côtés font par retraite ,
en maniere de dégrés , & qu'on faifoit anciehne-
ment pour monter fur le faîte d'un comble , lorfqu'il en falloit réparer la couverture , ce qui fe far-
brique encore aujourd'hui dans les pays froids , où
les combles font fort pointus , & plutôt par ornement que pour cet ufage.

PIGNON ENTRAPETÉ. Se dit d'un bout de mur , à la
tête d'un comble , dont le profil n'eft pas triangulaire , mais à cinq pans , comme celui d'une man-
farde ; ou même à quatre , comme celui d'un trapeze.

PIGNON, *en Méchanique.* Est une petite roue dentée, ou une espece de rouleau de fer, ou d'autre métal, qui est comme cannelé, c'est-à-dire creusé en long, pour recevoir les dents de quelque roue qui engrene dans les cannelures.

PILASTRE. C'est une espece de colonne quarrée par son plan, souvent engagée dans le mur, ensorte qu'elle ne paroît que le quart, ou la cinquiéme partie de son épaisseur. Le pilastre est différent, selon les Ordres, dont il emprunte le nom de chacun, ayant les mêmes proportions & les mêmes ornemens que les colonnes.

PILE DE PONT. C'est un massif de forte maçonnerie, dont le plan est le plus souvent hexagone barlong, & qui sépare, & porte les arches d'un pont de pierre, ou les travées d'un pont de bois.

PILIER, *terme de Maçonnerie.* Espece de colonne ronde, ou quarrée par son plan, faite de bois, ou de pierre, sans aucune proportion, & qui sert à soutenir un plancher, une poutre, une voûte, &c.

PILONS DE MOULIN. Dans les moulins où l'on fait la poudre à canon, & dans les autres où l'on fait de l'huile, la roue à aubes est assemblée à un arbre qui traverse l'intérieur du moulin; autour de cet arbre il y a des fiches de bois qui, en tournant, accrochent alternativement des clefs attachées à de grosses pieces de bois, qui se levent & se baissent verticalement; ce sont ces pieces de bois que l'on nomme *pilons*, qui, venant à tomber, écrasent par leur poids les matieres qui sont dessous.

PILOTAGE, ou PILOTIS. C'est, dans l'eau, ou sur un terrein de mauvaise consistance, une espace peuplé de pilots, sur lequel on fonde.

PILOTAGE, *la science du Pilote.* C'est l'art de prescrire la route d'un vaisseau sur mer, & de déterminer le point du ciel sous lequel il se trouve. On peut diviser le pilotage en cinq parties qui constituent essentiellement tout le fond de cet art; sçavoir,

l'obfervation des aftres , l'ufage de la bouffole , l'ef-
time , l'ufage des cartes marines , & la correction de
la route.

PILOTER. C'eft enfoncer des pieux , ou des pilots , avec
la *fonnette* , ou l'*engin* , jufqu'au refus du mouton ou
de la hie.

PILOTS. Ce font de grandes pieces de bois qui vont en
diminuant par le bas , que l'on taille en pointe , afin
de faciliter leur entrée dans la terre , dans le tems
qu'on les y frappe ; ils font d'ufage pour les palées
des ponts , pour les faces des quais de charpente ,
pour le devant des jettées des châteaux , des havres ,
&c. Ils font ordinairement couronnés ou recouverts
d'un chapeau , ou d'une liffe , avec laquelle ils font
affemblés à tenons & mortaifes , au-deffous de laquelle on pofe les ventrieres , pour les entretenir.
Leur longueur n'eft pas toujours la même ; la plus
confidérable ne paffe guere quarante pieds , fur feize
à dix huit pouces de groffeur par le haut ; lorfque le
terrein eft un peu ferme , on les chauffe avec un fa-
bot , ou foulier de fer , de quatorze à quinze livres
pefant. On fe fert auffi de *pilots* pour foutenir les
clefs dans les quais de charpente , ce que l'on appelle *pilots de clefs* , & pareillement pour foutenir
les *dormans* dans les mêmes quais , &c. que l'on
nomme *pilots de dormans.*

PILOTS DE REMPLAGE , ou de COMPRESSION. C'eft ainfi
que l'on nomme les pilots dont on peuple l'étendue
d'une fondation qu'on veut établir dans un mauvais
terrein , pour les diftinguer des autres pilots différemment employés , auxquels on donne des noms
qui ont le plus de rapport à leur ufage.

PILOTS DE BORDAGE. Quand pour fonder une pile de
pont , ou quelqu'autre ouvrage dans un mauvais
terrein , & qu'on juge à propos de faire un grillage ,
après que ce grillage a été bien établi , on enfonce
tout autour , ou feulement fur le devant de la
fondation , des *pilots,* que l'on nomme de *bordage.*

PILOTS DE GARDE. Pour conserver le revêtement de maçonnerie des quais & des bassins qui se font dans les ports de mer & dans les autres villes où il y a une navigation, contre le choc des vaisseaux, ou des bateaux qui pourroient les endommager, on plante de distance en distance des pilots addossés contre la maçonnerie, que l'on nomme *pilots de garde*.

PINCE. Barre de fer aiguisée d'un côté en biseau, qui sert aux maçons & aux charpentiers, pour remuer les fardeaux ; aux canonniers, pour pointer & conduire les canons ; aux paveurs, pour relever les pavés, & aux mineurs, pour détacher les pierres.

PINNULES. Sont deux petites plaques de cuivre fendues dans le milieu, posées verticalement aux extrêmités du diametre d'un *graphometre*, & aux extrêmités de l'alidade, au travers desquelles on vise les objets quand on veut prendre l'ouverture d'un angle, pour faire quelque opération de trigonométrie.

PINTE. Vaisseau qui sert à mesurer des liqueurs. La pinte de Paris se divise en deux chopines, & contient deux livres d'eau, de seize onces chacune.

PIOCHE. Outil de fer plat en forme de marteau, large par le bout, emmanché sur un bâton d'environ deux pieds de longueur, servant aux maçons, carriers, pionniers, terrassiers, &c. pour remuer la terre, les platras, les démolitions, &c. La pioche sert à faire l'ouverture de la tranchée, à fouiller les fondations d'une muraille, & à remuer les terres d'un ouvrage : on ne sçauroit guere faire de siége sans cet instrument.

PIONNIER. Ouvrier que l'on emploie à l'armée pour applanir les chemins, creuser les tranchées, & faire les retranchemens pour les troupes, & les autres travaux d'un siége.

PIQUÉ. On appelle ainsi les pierres qui sont proprement piquées & dressées quarrément en leur parement, comme le moilon piqué.

PIQUER LE BOIS , *terme de Charpentier.* C'est marquer une piece de bois avec le traceret, pour la tailler & la façonner.

PIQUETS. Sont des morceaux de bois de quatre à cinq pieds de long , qui servent à former les tunes dans les ouvrages de fascinage.

PIQUETS. Ce font encore des petits morceaux de bois pointus, qu'on enfonce dans la terre pour tendre des cordeaux , lorfqu'on veut tracer quelque ouvrage.

PIQUET , *terme de Guerre.* On appelle ainfi un certain nombre de foldats & de cavaliers de chaque compagnie d'une armée, qui font en état de marcher au premier commandement. Les foldats qui font de piquet ne fe deshabillent point , non plus que les cavaliers ; ceux-ci ont même leurs chevaux toujours fcellés pendant tout le tems qu'ils font de piquet : ce tems eft ordinairement de vingt-quatre heures.

Dans les parcs d'artillerie , il y a toujours un certain nombre de chevaux d'artillerie tout enharnachés & prêts à marcher pour les occafions fubites & imprévues : c'eft ce qu'on appelle *les chevaux de piquet.*

PIQUEUR. C'eft , dans un attelier, un homme prépofé par l'Entrepreneur pour recevoir par compte les matériaux , en ga der les tailles , veiller à l'emploi du tems , marquer les journées des ouvriers , & piquet fur fon rolle ceux qui s'abfentent pendant les heures du travail , afin de retrancher de leur falaire. On appelle *Chaffavants*, les moindres piqueurs , qui ne font que hâter les ouvriers.

PIRAMIDE , ou PYRAMIDE. Solide dont la bafe eft un polygone , & dont les faces font des triangles plans qui ont leur fommet réuni en un feul point.

PISTON. C'eft un corps cylindrique de métal qui, étant agité par une manivelle dans le corps d'une pompe , fert, par fon mouvement, à tirer ou à aspirer l'eau, en la comprimant, pour la forcer de s'élever plus haut que sa source.

PIVOT. Morceau de fer, ou de bronze, arrondi à l'extrêmité par où il entre dans une *crapaudine*, & attaché au bas du ventail d'une grande porte; il sert à le faire tourner verticalement : cette maniere est la plus durable pour suspendre les portes.

PLACAGE. Se dit d'une maniere de revêtir un parapet, ou un rempart, & qui se fait avec de la terre noire de jardin, & des gazons coupés & appliqués par-dessus.

PLACE ou EMPLACEMENT. Espace de figure réguliere, ou irréguliere, destiné pour bâtir, & sur lequel l'Architecte se régle pour déterminer ses projets.

PLACE BASSE. *Voyez* CASEMATES.

PLACE D'ARMES. Est un terrein propre à ranger des troupes en bataille, pour les envoyer de là dans les lieux où l'on en a besoin.

PLACES D'ARMES D'UNE ATTAQUE. Dans les travaux d'un siége, ce sont des lignes paralleles au front de l'attaque, où se termine la tranchée, creusées dans le terrein, & bordées d'un parapet formé par la terre qu'on en a tirée; elles servent à couvrir un corps de troupes, que l'on y tient en réserve pour protéger les travaux de la tranchée, & soutenir les travailleurs. *Voyez* au mot PARALLELES.

PLACES D'ARMES D'UN CHEMIN COUVERT. Ces places d'armes sont de deux sortes, les unes, qu'on nomme *saillantes*, sont celles qui sont pratiquées dans le chemin couvert, à l'endroit opposé aux angles saillans des ouvrages, & qui ont pour gorge l'arrondissément de la contrescarpe; les autres, qu'on nomme *rentrantes*, sont celles qui sont placées dans les angles rentrans du chemin couvert.

PLACE D'ARMES D'UN CAMP. C'est le grand espace, ou terrein, où l'on peut ranger une armée en bataille.

PLACE D'ARMES D'UNE FORTERESSE. Eſt le lieu où l'on fait aſſembler les troupes qui doivent monter la garde, pour les envoyer chacun à leur poſte.

PLACE DE GUERRE. Eſt une fortereſſe qui eſt fortifiée régulierement, ou irrégulierement.

PLACE HAUTE. Eſt la plus élevée des plate-formes d'une caſemate, & celle qui regne avec le terreplein du baſtion, pour y loger le canon qui doit battre la campagne.

PLAFOND. C'eſt le deſſous d'un plancher droit, ou ceintré, lambriſſé de lattes recouvertes de plâtre, ou revêtu de menuiſerie ; on le décore ſouvent de peintures, ou d'ornemens de ſculpture.

PLAGE. Eſt une mer baſſe, vers un rivage étendu en ligne droite, ſans aucun cap apparent, où l'on peut ancrer.

PLAINE ou PLANE. Outil de fer tranchant, qui a deux poignées pour le tenir, & qui ſert à dreſſer le bois. *Voyez* au mot RABOT.

PLAN, *en Géométrie*. Eſt une ſurface conſiderée ſans épaiſſeur, qui n'a ni courbure, ni profondeur.

PLAN, *terme d'Architecture civile & militaire*. Eſt une repréſentation des ouvrages ſur une ſuperficie plate ; on l'appelle auſſi *Ichnographie*. C'eſt proprement le deſſein d'un ouvrage coupé horizontalement au niveau de la campagne, ou dont on auroit ruiné toute la hauteur, à l'exception de deux ou trois pieds au-deſſus du niveau du terrein.

PLAN INCLINÉ, *terme de Méchanique*. C'eſt une ſurface inclinée à l'horizon, le long de laquelle on fait mouvoir un corps. Les Méchaniciens la mettent au rang des machines ſimples.

PLANCHER. Ce mot ſe dit autant d'une certaine épaiſſeur faite de ſolives, qui ſépare les étages, que de l'aire qu'elle porte, & ſur laquelle on marche ; il ſe prend auſſi pour le deſſous, à bois apparent, ou lambriſſé.

PLANCHETTE. Inſtrument dont on ſe ſert pour faire

toutes les opérations de la géométrie pratique ; comme de mesurer un angle, tirer des lignes parallèles à une base donnée, &c.

PLANÇONS, *terme d'Architecture hydraulique.* Ce sont des petits pilots ronds, de chêne, de douze à quinze pieds de longueur, sur trois à quatre pouces de diametre par le haut, finissant en pointe par le bas, lesquels ne sont pas taillés, ni équarris ; ils sont d'usage pour maintenir les petits grillages qui couvrent le dessus des risbermes, des jettées de fascinage, & des avant-radiers.

PLANIMÉTRIE. La planimétrie est une partie de la géométrie pratique, qui enseigne à mesurer les superficies planes.

PLAQUER LE PLATRE. Maniere de l'employer, en le jettant fortement avec la main, comme pour gobeter & hourdir ; & *plaquer le bois*, c'est l'appliquer par feuilles minces sur un assemblage d'autre bois, comme le pratiquent les ébénistes.

PLAT, *terme de Charpenterie.* Poser une piece de bois sur le *plat*, c'est la mettre sur son foible, ce qui est une mal-façon ; on doit toujours la mettre sur son fort, ce qu'on appelle *poser de champ.*

PLAT-BORD, *terme de Marine.* Espece de gardefou, ou d'appui, qui regne autour du pont d'un vaisseau : il se dit aussi en général des pieces qui font le dessus du bordage d'un navire, ou d'un bateau.

PLATEBANDE, *terme d'Artillerie.* Est une espece d'ornement que l'on fait aux canons, qui regne autour de la piece, ayant un peu de relief au-dessus du reste du métal, & toujours précedé d'une moulure. Quand les pieces sont bien faites, elles ont ordinairement trois platebandes ; celle de *la culasse*, celle *du premier renfort*, & celle *du second renfort.*

PLATEBANDE. Moulure quarrée, plus haute que saillante, comme sont les faces d'un architrave.

PLATEBANDE DE BAYE. C'est la fermeture quarrée, qui sert de linteau à une porte, ou à une fenêtre, & qui

compose quelquefois une voûte plate ; les platebandes font compofées de plufieurs claveaux.

PLATEBANDE DE PAVÉ. C'eſt une rangée de pierres, d'un
échantillon plus grand que le pavé ordinaire qu'elle
renferme, comme peut être une bordure dans le
pavé brut, pour le contenir, afin qu'il ne fe dérange
point.

PLATÉE. C'eſt un maſſif de fondement, qui comprend
toute l'étendue d'un bâtiment, comme font fondés
les aqueducs, les éclufes, formes, & autres ouvrages
qui renferment un grand efpace.

PLATEFORME, *en termes d'Artillerie*. C'eſt, dans une
batterie de canons, un plancher fait de madriers,
fur lequel on place le canon. Les *plateformes* fe font
toujours plus élevées fur le derriere que vers l'épaulement, afin que la piece, en tirant, trouve de la
réfiſtance à reculer, & qu'on ait plus de facilité à
la remettre en batterie après qu'on a chargé de
nouveau.

PLATEFORME. Maniere de terraſſe, pour découvrir une
belle vue dans un jardin ; on appelle auſſi *plateforme*,
la couverture d'une maifon fans comble & couverte en terraſſe de pierre, de ciment, ou de plomb,
comme cela fe pratique en Efpagne & en Italie, &
même dans quelques Provinces méridionales de la
France.

PLATEFORMES DE COMBLE. Pieces de bois plates, aſſemblées par des entretoifes, enforte qu'elles forment
deux cours, ou rangs, dont celui de devant reçoit,
dans des pas entaillés par embrevement, les chevrons d'un comble, & qui portent fur l'épaiſſeur
des murs ; quand ces *plateformes* font étroites,
comme fur des médiocres murs, on les nomme
fablieres.

PLATEFORMES DE FONDATION. Pieces de bois plates,
arrêtées avec des chevilles de fer fur un pilotage,
pour aſſeoir la maçonnerie deſſus, ou pofées fur des
racinaux, dans le fond d'un réfervoir, pour y

conſtruire un mur de douve.

PLATRE. C'eſt une eſpece de pierre griſâtre, qui ne ſe trouve que dans certains pays; on fait cuire le plâtre au feu, comme la chaux, & il s'emploie ſans mêlange d'autres matieres, il ſuffit de l'abreuver avec de l'eau, & de le mettre ſur le champ en œuvre; car ſi on le laiſſoit ſécher, il ne pourroit plus s'appliquer contre d'autre corps.

PLEIN. On dit le plein d'un mur, pour ſignifier le maſſif.

PLINTHE, *en Architecture*. Eſt une table quarrée, ſous les moulures des baſes d'une colonne & d'un piédeſtal : ce mot eſt maſculin, mais les ouvriers le font feminin. Les menuiſiers appellent auſſi *plinthe*, une bande de bois mince, qu'ils font regner dans le pourtour d'un lambris de menuiſerie, ſoit par haut ou par bas, pour racheter la pente, ou les inégalités d'un plancher qui n'eſt point de niveau.

PLOMB D'OUVRIER. Petit poids de quelque métal, attaché au bout d'une ligne, ou cordeau, paſſé dans une plaque de fer, ou de cuivre, appellé *chas*, dont les ouvriers ſe ſervent pour élever perpendiculairement un mur, ou un pan de bois, & pour juger de ſon àplomb & ſurplomb.

PLOMB DE SONDE, *terme de Marine*. Morceau de plomb qui a la forme d'un cône, attaché à une corde nommée *ligne*, que l'on jette dans la mer pour ſonder, c'eſt-à-dire pour ſçavoir combien il y a de braſſes d'eau dans l'endroit où l'on ſe trouve, & de quelle qualité eſt le fond du terrein.

PLONGÉE DU PARAPET. C'eſt la pente ou l'inclinaiſon de ſa partie ſupérieure vers la campagne.

PLONGER. Ce mot eſt affecté aux décharges de canon qui ſe font de haut en bas.

PLUIE DE FEU, *terme de Pyrotechnie*. C'eſt l'effet d'une compoſition que l'on met dans les pots des

fuſées

fusées volantes, & qui, étant allumée en l'air, produit une grande quantité d'étincelles, en forme de pluie.

PLUS, *terme d'Algebre.* C'est une expression dont on se sert dans les calculs, pour marquer l'addition d'une quantité à une autre de même espece. Le caractére de cette expression est cette croix $+$. Ainsi, voulant exprimer l'addition de 6 & de 8, ou de a & de b, on écrit ainsi $6 + 8$, $a + b$.

POINÇON ou AIGUILLE. Piece de bois debout, où font assemblées les petites forces, & le faîte d'une ferme; on nomme aussi *poinçon*, l'arbre d'une machine, sur lequel elle tourne verticalement, comme l'arbre d'une grue.

POINT. Les Mathématiciens entendent par ce terme une quantité infiniment petite, qui n'a ni longueur, ni largeur, & qui par conséquent est indivisible.

Point de niveau. Ce font, dans l'opération du nivellement, les extrémités de la ligne horizontale, bornoyée avec l'œil.

Point de partage. *Voyez* Partage.

Point physique. C'est l'objet le moins fensible à la vue, marqué avec la plume, ou la pointe du compas.

POINTAL. C'est toute piece de bois qui, mise en œuvre à plomb, fert d'étaie aux poutres qui menaçent ruine, ou pour quelqu'autre usage.

POINTER, *terme d'Artillerie.* Se dit du canon qu'on met en mire & en état de tirer à un certain point désigné.

POITRAIL. Grosse piece de bois, comme une poutre, pour porter, sur des piédroits ou jambes étrieres, un mur de face, ou un pan de bois.

POLYEDRE. Est un solide formé par la circonvolution d'un polygone régulier autour de son diametre, mais pour cela il faut que le polygone ait ses côtés pairs, afin que le *polyedre* soit régulier. Par exemple, un octogone & un dodecagone décrivent des polye-

Q

dres uniformes, c'est-à-dire dont les parties sont semblables à droite & à gauche du centre de l'axe.

POLYGONE, *terme de Géométrie.* On appelle ainsi une figure qui a plusieurs angles & plusieurs côtés ; on le nomme régulier, quand ses côtés & ses angles sont égaux ; & irrégulier, lorsque ses angles & ses côtés sont inégaux.

POLYGONE, FRONT DE POLYGONE. Se dit, en Fortification, d'un front d'ouvrage composé d'une courtine & de deux bastions ; on appelle aussi *polygone extérieur* d'une fortification, la ligne qui aboutit aux pointes, ou aux angles saillans de deux bastions, & *polygone intérieur*, celle qui répond à leurs centres.

POLYNOME, *terme d'Algebre.* C'est une quantité composée de plusieurs autres, moyennant le signe ╂, ou le signe ―.

POMPE. Est une machine hydraulique, qui sert à élever les eaux ; elle est composée d'un tuyau, dont la principale partie est appellée *corps de pompe*, & le reste *tuyau montant*, ou *tuyau de conduite* ; d'un *piston* qui a son jeu dans ce corps de pompe, & de deux *soupapes* ou *clapets*, par où entre l'eau. Il y a plusieurs sortes de pompes qui peuvent toutes se réduire à ces quatre, qui sont, la *pompe aspirante*, la *soulevante*, la *refoulante*, & la *mixte* ; on appelle aussi pompe, le pavillon qui renferme cette machine.

POMPE ASPIRANTE. Est celle qui, par le mouvement d'un *piston* creux, garni d'une *soupape* ou *clapet*, attire l'eau au-dessus de la *soupape* du corps de *pompe*, jusqu'à la hauteur de trente-un pieds, ou environ, suivant la pesanteur de l'air qui en est le principe ; ce piston éleve en même tems l'eau qu'il avoit fait passer au-dessus de la soupape, en s'abaissant. Cette espece de *pompe* est la plus simple de toutes.

POMPE SOULEVANTE, EXPULSIVE, OU À ÉTRIER. On appelle ainsi celle qui, ayant son corps de pompe renversé, & l'action de son piston creux, garni d'une foupape, fe faifant dans l'eau par le moyen d'un étrier ou chaffis de fer, fouleve l'eau, & la pouffe au-deffus de la foupape du corps de pompe, dans le tuyau de conduite ou d'élévation.

Pompe refoulante, ou de compression. Celle qui, à la différence des autres, a fon tuyau montant à côté du corps de pompe, & dont le corps de pompe même & le pifton, font à peu-près femblables à une feringue ordinaire, en ce que ce pifton n'étant pas creux, & n'ayant pas de foupape comme les autres, l'eau ne paffe pas au travers, mais il l'attire feulement, en s'élevant, au-deffus de la foupape du corps de pompe, & la pouffe, en s'abaiffant, au-deffus de l'autre foupape qui eft au bas du tuyau montant.

Pompe mixte. Celle qui eft compofée en partie de la pompe *afpirante*, & en partie de la *refoulante*. *Voyez*, dans la premiere partie de *notre Architecture hydraulique*, différens exemples de ces diverfes efpeces de pompes, appliquées à des machines hydrauliques.

Ponceau. Petit pont d'une arche, pour paffer un ruiffeau, ou un canal.

Pont, *terme d'Architecture*. Eft un chemin conftruit de pierre ou de bois, & élevé en l'air par artifice, pour traverfer une riviere, ou un foffé.

Pont a bascule. Celui qui s'éleve d'un côté, & fe baiffe de l'autre, étant porté fur un effieu par le milieu.

Pont a coulisse. Petit pont qui fe gliffe dans œuvre, pour traverfer un foffé.

Pont de bois. Celui qui eft élevé fur des pilots & palées de charpente, qui foutiennent des travées de groffes pieces de bois, ou dont les travées font pofées fur des piles de pierre.

Pont de joncs. Eft un pont fait de groffes bottes de joncs qui croiffent dans les endroits marécageux, ou fur le bord de quelque riviere, qu'on lie les unes contre les autres, & fur lequel on met des planches, pour jetter dans des fossés, lorsqu'on veut en affermir le passage.

PONT DE PIERRES. Celui qui est fait avec des piles, arcades, & culées de pierres de taille.

PONT DORMANT. Celui qui ne differe du pont levis, qu'en ce qu'il est fixe, & qu'au lieu de chaînes, pour gardefoux, il a des bras, ou contrevens de bois.

PONT LEVIS. Celui qui, étant fait en maniere de plancher, se leve & se baisse devant la porte d'une ville, ou d'un château, par le moyen des fléches, des chaînes, & d'une bascule. On appelle *pont à fléche*, celui qui n'a qu'une fléche, avec une anse de fer qui porte deux chaînes, pour enlever un petit pont audevant d'un guichet. Celui-ci se leve tout entier, au lieu que le pont en bascule, en se levant d'un côté, s'abaisse de l'autre, en forme de trebuchet, par le moyen d'un *aissieu* passant au milieu de sa longueur, & appuyé des deux côtés sur deux *tourillons*.

PONT TOURNANT. Celui qui tourne sur un pivot, pour laisser passer les bateaux. Il y en a un beau de cette espece sur la *Seine*, à *Rouen*: on en voit aussi un pareil à l'entrée du jardin des *Tuileries*, du côté des *Champs Elisées*, à *Paris*.

PONT VOLANT. Celui qui est fait d'un ou deux bateaux joints ensemble par un plancher entouré d'une balustrade ou gardefou, avec un ou plusieurs mâts, où est attaché, par un bout, un long cable porté de distance en distance sur des petits bateaux, jusqu'à une ancre, où l'autre bout est arrêté au milieu de l'eau, ensorte que ce pont se meut comme un pendule, d'un côté de la riviere à l'autre, par le moyen d'un gouvernail seulement: il se fait quelquefois à deux étages, pour passer plus de monde, ou de la cavalerie & de l'infanterie, en même tems. On appelle encore *pont volant*, tout pont fait de *pontons* de cuivre, de bateaux de cuir, de tonneaux, ou de poutres creuses, qu'on jette sur une riviere,

& qu'on couvre de planches, pour faire paſſer promptement une armée. Enfin on nomme auſſi *pont volant*
les petits ponts à chevalet, qui ſe font en rampe ſur
les travaux, pour faciliter le tranſport des terres &
des autres matériaux, à meſure qu'on s'éleve au-
deſſus du rez de chauſſée, ou qu'on s'approfondit
au-deſſous.

PONTONS, *en termes de Marine*, ſe font de pluſieurs
manieres; ceux dont on ſe ſert à porter le canon
dans les vaiſſeaux de guerre, lorſqu'on les veut armer, ſont des vieux navires, deſquels on a retranché les châteaux d'avant & d'arriere, pour les réduire à n'avoir plus qu'un pont; & ceux qui ſont
d'uſage pour approfondir les ports de mer, ſont
quarrés, en forme de parallelipipede, dont le deſſus
eſt garni de cabeſtans & virveaux, pour ſerrer les
cordages qui les retiennent, lorſqu'ils ſont amarrés
à des arganeaux, ou à autre choſe.

PONTON, *en termes d'Artillerie.* Eſt une eſpece de bateau, dont le fond eſt plat & rectangulaire, le tout
compoſé d'une carcaſſe de charpente, ſur laquelle
ſont appliquées de grandes feuilles de cuivre,
clouées près à près. Ces pontons ſe conduiſent à
l'armée ſur des chariots nommés *haquets*, & ſervent à faire des ponts ſur les rivieres, pour y paſſer
les troupes & du canon.

PORCHE. Retranchement qui ſe fait à l'entrée d'une
égliſe, ou d'un appartement, pour y ménager une
double porte, & mettre ſon intérieur, par ce moyen,
plus à l'abri du vent & de l'air extérieur.

PORT. Endroit au bord de la mer, ou d'une riviere,
où abordent les vaiſſeaux & autres bâtimens, qui y
peuvent reſter en ſûreté, tant par la diſpoſition du
lieu, que parce qu'il eſt fermé d'un mole ou d'une
digue, avec fanal & chaînes; on nomme auſſi *havres*,
les ports de mer.

PORTÉE, *en termes de Marine.* C'eſt la charge que
peut avoir un vaiſſeau, qu'on appelle port du vaiſ-

feau ; elle ne s'exprime point par livres, mais par le tonneau, qui a la pefanteur de 2000 livres, parce qu'un tonnneau plein d'eau de la mer, pefe à peu-près autant ; ainfi quand on dit que la portée d'un vaiffeau eft de cent tonneaux, cela veut dire qu'il peut porter la charge de 200000 livres, ou de 2000 quintaux.

PORTÉE DES PIECES, *terme d'Artillerie.* C'eft le chemin que peut parcourir le boulet d'une piece. Il y a la portée *à toute volée*, & la portée *de but en blanc.* La premiere eft celle dans laquelle la piece fait un angle de quarante-cinq dégrés avec l'horizon, & la feconde eft la ligne fenfiblement droite que décrit le boulet en fortant du canon. *Voyez* ce qui eft dit fur la portée des pieces, dans notre *Bombardier François.*

PORTÉE, *terme de Charpente.* C'eft l'excédent d'une poutre entre deux gros murs, ou la partie qui appuie fur le mur même. Plus une poutre a de portée dans le mur, plus elle eft folide, & a de réfiftance ; c'eft pourquoi il faut toujours, autant qu'il eft poffible, qu'une poutre porte, à deux ou trois pouces près, fur toute l'épaiffeur du mur.

PORTE-FEU. C'eft le bois d'une fufée à bombe ou à grenade : on l'appelle auffi *ampoulette.*

PORTE D'ÉCLUSES, *terme d'Architecture hydraulique.* Pour retenir l'eau aux endroits où l'on conftruit des éclufes, on pratique des portes à leurs extrémités, qui s'ouvrent & fe ferment de différentes manieres, felon la difpofition des mêmes éclufes. Les unes font à deux *venteaux*, & fervent aux éclufes en éperon ; les autres font à *vannes*, que quelques-uns appellent des *pelles*, & s'emploient aux éclufes quarrées. Mais comme les éclufes font compofées fouvent de deux paires de *portes*, celle qui fe trouve au-deffus du courant de l'eau, s'appelle *porte de tête*, & celle qui eft au-deffous s'appelle *porte de mouille. Voyez* à ce fujet la feconde partie de l'Architecture hydraulique, où l'on donne des desseins & des descriptions de *portes* d'écluses de toutes les especes, & où l'on entre dans un très-grand détail sur leur construction.

PORTER. Terme qui s'entend de plusieurs manieres dans l'art de bâtir ; on dit qu'une piece de bois, ou qu'une pierre porte tant de long & de gros, pour signifier qu'elle a tant de longueur & de grosseur. *Porter de fond*, c'est porter à plomb & par empattement dès le rez de chaussée. Porter à *crû* ; on dit qu'un corps porte à crû, lorsqu'il est sans empattement ou retraite ; & porter à *faux*, c'est porter en saillie, ou par encorbellement : on dit aussi qu'une colonne ou qu'un pilastre porte à *faux*, quand il est hors de son à plomb.

PORTIERE. On appelle ainsi, en Artillerie, des venteaux de madriers, servant à fermer les embrasures d'une batterie. On les ferme après que la piece a tiré, afin que les canonniers qui la servent, ne soient point incommodés de la mousqueterie, dont les portieres peuvent les garantir ; mais cela ne se pratique guere que quand les batteries sont tout près de la contrescarpe.

PORTIQUE. Espece de galerie, avec arcades, soutenue par des colonnes, ou par des piliers de pierre ; sans fermeture, & où l'on peut se promener à couvert.

POSER. C'est, parmi les ouvriers, mettre une pierre en place & à demeure ; & *déposer*, c'est l'ôter de sa place, ou parce qu'elle ne la remplit pas exactement, ou parce qu'elle est en délit. Poser à *sec*, c'est construire sans mortier, ce qui se fait en frottant les pierres avec du grès & de l'eau par leurs joints de lit bien dressés, jusqu'à ce qu'il n'y reste point de vuide ; & c'est de cette maniere que sont construits la plûpart des bâtimens antiques, & la grande façade du Louvre, du côté de Saint Germain l'Auxerrois, à Paris. Poser à *crû*, c'est dresser

fans fondation un pilier, une étaie, ou un pointal
pour foutenir quelque chofe. Pofer de *cant* ou de
champ, c'eft mettre une brique fur fon côté le plus
mince, & une piece de bois fur fon *fort*, c'eft-à-
dire fur fa face la plus étroite. Pofer de *plat*, c'eft
faire le contraire, & pofer en *décharge*, c'eft pofer
obliquement une piece de bois, pour empêcher la
charge, pour arcbouter & contreventer. On dit la
pofe d'une pierre, pour fignifier l'endroit où elle eft
placée à demeure.

POSTE. Eft un terrein dans lequel on met un corps de
troupes, pour le conferver, & pour fe couvrir en
cas de fiége ou d'attaque.

Poste avancé. C'eft un terrein dont on fe faifit pour
s'affurer des devants, & couvrir les poftes qui font
derriere.

POT A FEU, *terme d'Artillerie.* C'eft un pot de terre
avec fes anfes, dans lequel on renferme une grenade
avec de la poudre fine, & que l'on jette fur l'ennemi après avoir allumé la méche qui y doit porter
le feu.

Pot en tête. Sorte de cafque ou d'armure de fer, dont
les fappeurs fe couvrent la tête. Il eft à l'épreuve du
fufil.

POTEAU. C'eft, en charpenterie, toute piece de bois
debout, qui eft de différente groffeur, felon fa longueur & fes ufages.

Poteau cornier. Maîtreffe piece des côtés d'un pan
de bois, ou à l'encoignure de deux, laquelle eft ordinairement d'un feul brin.

Poteau de cloison. Celui qui eft pofé à plomb, retenu à tenons & mortaifes dans les fablieres d'une
cloifon.

Poteau de décharge. Celui qui eft incliné en maniere de guette, pour foulager la charge dans une
cloifon, ou un pan de bois.

Poteaux d'écurie. Morceaux de bois tournés, d'environ quatre pieds de haut hors de terre, & de

.quatre pouces de gros chacun , qui fervent à féparer les places des chevaux dans les écuries.

POTEAU DE FOND. Tout poteau qui porte à plomb fur un autre dans tous les étages d'un pan de bois.

POTEAUX DE GARDE. Sont des pilots de bois de huit pouces d'équarriffage , dont on fe fert pour revê-tir les baffins & les quais qui bordent les ports de mer , afin de recevoir le *heurt* des vaiffeaux , & les empêcher de toucher à la pierre, qu'ils dérangent & démoliffent avec le tems ; ils faillent du vif des murs , auxquels ils font retenus avec des ancres de fer, & font efpacés les uns des autres d'environ douze à quinze pieds.

POTEAU D'HUISSERIE ou de CROISÉE. Celui qui fait le côté d'une porte ou d'une fenêtre.

POTEAU DE LUCARNE. Ceux qui , à côté d'une lucarne, fervent à en porter le chapeau.

POTEAU DE MEMBRURE. Piece de bois de douze à quinze pouces de gros , réduite à fept ou huit d'épaiffeur , jufqu'à la confole ou corbeau qui le couronne , & qui eft pris dans la piece même , laquelle fert à porter de fond les poutres dans les cloifons & pans de bois.

POTEAU DE REMPLISSAGE. Celui qui fert à garnir un pan de bois , & qui eft de la hauteur de l'étage.

POTEAU MONTANT. C'eft, dans la conftruction d'un pont de bois , une piece de bois retenue à plomb par deux contrefiches au-deffous du lit , & par deux décharges au-deffus du pavé , pour entretenir les lices ou gardefoux.

POTELETS. Petits poteaux qui garniffent les pans de bois fous les appuis des croifées , fous les décharges, dans les fermes des combles , les échiffres des ef-caliers , &c.

POTENCE. Piece de bois debout , comme un pointal , couverte d'un chapeau ou femelle par-deffus , & affemblée avec un ou deux liens , ou contrefiches , qui fert pour foulager une poutre d'une trop longue portée, ou pour en foutenir une qui eft éclatée.

POTERNE. Eft une fauffe porte que l'on fait en différens endroits d'une place, & principalement dans les revers de l'orillon, pour communiquer aux ouvrages détachés, & pour faire des forties fecrettes.

POUCE. Douziéme partie du pied, laquelle fe divife auffi en douze parties que l'on appellé *lignes*. Le pouce fuperficiel quarré a 144 de ces lignes, & le pouce cube en a 1728.

POUCE DE PIED CUBE. Eft un parallelipipede, qui a pour bafe un pied quarré, & pour hauteur un pouce, & qui vaut par conféquent 144 pouces cubes.

POUCE DE PIED QUARRÉ. Eft un rectangle, qui a un pouce de bafe fur un pied de hauteur, & qui vaut par conféquent douze pouces quarrés.

POUCE DE TOISE CUBE. Eft un parallelipipede, qui a pour bafe une toife quarrée, & pour hauteur un pouce.

POUCE DE TOISE QUARRÉE. Eft un rectangle, qui a un pouce de bafe fur une toife de hauteur, & qui contient foixante & douce pouces quarrés.

POUCE DE SOLIVE. Eft un parallelipipede, qui a pour bafe un pouce quarré, & pour hauteur la toife; ainfi un pouce de folive, ou une cheville, eft la même chofe.

POUCE D'EAU. Mefure en ufage parmi les fontainiers; c'eft une ouverture d'un pouce de diametre, qui doit fournir, felon Mr. Mariotte, quatorze pintes d'eau, mefure de Paris, en une minute; 840 pintes en une heure, & 20160 pintes en vingt-quatre heures. *Voyez* ce que nous avons dit à ce fujet dans la premiere partie de notre Architecture hydraulique, tome premier, page 135.

POUDRE A CANON. C'eft une compofition qui fe fait avec du falpêtre, du foufre & du charbon. Il y entre $\frac{3}{4}$ de falpêtre, $\frac{1}{8}$ de foufre, & autant de charbon.

Ces trois matieres se battent bien ensemble, pour ne faire plus qu'une composition ; après quoi on la tamise , pour la grainer de la grosseur qu'on veut. L'on croit communément que la poudre a été inventée au commencement du quatorziéme siécle, par Berthold Schwartz , Moine allemand , de Fribourg en Brisgaw, fameux Chymiste ; mais plusieurs Auteurs célebres prétendent qu'elle est bien plus ancienne. On peut voir l'origine de la poudre dans le Dictionnaire de Mathématique de Mr. Saverien , au mot *Artillerie*. A l'égard de sa composition , & de la maniere de la faire , on peut avoir recours à la seconde partie du *Bombardier François* , où j'ai donné une théorie des effets de la poudre , dans laquelle je prouve la nécessité du mélange des matieres dont elle est formée. *Voyez* encore le *Traité des feux d'artifice de Mr. Frezier, in octavo* , nouvelle édition imprimée à Paris , chez Jombert , en 1747.

POULEVRIN ou PULVERIN. Est de la poudre à canon pulvérisée , & non grainée , dont on se sert pour la composition des feux d'artifice.

POULIE. Petite roue , ordinairement de cuivre , avec un canal sur son épaisseur , laquelle tourne sur un *goujon* qui la traverse , & dont on se sert aux grues , engins & autres machines , pour empêcher le frottement des cordages en élevant les fardeaux. La machine où il n'y a qu'une poulie , s'appelle *monopaste* ; celle qui en a deux , *dispaste* ; celle qui en a trois , *trispaste* ; celle qui en a quatre , *tetrapaste* ; celle qui en a cinq , *pentaspaste* , & généralement *polyspaste* , celle qui en a plusieurs.

POUPPE. C'est la partie qui forme l'arriere d'un vaisseau , où est attaché le gouvernail.

POURTOUR. C'est la longueur ou l'étendue de quelque chose autour d'un espace ; ainsi on dit qu'une souche de cheminée , qu'une corniche de chambre , un lambris , &c. ont tant de pourtour , c'est-à-dire tant de longueur ou d'étendue dedans , ou dehors œuvre ; c'est aussi la circonférence d'un corps rond ; comme d'un dôme, d'une colonne, &c. ce que les Géométres nomme *peripherie*.

POURTOUR. On entend encore par ce terme l'étendue d'un bâtiment, ou la mesure d'un corps quelconque. On dit, ce jardin, cette maison, ont tant de toises de *pourtour*.

POUSSÉE. C'est l'effort que fait un arc ou une voûte, pour écarter ses piédroits de l'àplomb où on les a élevées, & qu'on retient par des contreforts. Plus un arc est surbaissé, plus il a de *poussée*. Ce mot se dit aussi de l'effort que font les terres d'un rempart, d'un quai, ou d'une terrasse, contre le revêtement de maçonnerie qui les soutient. *Voyez* ce que nous avons dit sur cette *poussée des terres*, dans *la science des Ingénieurs*, livre premier.

POUSSER. On dit qu'un mur *pousse au vuide*, lorsqu'il boucle, ou fait ventre. *Pousser à la main*, c'est couper les ouvrages en plâtre faits à la main, & qui ne sont pas traînés ; c'est aussi, en menuiserie, travailler à la main des balustres, moulures, &c.

POUTRE. C'est la plus grosse piece de bois qui entre dans un bâtiment, & qui soutient les travées des planchers : il y en a de différentes longueurs & grosseurs.

Poutre armée. Celle sur qui sont assemblées deux décharges en about avec une clef, retenues par des liens de fer, ce qui se pratique quand on veut faire porter à faux un mur de refend, ou lorsque le plancher est d'une si grande étendue qu'on est obligé de se servir de cet expédient pour soulager la portée de la poutre, en faisant un faux plancher pardessus l'armature.

Poutre feuillée. Celle qui a des feuillures ou des entailles, pour porter par encastrement les bouts des solives.

Poutre quartderonnée. Celle sur les arêtes de laquelle on aura poussé un quart de rond, une doucine, ou quelqu'autre moulure entre deux filets , ce qui se fait plutôt pour ôter la flache , que par ornement.

POUTRELLE. Petite poutre de dix ou douze pouces d'équarrissage , qui sert à porter un médiocre plancher , & à d'autres usages.

POZZOLANE. Terre rougeâtre qui tient lieu de sable en Italie , & qui, mêlée avec de la chaux , fait un excellent mortier qui durcit à l'eau.

PRECEINTES , *terme de Marine*. Ce sont de longues pieces de bois qui lient les vaisseaux par le dehors de l'avant à l'arriere.

PRESENTER. Terme qui , selon les ouvriers , signifie poser une piece de bois , une barre de fer , ou toute autre chose , pour sçavoir si elle conviendra à la place où elle est destinée , afin de la réformer & de la rendre juste avant que de l'assurer à demeure.

PRISME , *en Géométrie*. Est un solide qui a ordinairement pour base un triangle , un quadrilatère, ou un polygone , qui est renfermé par autant de parallelogrammes qu'il y a de côtés à sa base , & qui est couronné par un plan égal & parallele à celui de la base ; on le nomme *prisme droit* lorsqu'il est renfermé par des parallelogrammes rectangles ; *prisme oblique* , lorsqu'il est incliné sur sa base ; *prisme triangulaire* , lorsqu'il a pour base un triangle ; *prisme quadrilatère* , ou *parallelipipede* , lorsqu'il a pour base un parallelogramme, ou un rectangle ; enfin *prisme* , de cinq , de six & de sept côtés , &c. lorsqu'il a pour base un polygone de cinq , de six & de sept côtés.

PROBABILITÉ. *Calcul des probabilités* ; calcul par lequel on détermine le fond qu'on doit faire sur un événement. On peut consulter là-dessus *l'essai sur les probabilités* , par Mr. *Desparcieux*.

PROBLEME. C'est une question dont on demande la solution : elle contient ordinairement trois points.

1°. *La proposition*, qui comprend ce que l'on doit faire. 2°. *La résolution*, qui fait le détail de la maniere dont on doit s'y prendre pour parvenir à ce qui est proposé. 3°. *La démonstration*, qui fait voir clairement qu'ayant fait tout ce qu'exigeoit la résolution, il en doit résulter absolument ce qu'on demandoit dans la proposition. Il y a de deux sortes de *problêmes*, des *déterminés*, & des *indéterminés*. Le *problême déterminé* est celui où tout ce qui appartient à sa résolution, est déterminé, & il n'admet par conséquent qu'une résolution. Le *problême indéterminé*, au contraire, ne comprend pas tout ce qui doit servir à la résolution ; aussi ces sortes de problêmes peuvent-ils se résoudre d'une infinité de manieres.

PRODUIT. Quantité qui résulte de la multiplication de deux ou de plusieurs nombres, ou lignes, l'un par l'autre. Ainsi le *produit* de 5 multiplié par 4 est 20, & le produit de deux lignes multipliées l'une par l'autre, est appellé le *rectangle* de ces lignes.

PROFIL. C'est le contour d'un membre d'Architecture, comme d'une base, d'une corniche, &c. On dit *profiler*, pour dire dessiner seulement le contour de quelque chose que ce soit.

PROFIL DE BATIMENT. C'est le dessein d'un bâtiment coupé sur sa longueur ou sur sa largeur, pour en voir les dedans & les épaisseurs des murs, voûtes, planchers, &c. C'est ce qu'on nomme encore *coupe*, *scénographie*, & *section perpendiculaire*.

PROFIL DE FORTIFICATION. Est ce qui fait voir la hauteur & l'épaisseur des parapets, des remparts, des banquettes & des murs, leur talut, leur pente, & la profondeur des fossés.

PROGRESSION. Suite de plusieurs nombres qui croissent ou décroissent dans une certaine proportion. *La progression* se distingue en *arithmétique*, en *géométrique*, & en *harmonique*. *Voyez*-en l'explication dans le *Dictionnaire de Mathématique de Mr. Saverien*, au mot *Progreſſion*.

PROJECTION , *terme d'Artillerie*. Les bombes , étant chaſſées par la poudre , décrivent des paraboles ; & ſi l'on ſuppoſe que la partie ſupérieure de l'ame du mortier ſoit prolongée en ligne droite , cette ligne eſt nommée *ligne de projection*, qui eſt une tangente à la parabole que décrit la bombe.

PROJET. Eſt généralement tout ouvrage néceſſaire à faire tant au dehors qu'au dedans d'une place ; on rend ces projets ſenſibles par des plans & des profils qu'on lave de jaune, ou de *gomme-gutte* , afin de faire voir que ce ſont des ouvrages à faire ; ces pro‑ jets ſont envoyés en Cour par les Ingénieurs , afin d'obtenir les fonds néceſſaires pour leur exécution.

PROLONGE , *terme d'Artillerie*. Eſt un cordage qui ſert à tirer le canon en retraite quand une piece eſt embourbée. Les canonniers ſe ſervent des prolonges pour conduire une piece de canon d'un lieu à un autre , à force de bras.

PROPORTION. C'eſt la juſteſſe des membres de chaque partie des ouvrages , tant d'architecture , que de fortification , & la relation des parties au tout‑ enſemble.

PROPORTION , *terme de Mathématique*. C'eſt la reſſem‑ blance de deux ou pluſieurs raiſons. Comme les raï‑ ſons peuvent être de trois ſortes , ou *arithmétiques* , ou *géométriques* , ou *harmoniques*, on diſtingue auſſi trois ſortes de proportions ſous ces trois épithétes. *Voyez*-en les définitions & les propriétés dans le *Dic‑ tionnaire univerſel de Mathématique* ci-devant cité.

PROPORTIONNEL. Quantité , ſoit en lignes ou en nombres , dont les parties ont un certain rapport ou une proportion entr'elles.

PROPOSITION , *en Géométrie*. Eſt l'expoſition d'une vérité prouvée par démonſtration. Telles ſont les *propoſitions* des élémens d'*Euclide*. Les propoſitions ſe diviſent en *problêmes* & en *théorêmes*. *Voyez* à ces deux mots.

PROUE. Eſt la partie qui forme l'avant d'un vaiſſeau, & qui s'avance la premiere en mer.

PUISART. C'eſt, dans le corps d'une maiſon, ou dans le noyau d'un eſcalier à vis, une eſpece de puits avec un tuyau de plomb ou de bronze, par où s'écoulent les eaux des combles ; c'eſt auſſi, au milieu d'une cour, un puits bâti à pierres ſéches, & recouvert d'une pierre ronde trouée, où ſe rendent les eaux pluviales qui ſe perdent dans la terre.

PUISART. Se dit auſſi d'un receptacle où l'eau ayant été amenée par le ſecours d'une machine, eſt repriſe par de nouvelles pompes pour la faire monter plus haut. Par exemple, à la Machine de Marly, il y a ſur la rampe de la montagne deux puiſarts.

PUISARTS D'AQUEDUCS. Ce ſont, dans les aqueducs qui portent des conduites de fer ou de plomb, certains trous pour vuider l'eau qui peut s'échapper des tuyaux dans le canal.

PUISARTS DE SOURCES. Ce ſont certains puits qu'on fait d'eſpace en eſpace pour la recherche des ſources, & qui ſe communiquent par des pierrées qui portent toutes leurs eaux dans un regard ou receptacle, d'où elles entrent dans un aqueduc.

PUISSANCE, *terme de calcul.* On donne ce nom, en Algebre, à des quantités qui proviennent de la multiplication d'une quantité quelconque par elle-même, & de ce nouveau produit par la premiere quantité, & ainſi de ſuite ; comme 2 , 4 , 8 , 16 , 32 , &c. où 2 eſt la premiere puiſſance, 4 la ſeconde, 8 la troiſiéme , 16 la quatriéme , &c. *Voyez* au mot RACINE.

PUISSANCE, *terme de méchanique.* Eſt tout ce qui peut mouvoir un corps peſant, & c'eſt à cauſe de cela qu'on l'appelle *force mouvante* ; ainſi la peſanteur ou le poids eſt une puiſſance, par rapport au corps peſant qu'elle fait mouvoir , & cette puiſſance s'appelle *puiſſance inanimée*, à la différence de celle qui eſt *animée*, comme la puiſſance d'un animal. On
dit

dit qu'une puissance est double ou triple d'une autre, quand elle peut soutenir un poids dont la pesanteur est double ou triple du poids que soutient cette autre puissance.

Puits de Mineur. Est une ouverture perpendiculaire, percée dans la terre de la grandeur de trois ou quatre piéds en quarré, que l'on fait pour s'enfoncer autant qu'on le juge nécessaire pour conduire des galeries de mine sous le chemin couvert d'une place, ou des autres ouvrages, soit de la part des assiégeans ou des assiégés.

Pureau ou Échantillon. C'est ce qui paroît à découvert d'une ardoise ou d'une tuile mise en œuvre.

Pyramide. Est un corps, terminé en pointe, & formé par trois, quatre, cinq & six triangles, ou davantage, c'est-à-dire par autant de triangles qu'il y a de côtés à l'axe de la pyramide. Si la base n'a que trois côtés, sa surface est composée de trois triangles, & elle se nomme *pyramide triangulaire* ; si elle en a quatre, sa surface est de quatre triangles, & se nomme *pyramide quadrilatère* ; on la nomme *pyramide droite*, lorsque sa pointe n'est point plus inclinée d'un côté que de l'autre, & *pyramide oblique*, lorsqu'elle est inclinée sur sa base.

Pyramide tronquée. Est une pyramide dont on a supprimé la pointe, en coupant la pyramide en deux parties par un plan parallele à la base ; alors celle qui répond à la base, est ce qu'on nomme *pyramide tronquée*.

Pyrotechnie. C'est l'art de faire la poudre à canon, & les feux d'artifice en général. On donne aussi ce nom à l'art de fondre les canons, les mortiers & autres armes à feu, & même à la fonte, affinage & préparation des métaux.

✳✳✳

QUADRATRICE, *en Géométrie*. Est le nom d'une courbe qui a été imaginée par *Dinostrate*, laquelle a plusieurs propriétés, dont la plus essentielle est que, par son moyen, on peut partager un angle en trois parties égales, comme on le peut voir dans mon *Cours de Mathématique*.

QUADRATURE. Réduction géométrique d'une figure curviligne à un quarré qui lui soit exactement égal. Archimède est celui qui a donné la meilleure approximation de la quadrature du cercle. Voyez *l'histoire des recherches faites sur la* quadrature *du cercle* par Mr. de Montucla, qui vient de paroître.

QUADRILATERE. Est une figure bornée par quatre lignes droites. Il y en a de cinq especes ; sçavoir, le trapeze, le rectangle ou quarré long, le quarré, le rhombe & le rhomboïde. *Voyez à ces mots.*

QUANTITÉ. C'est l'objet de toutes les mathématiques. On comprend sous ce nom tout ce qui peut être augmenté ou diminué.

QUARRÉ. C'est le produit d'un nombre ou d'une ligne par lui-même. Ainsi le nombre 4 est un quarré, parce qu'il est le produit de 2 multiplié par 2.

QUARRÉ, *terme de Géométrie.* Figure de quatre angles, & de quatre côtés égaux ; elle a tous ses angles droits.

QUARRÉ, *faire un trait quarré.* Selon différens ouvriers, c'est élever une perpendiculaire sur une ligne donnée.

QUART DE CERCLE. Instrument de bombardier qui sert à prendre les angles, & à donner l'inclinaison que l'on veut au mortier ; il est divisé, pour l'ordinaire, en quatre-vingt-dix dégrés, & garni de ses pinnules & de son alidade.

QUART DE ROND. Les ouvriers appellent généralement

ainsi toute moulure dont le contour est un quart
de cercle parfait ou approchant de cette figure, &
que les architectes nomment *ove*.

QUARTDERONNER. C'est rabbattre les arêtes d'une
poutre, d'une solive, d'une porte, &c. en poussant
un quart de rond entre deux filets.

QUARTIER, *en termes de guerre*. Signifie non seulement le terrein du campement de quelques
troupes, mais encore le corps de ces mêmes
troupes.

QUARTIER D'ASSEMBLÉE. C'est le lieu où les troupes se
rendent pour marcher en corps.

QUARTIER D'HYVER. Se dit également du lieu qu'on
assigne aux troupes pour passer l'hyver, ainsi que du
tems que l'on y demeure.

QUARTIER D'UN SIÉGE. Est un campement sur quelques unes des principales avenues d'une place, tantôt
commandé par le Général de l'armée, & en ce cas
on l'appelle le *quartier du Roi*, & quelquefois commandé par un Lieutenant Général.

QUARTIER TOURNANT, *terme d'Architecture*. C'est,
dans un escalier quarré, les marches qui se trouvent
dans les angles, & qui tiennent à un noyau par
leur collet.

QUARTIER, PIERRES DE QUARTIER, *terme de Maçonnerie*. On appelle ainsi les grosses pierres de taille
que l'on tire de la carriere, dont une ou deux fait
la charge d'une voiture ordinaire, attelée de trois à
quatre chevaux.

QUAY. Est un gros mur en talut fondé sur pilotis, &
élevé au bord d'une riviere, pour retenir les terres
des berges trop hautes, & empêcher les débordemens.

QUEUE D'ARONDE. *Voyez* au mot ASSEMBLAGE.

QUEUE DE LA TRANCHÉE. C'est le premier travail que
l'assiégeant a fait en ouvrant la tranchée, & qui
demeure derriere à mesure qu'on pousse la tête de
l'attaque vers la place.

R ij

QUEUE DE PIERRE. C'est le bout brut ou équarri d'une pierre en boutisse, qui est opposé à la tête ou parement, & qui entre dans le mur sans faire parpain.

QUEUES DE RENARD. C'est ainsi que les fontainiers nomment des racines fort déliées, qui s'engendrent dans les tuyaux de conduite, produites apparemment par quelques graines que l'eau entraîne & dépose dans des petits trous ou inégalités ; elles se multiplient si fort, qu'il leur arrive quelquefois de remplir la capacité des tuyaux, & même de les faire crever.

QUEUE D'IRONDE. Est un dehors fait en forme d'ouvrage à tenaille, & dont les branches se resserrent vers la place ; cet ouvrage n'est plus en usage aujourd'hui, parce que les parties en sont mal flanquées.

QUEUE DU CAMP. C'est la ligne qui termine le camp du côté opposé à celui où le soldat fait face, que l'on appelle *la tête du camp.*

QUINCONGE ou **QUINCONCE.** Figure d'un plan d'arbres posés en plusieurs rangs paralleles, tant selon la longueur que la largeur, en telle sorte que le premier du second rang commence au centre du quarré qui se forme par les deux premiers arbres du premier rang, & les deux premiers du troisiéme, & qui marque une figure d'un cinq au jeu de carte.

QUINTAL, *en terme de Marine.* Est le poids de cent livres.

QUOTIENT, *terme d'Arithmétique.* C'est, dans la division, le nombre qui marque par ses unités combien de fois un nombre donné est compris dans un autre nombre. Soit, par exemple, un des nombres donné 20, & l'autre 5 ; alors le *quotient* est 4, qui indique que le nombre 5 est compris quatre fois dans le nombre 20.

RABOT, *terme de Maçonnerie.* Eſt un outil fait d'une longue perche, au bout de laquelle eſt attachée une petite planche ronde ou quarrée, dont les manœuvres ſe ſervent pour éteindre la chaux, & faire du mortier ; ainſi l'on dit, dans un devis, que la chaux & le ſable ſeront bien broyés & incorporés, en les mêlant avec le rabot, tant & ſi long-tems que les eſpeces ſoient totalement confondues l'une dans l'autre, & qu'on n'y puiſſe plus appercevoir de différence.

RABOT. Sorte de liais ruſtique, dont on ſe ſert pour paver certains lieux, & pour faire les bordures des chauſſées de pavé de grès.

RACHETER, *terme de Maçonnerie.* On dit qu'une deſcente biaiſe de cave rachete un berceau, pour dire qu'elle le regagne, qu'elle s'y joint.

RACINAL, *terme d'Architecture hydraulique.* On appelle ainſi la piece de bois dans laquelle eſt encaſtrée la crapaudine qui reçoit le pivot d'une porte d'écluſe.

RACINAUX. Pieces de bois, comme des bouts de ſolives, arrêtées ſur des pilots, & ſur leſquelles on poſe des madriers & plateformes, pour porter les murs de douve des reſervoirs ; ce mot ſe dit auſſi des pieces de bois plus larges qu'épaiſſes, qui s'attachent ſur la tête des pilots, & ſur leſquelles poſe la plateforme.

RACINAUX DE COMBLE. Eſpeces de corbeaux de bois qui portent en encorbellement, ſur des conſoles, le pied d'une ferme ronde qui couvre en ſaillie le pignon d'une vieille maiſon.

RACINAUX D'ÉCURIE. Petits poteaux qui, arrêtés debout dans une écurie, ſervent à porter la mangeoire des chevaux.

R iij

RACINAUX DE GRUE. Pieces de bois croifées qui font l'empattement d'une grue, & dans lefquelles font affemblés l'arbre & les arcboutans; on les nomme folles quand elles font plates.

RACINE, *terme d'Algebre*. C'eft une quantité qui, multipliée par elle-même un certain nombre de fois, forme un produit ou une puiffance. Chaque produit ayant fon nom particulier, on le donne de même à la *racine* de la puiffance qui s'en eft formée. De là viennent la *racine quarrée*, & la *racine cubique*, lorfque la quantité qui s'en eft formée, eft un quarré ou un cube.

RADE. C'eft une partie de la mer, proche d'un port, où les vaiffeaux font à l'abri du mauvais tems, en attendant qu'ils puiffent entrer dans le port, ou continuer leur route.

RADEAU. Eft un pont fait avec des longrines & des traverfines qui font liées avec des tonneaux, pour faire un pont flotant fervant à communiquer de la poterne au chemin couvert, ou à quelqu'ouvrage détaché, quand les foffés de la place font inondés.

RADIER. Dans les éclufes, c'eft la partie baffe qui fe trouve entre les deux murs des côtés, par-deffus laquelle paffe l'eau, & qui eft de même fabrique que la fondation des mêmes éclufes; mais *avant-radiers*, ou *faux radiers*, eft une fuite des radiers, laquelle n'eft compofée que de fafcinages, recouverts d'une grille pavée de pierres féches.

RADOUB, *terme de Marine*. C'eft l'ouvrage que font les charpentiers & calfateurs, pour le rétabliffement d'un vaiffeau, quand il a été endommagé.

RADOUBER. Eft raccommoder un vaiffeau, en bouchant les trous & les fentes avec de l'étoupe; on dit auffi *radouber* les portes ou le radier d'une éclufe.

RAGRÉER. C'eft, après qu'un bâtiment eft fait, repaffer le marteau & le fer aux paremens de fes murs, pour les rendre unis & en ôter les balevres. Ce mot fignifie encore, mettre la derniere main à un ou-

vrage de menuiserie, serrurerie, &c. On dit aussi
faire un ragréement au lieu de ragréer.

RAINURE ou RENURE. C'est un petit canal fait sur
l'épaisseur d'une planche, pour recevoir une languette, ou pour servir de coulisse.

RAISON. C'est le rapport de deux quantités entr'elles,
ou la relation d'une quantité à une autre semblable,
pour déterminer la grandeur ou la valeur intrinse-
que de l'une par celle de l'autre, sans le secours d'aucune mesure étrangere.

RALONGEMENT D'ARESTIER. *Voyez* RECULE-
MENT.

RAME. Longue piece de bois, dont une extrêmité est
applatie, & qui, posée sur le bord d'un vaisseau, sert
à le faire siller.

RAMEAUX, *en terme de Mine*. Se dit des petites galeries, aux extrêmités desquelles l'on fait un ou plusieurs fourneaux, pour faire sauter un terrein.

RAMPE, *en Fortification*. Est une montée faite en
pente douce, qui conduit depuis le niveau ou plan
de la place, jusques sur le terreplein du rempart ou
des bastions. C'est par ces endroits que l'on mene
l'artillerie & les munitions sur le rempart.

RAMPE D'ESCALIER. C'est autant une suite de dégrés
entre deux paliers, que leurs balustrades à hauteur
d'appui, qui se fait de balustres de pierres ronds
ou quarrés, ou de balustres de bois tournés ou
poussés à la main, ou enfin de fer avec balustres ou
panneaux, frises, pilastres, consoles & autres ornemens.

RAMPE PAR RESSAUT. Celle dont le contour est interrompu par des paliers ou quartiers tournans.

RAMPER. C'est pencher suivant une pente donnée.

RANCHER. *Voyez* ECHELIER.

RANCHES. Chevilles de bois qui garnissent l'échelier
d'une grue, & qui passent au travers. Elles servent
d'échelons pour monter au haut de la machine.

RANG, *terme de Guerre*. C'est un nombre de soldats

placés fur une ligne droite les uns à côté des autres.

RANG DE PAVÉ. C'eſt un rang de pavé d'une même
grandeur , le long d'un ruiſſeau , fans caniveaux , ni
conrre-jumelles , comme on les pratique dans les
petites cours.

RANG. Lorſque l'on frappe des palplanches ou des pilots , les uns aſſez près des autres , fur une même
ligne , on appelle cela un rang ou file de pilots ou
de palplanches , &c.

RAPPORT. Comparaiſon de deux quantités , relativement à leur grandeur ou à leur petiteſſe.

RAPPORTEUR. Inſtrument fait en demi-cercle , &
diviſé en cent quatre-vingt dégrés, qui fert à prendre les ouvertures des angles , & à les rapporter du
graphometre fur le papier ; il ſe fait ordinairement
de cuivre , mais les plus commodes pour travailler
fur le papier, font de corne tranſparente , au travers de laquelle on voit plus préciſément les dégrés
qui couvrent les lignes des angles : on le nomme
auſſi demi-cercle.

RASLES. En certains lieux , on appelle des *raſles* ce
que communément on nomme des chevrons, enforte
que le *raſle* & le chevron font la même choſe.

RATELIER , *en Artillerie*. Eſt un aſſemblage de charpente compoſé de moulinets , de traverſes , & de
quelques autres pieces, fervant à porter les mouſquets,
fufils , & autres armes à feu que l'on conſerve dans
les arſenaux ; on en fait aux corps de gardes , pour
raſſembler en ordre les armes de la troupe qui
y eſt.

RATELIER. C'eſt , dans une écurie , une forte de baluftrade faite de rouleaux de bois engagés dans des
traverſes de charpente par le haut & par le bas. C'eſt
où l'on jette le foin & la paille pour les chevaux :
il ſe place toujours au-deſſus de la mangeoire.

RATION. C'eſt la portion de pain ou de fourage que
l'on diſtribue en campagne aux foldats & aux officiers, fuivant leur grade militaire. La ration du fol-

dat eſt d'une livre & demie de pain par jour. Le pain de munition contient deux rations.

RAVALEMENT. C'eſt, dans des pilaſtres & corps de maçonnerie & menuiſerie, un petit renfoncement ſimple, ou bordé d'une baguette ou d'un talon.

RAVALER. C'eſt faire un enduit ſur un mur de moilon, & y obſerver les champs, naiſſances & tables de plâtre ou de crêpi, ou repaſſer avec la laye ou la ripe, une façade de pierre, ce qui s'appelle *faire un ravalement*, parce qu'on commence cette façon par en haut, & qu'on la finit par en bas, en ravalant.

RAVELIN. Eſt un ouvrage compris ſous deux faces qui font un angle ſaillant; il ſe met au-devant d'une courtine, pour couvrir les flancs oppoſés des baſtions voiſins. Ce mot n'eſt plus en uſage que parmi les Ingénieurs, & tous les gens de guerre l'appellent *demi-lune*.

RAYON, *terme de Géométrie*. Ligne droite menée du centre à la circonférence d'un cercle. C'eſt par le mouvement de cette ligne, autour d'un point fixe, que ſe forme le cercle.

RAYON EXTÉRIEUR, *terme de Fortification*. Ligne tirée du centre de la place à l'angle flanqué d'un baſtion. C'eſt le rayon du polygone dans lequel la place eſt inſcrite.

RAYON INTÉRIEUR. Ligne tirée du centre de la place au centre d'un baſtion.

RÉACTION. C'eſt l'action d'un corps qui agit ſur un autre, dont il reçoit l'action. Par exemple, quand une bille eſt chaſſée ſelon une certaine direction, & qu'elle vient à choquer la bande, voilà l'action; & comme elle ne reſte pas là, & qu'elle rejaillit d'elle-même ſous une autre direction, c'eſt ce qu'on appelle *réaction*. La *réaction* eſt toujours égale à l'action, & il n'y a point dans la nature *d'action ſans réaction*.

RECEPER. *Voyez* RESCEPER.

RECEPTACLE. C'eſt un baſſin où pluſieurs canaux d'aqueducs, ou tuyaux de conduite, viennent ſe rendre, pour être enfuite diftribués en d'autres conduites ; on nomme auffi cette efpece de réfervoir, *conferve*.

RECHAUD DE REMPART. Eft une machine de fer, dans laquelle on met une compofition de goudron mêlée d'étoupes, pour éclairer, pendant la nuit, le rempart & les principaux quartiers d'une ville de guerre, en tems de fiége, & cette compofition que l'on y brûle, fe nomme *tourteaux*.

RECHERCHE DE COUVERTURE. C'eft la réparation d'une couverture, où l'on met quelques tuiles ou ardoifes à la place de celles qui manquent, & la réfection des *falins*, *arreftiers* & autres platras ; on dit auffi faire une *recherche* de pavé, pour en raccommoder les flaches, & mettre des pavés neufs à la place de ceux qui font brifés.

RECONNOITRE UNE PLACE. C'eft en faire le tour avant que de l'affiéger, & remarquer avec foin les avantages & les défauts de fon affiette & de fa fortification, afin de l'attaquer par l'endroit le plus foible.

RECOUPEMENT. On nomme ainfi des retraites fort larges, faites à chaque affife de pierre dure, pour donner plus d'empattement à de certains ouvrages conftruits fur le terrein en pente roide, ou à d'autres fondés dans l'eau, comme les piles de ponts, les digues, les maffifs de moulins, &c.

RECOUPES. On appelle ainfi ce qu'on abbat des pierres, pour les équarrir ; quelquefois on mêle du pouffier ou poudre de recoupes, avec de la chaux & du fable, pour faire du mortier de la couleur de la pierre.

RECOUVREMENT. C'eft une efpece de rebord fait à un ouvrage, pour l'ajufter avec quelqu'autre chofe, en les faifant empieter l'un fur l'autre.

RECTANGLE, *terme de Géométrie.* Figure terminée par quatre lignes droites, dont deux font grandes, & deux petites, formant quatre angles droits.

RECTILIGNE. Epithéte qu'on donne, en Géométrie

à des figures qui font terminées par des lignes droites.

RECUL DU CANON. Eft un mouvement en arriere, qui lui eft imprimé par l'activité & la force du feu qui, dans le tems de la décharge de la piece, cherchant un paffage de toutes parts, chaffe la piece en arriere, & la poudre & le boulet en avant.

REDANS, *en Fortification*. Sont des lignes ou des faces qui forment des angles rentrans & faillans, pour fe flanquer les uns les autres.

REDENT. Se dit, en charpenterie, d'une piece de bois qui a deux groffeurs différentes, après avoir été équarrie.

REDENTS. Se dit, dans la conftruction d'un mur fur un terrein en pente, de plufieurs reffauts qu'on fait d'efpace en efpace à la retraite, pour la conferver de niveau par intervalles ; ce font auffi, dans les fondations, diverfes retraites caufées par l'inégalité de la confiftance du terrein, ou par une pente fort fenfible.

REDOUTE. Eft un petit fort d'un très-grand ufage dans la fortification, & qu'on deftine d'ordinaire à fervir de corps de garde ; il y en a de plufieurs façons. Les redoutes de terre fervent aux tranchées, circonvallation, contrevallation, paffage de riviere, hauteurs dont on fe rend maître, &c. les *redoutes de maçonnerie* fervent à garder quelques poftes dont l'ennemi fe pourroit prévaloir, de même qu'à placer fur les angles faillans des glacis.

REDOUTES CASEMATÉES. Sont celles qui font voûtées à l'épreuve de la bombe.

REDOUTES A MACHICOULIS. Ce font des redoutes de maçonnerie qui ont plufieurs étages, & dont l'étage fupérieur déborde le mur de la redoute d'environ un pied. On pratique, dans cette faillie, des ouvertures, par lefquelles on découvre le pied de la redoute : ce qui en facilite la défenfe.

RÉDUIRE UN DESSEIN. C'eft en faire la copie plus

ou moins grande que l'original, par le moyen d'une
échelle qui porte les mêmes divisions plus grandes
ou plus petites. *Voyez* au mot PANTOGRAPHE.

RÉDUIT. Est un retranchement, ordinairement revêtu,
qu'on fait dans un quartier de la place, pour retirer
les troupes de ce quartier, & tenir les bourgeois
dans le respect & l'obéissance qu'ils doivent à leur
Prince. On fait encore des *réduits* dans les demi-lunes, pour couvrir les troupes qui font obligées d'a-
bandonner cette demi-lune, & faciliter le moyen de
se retirer.

RÉDUIT, *en Architecture.* Est un petit lieu retranché
d'un grand, pour le proportionner, ou pour quelque commodité, comme les petits cabinets à côté
des niches & des alcoves.

REFEND. *Voyez* BOSSAGE, MUR & PIERRE DE RE-
FEND.

REFENDRE. C'est, en charpenterie, débiter de grosses pieces de bois avec la scie, pour en faire des solives, chevrons, membrures, planches, &c. ce
qui s'appelle encore scier de long, & qui se pratique
aussi en menuiserie. C'est pourquoi les menuisiers
nomment *refend* un morceau de bois, ou tringle
ôté d'un ais trop large. *Refendre*, en serrurerie,
c'est couper le fer chaud sur sa longueur, avec la
tranche & la masse ; en couverture, c'est diviser
l'ardoise par feuillets, avant que de l'équarrir ; &
enfin, en termes de paveur, c'est partager des gros
pavés en deux, pour en faire du pavé fendu pour les
cours, écuries, &c.

REFEUILLER. C'est faire deux feuillures en recouvrement, pour loger un dormant, ou recevoir les venteaux d'une porte, ou les volets d'une croisée.

REFOULER. Quand la poudre est dans le canon, ou
dans la chambre du mortier, on la bourre, c'est-à-
dire qu'on la bat à plusieurs reprises avec le refouloir : c'est ce qu'on appelle *refouler*.

REFOULOIR, *en Artillerie.* Est un instrument composé d'une longue hampe, au bout de laquelle est ajusté un cylindre de bois, servant à bourrer & à refouler le canon quand on le charge.

REFUITE. C'est le trop de profondeur d'une mortaise, d'un trou de boulin, &c. On dit aussi qu'un trou a de la *refuite*, quand il est plus profond qu'il ne faut pour encastrer une piece de bois ou de fer qui sert de linteau entre les deux tableaux d'une porte.

REFUS. On dit qu'un pieu ou qu'un pilot est enfoncé au refus du mouton, lorsqu'il ne peut pas entrer plus avant, & qu'on est obligé d'en couper la couronne.

REGAIN. Terme d'ouvrier, qui signifie qu'une piece de bois, ou une pierre, est trop longue pour l'usage auquel on la destine.

REGALER ou APPLANIR. C'est, après qu'on a enlevé des terres massives, mettre à niveau, ou selon une pente réglée, le terrein qu'on veut dresser ; on appelle *regaleurs*, ceux qui étendent la terre avec la pelle, à mesure qu'on la décharge, ou qui la foulent à la demoiselle.

REGARD. C'est une espece de pavillon, où sont enfermés les robinets de plusieurs conduites d'eau, avec un petit bassin, pour en faire la distribution ; c'est aussi un petit *caveau* servant au même usage, où l'on descend par un chassis de pierre, pour voir les défauts de la conduite, lorsqu'il s'y en rencontre.

REGLE. Instrument de Mathématique qui sert à tirer des lignes droites. On dit qu'une piece de trait est réglée, quand elle est droite par son profil, comme font quelquefois les larmiers, arriere-voussures, trompes, &c.

REGLET. Petite moulure plate & étroite qui, dans les compartimens & panneaux, sert à en séparer les parties, & à poser des guillochis & entrelats ; le *reglet* est différent du listel ou filet, en ce qu'il se profile également comme une regle.

REGRATER. C'est emporter, avec le marteau & la

ripe, la fuperficie d'un vieux mur de pierre de taille,
pour le blanchir.

REINCEAU ou RINCEAU. C'eft une efpece de branche
qui, prenant ordinairement naiffance d'un culot, eft
formée de grandes feuilles naturelles ou imaginaires,
& qui fert à décorer les frifes, gorges, panneaux,
ornemens, &c.

REINS DE VOUTE. C'eft la maçonnerie de moilon,
avec plâtre, qui remplit l'extrados d'une voûte
jufqu'à fon couronnement ; on appelle reins vuides,
ceux qui ne font pas remplis, pour foulager la
charge.

REJOINTOYER. C'eft, lorfque les joints de pierre
d'un vieux mur font cavés, par fucceffion de tems, ou
par l'eau, les remplir & les ragréer avec le meilleur
mortier, comme celui de chaux & de ciment ; ce qui
fe fait auffi avec du plâtre ou du mortier aux joints des
voûtes lorfqu'ils fe font ouverts, parce que le bâtiment étant neuf, a taffé inégalement, ou qu'étant
vieux, il a été mal étayé, en y faifant quelque re-
prife par fous-œuvre.

RELAIS, *en Fortification*. Eft le nom que l'on donne aux
travailleurs qu'on établit de diftance en diftance
pour le tranfport des terres. Mr. le Maréchal de
Vauban, dans le réglement qu'il a fait fur ce fujet,
les a établi à quinze toifes les uns des autres, en
plein terrein, & à dix toifes en montant.

RELEVER LA TRANCHÉE. C'eft monter la garde à
la tranchée, & prendre le pofte d'un autre corps de
troupes qui defcend la garde.

RELIEF. C'eft la faillie de tout ornement ou bas relief, qui doit être proportionnée à la grandeur de
l'édifice qu'il décore, & à la diftance d'où il doit
être vû.

REMANIER. *Voyez* MANIER A BOUT.

REMBLAI. C'eft un travail de terres rapportées &
battues, foit pour faire une levée, foit pour applanir ou regaler un terrein, ou pour garnir le der-

riere d'un revêtement de rempart que l'on aura dé-
blayé pour la conftruction de la muraille.

REMENÉE. Efpece de petite voûte, en maniere d'ar-
riere-vouffure, au-deffus de l'embrafure d'une porte
ou d'une croifée.

REMISE DE GALERE. C'eft, dans un arfenal de marine, un grand hangar féparé par des rangs de piliers
qui en fupportent la couverture, où l'on tient à
flot féparément les galeres des armées.

REMPART, *terme de Fortification.* Élévation ou maffe
de terre qui entoure une ville de tous les côtés,
pour mettre les maifons de la place à l'abri des infultes de l'ennemi, & qui éleve fuffifamment, ceux
qui la défendent, pour plonger avec avantage dans
les travaux des affiégeans.

REMPIETEMENT. Se dit en parlant d'un mur qui eft
dégradé par le pied, & qui a befoin de réparation,
c'eft-à-dire d'être regarni ; pour lors on dit qu'il
faut rempiéter ce mur.

REMPLAGE. Se dit de la maçonnerie qui fe fait pour
garnir l'épaiffeur des gros murs, ou les reins d'une
arche ou d'une voûte. On dit auffi *poteaux de remplage, fermes de remplage,* pour exprimer les poteaux que l'on met entre les poteaux cormiers, ou
les fermes qui fe placent entre les maîtreffes fermes,
pour en remplir les intervalles.

RENARD, *terme de Fontainier.* Petite fente ou ouverture qui fe fait dans les corrois de glaife qui envi-
ronnent un baffin, un réfervoir, ou un batardeau,
& par où l'eau fe perd, fans qu'on s'en apperçoive.

RENARD, *terme de Charpentier.* C'eft un inftrument
qui fert pour tirer les chevilles avec plus de facilité.
Au renard, eft auffi un cri ufité parmi les ouvriers
qui battent des pieux à la fonnette, pour les faire
ceffer tous dans le même inftant.

RENCONTRE, *terme de Charpentérie.* C'eft l'endroit,
à deux ou trois pouces près, où les deux traits de
fcie fe rencontrent, & où la piece de bois fe fépare.

RENFLEMENT DE COLONNE. C'eſt une petite augmentation au tiers de la hauteur du fuſt d'une colonne, qui diminue inſenſiblement vers ſes deux extrêmités.

RENFONCEMENT, *en termes de Fortification.* Se dit d'un petit renfoncement pratiqué dans l'épaiſſeur du glacis du chemin couvert, qui ſert de paſſage aux troupes à l'endroit des traverſes.

RENFORMIR ou **RENFORMER.** C'eſt réparer un vieux mur, en mettant des pierres ou des moilons aux endroits où il en manque, & boucher les trous de boulins ; c'eſt auſſi, lorſqu'un mur eſt trop épais à un endroit, & foible en l'autre, le hacher, le charger, & l'enduire ſur le tout.

RENFORMIS. C'eſt la réparation d'un vieux mur, à proportion de ce qu'il eſt dégradé ; les plus forts renformis ſont eſtimés pour un tiers du mur.

RENFORT. *Voyez* ASSEMBLAGE.

RENFORT, *en termes d'Artillerie.* Eſt une partie de la piece de canon. La piece de canon eſt ordinairement de trois groſſeurs ou circonférences. Le premier renfort qui forme la circonférence de la piece, eſt depuis l'aſtragale de la lumiere, juſqu'à la platebande & moulure qui eſt ſous les anſes ; le ſecond renfort, qui eſt la ſeconde circonférence, eſt depuis cette platebande & moulure que l'on trouve immédiatement après les tourillons : ces deux renforts vont toujours en diminuant ; & enſuite eſt la volée, troiſiéme circonférence, qui eſt auſſi moindre en groſſeur.

REPAIRE. Eſt une marque que l'on fait ſur un mur, pour donner un alignement, & arrêter une meſure de certaine diſtance ; ou pour des coups de niveau, autant ſur un *jalon* que ſur un endroit fixe. Les menuiſiers nomment auſſi *repaire*, les traits de pierre noire ou blanche dont ils marquent les pieces d'aſſemblage, pour les monter en œuvre ; & les paveurs, certains pavés qu'ils mettent d'eſpace en eſpace,

pour

pour conferver leur niveau de pente.

RÉPARATION. C'eft une reftauration néceffaire pour
l'entretien d'un bâtiment.

REPOS ou PALIER D'ESCALIER. Ce font les marches plus grandes que les autres, qui fervent comme
de repos. Dans les grands perrons, où il y a quelquefois plufieurs paliers de *repos* dans une même rampe, ces paliers doivent avoir au moins la largeur
de deux marches. Ceux qui font dans les retours des
rampes des efcaliers, doivent être quarrés.

REPOS, *terme d'Architecture hydraulique.* Les venteaux
des portes des éclufes font compofés chacun de deux
montans, dont celui qui eft retenu au long du mur
des bajoyers, s'appelle *montant de repos*, parce qu'il
ne fort pas de fa place. On appelle auffi *repos*, de certaines pieces de bois circulaires, fur le deffus defquelles eft encaftré un morceau de bronze de même
figure & de même nom, qui fert à appuyer les
roulettes, pour faciliter le mouvement des venteaux
des portes d'éclufes.

REPOUS. On nomme ainfi les petits platras qui proviennent de la vieille maçonnerie, & qu'on bat &
mêle avec du tuileau & de la brique concaffée, pour
affermir les aires des chemins, & fécher le fol des
lieux humides.

REPOUSSOIR. On appelle de ce nom une efpece de
cheville de fer, dont les charpentiers fe fervent pour
faire fortir les chevilles d'affemblage.

REPRENDRE UN MUR. C'eft en réparer les fractions dans fa hauteur, ou le refaire par fous-œuvre
petit à petit, avec peu d'étaies, ou avec des acheva-
lemens.

RESCEPER. C'eft couper, avec la coignée ou la fcie, la
tête d'un pieu ou d'un pilot qui refufe le mouton,
parce qu'il a trouvé de la roche, ou pour le mettre
de niveau avec le refte du pilotage.

RESERVOIR. C'eft, dans un corps de bâtiment, un
baffin ordinairement de bois revêtu de plomb, où

l'on réserve les eaux qui doivent être diſtribuées par des fontaines ; c'eſt auſſi un grand baſſin avec un double mur, appellé de douve, & glaiſé ou pavé dans le fond, où l'on tient l'eau pour les fontaines jailliſſantes des jardins.

RÉSOLUTION, *terme d'Algebre*. Méthode par laquelle on découvre la vérité ou la fauſſeté d'une propoſition, dans un ordre contraire à celui de la ſyntheſe.

RESSAC. Le reſſac, en termes de marine, eſt un mouvement impétueux des vagues de la mer, qui ſe ſont déployées avec force contre une terre, & qui retournent avec impétuoſité vers la pleine mer.

RESSAUT. C'eſt l'effet d'un corps qui avance ou recule plus qu'un autre, & qui n'eſt plus d'alignement ou de niveau, comme un entablement, une corniche, &c. qui regne ſur un avant-corps & ſur un arriere-corps.

Ressaut d'escalier. C'eſt lorſqu'une rampe d'appui n'eſt pas de ſuite, & reſſaute aux retours.

RESTAURATION. C'eſt la réfection de toutes les parties d'un bâtiment dégradé & dépéri par mal-façon, ou par ſucceſſion de tems, enſorte qu'il eſt remis en ſa premiere forme, & même augmenté conſidérablement.

RETENUE. On dit qu'une piece de bois a ſa retenue ſur une muraille, ou ailleurs, quand elle eſt engagée de telle ſorte qu'elle ne peut ni reculer, ni avancer.

RETIRADE ou COUPURE, *en Fortification*. Eſt un retranchement qui ſe forme ordinairement par deux faces qui font un angle rentrant, & qui ſe pratique dans un corps d'ouvrage dont on veut diſputer le terrein pied à pied, lorſque les premieres défenſes ſont rompues.

RETOMBÉE. C'eſt le commencement ou la naiſſance d'une voûte, où les aſſiſes des piédroits qui la ſoutiennent, commencent à s'arrondir, ce qui ſe fait ordinairement au-deſſus des impoſtes.

RETOURNER, *terme de Maçonnerie* Les appareilleurs retournent une pierre, lorfqu'après l'avoir dreffé fur une de fes faces, ils veulent la tailler du côté qui lui eft oppofé.

RETOURS DE LA TRANCHÉE. Ce font les coudes & les obliquités que forment les lignes de la tranchée, & qui font, en quelque façon, tirées paralleles aux côtés de la place qu'on attaque, pour en éviter l'enfilade.

RETOURS, *en termes de Mine.* Se dit lorfqu'après avoir percé une diftance plus ou moins grande en droite ligne dans le folide, on fe détourne à droite & à gauche, en continuant de percer, fi le détour eft fait en angle *droit*; fi ce détour eft fait par un autre angle qu'un droit, alors le retour eft *oblique*, & en ce cas, il peut être ou aigu ou obtus: une même galerie, ou un même rameau, peuvent avoir plufieurs retours.

RETOURS D'ÉQUERRE. Ce font des encoignures à angles droits; on dit auffi *fe retourner d'équerre*, pour fignifier établir une perpendiculaire fur la longueur ou l'extrêmité d'une ligne effective ou fuppofée.

RETRAITE. C'eft la diminution d'un mur en dehors, au-deffus de fon empattement & de fes affifes de pierre dure, comme s'il y avoit un rétreciffement ou reculement à cet endroit.

RETRANCHEMENT. Se dit non feulement de ce qu'on retranche d'une trop grande piece, pour la proportionner, ou pour quelqu'autre commodité, mais auffi des avances en faillie, qu'on ôte des rues & voies publiques pour les rendre praticables & d'alignement.

RETRANCHEMENT, *en termes de Fortification.* Eft le nom qu'on donne à tous les endroits fortifiés d'un foffé bordé d'un parapet, ou bien à ceux où l'on forme un parapet avec des gabions, des facs à terre, ou des fafcires fans aucun foffé, pour y mettre promptement des troupes à couvert de l'ennemi.

RETRANCHEMENT. Se dit encore d'une simple coupure ou retirade qui se fait sur un ouvrage à cornes, ou dans la gorge d'un bastion, quand on veut disputer le terrein pied à pied, ou pour obtenir une capitulation honnête.

REVERS. En Fortification, on dit *voir* ou *être vu de revers*. C'est quand un ouvrage étant commandé par quelque éminence, ou par sa mauvaise disposition, l'ennemi peut découvrir son terreplein ou son rempart; on dit aussi que la tranchée est *vue de revers*, quand le feu des assiégés peut découvrir les troupes qui sont dedans.

REVERS DE LA TRANCHÉE. C'est le terrein qui repond au bord de la tranchée qui se trouve opposé au parapet; il y a ordinairement une ou deux banquettes de ce côté, afin que la garde de la tranchée puisse monter sur le revers, lorsqu'elle se voit attaquée par une sortie.

REVERS DE PAVÉ. C'est l'un des côtés en pente du pavé d'une rue, depuis le ruisseau jusqu'au pied du mur.

REVETEMENT, *terme de Fortification*. C'est la maçonnerie qui soutient les terres du rempart du côté extérieur de la place.

REVETIR. Lorsqu'on ne veut point épargner la dépense dans la construction des ouvrages de fortification, on les *revêt* de maçonnerie, pour qu'ils soient plus propres à résister à la violence du canon, & à se soutenir plus long-tems; on dit aussi *revêtir* les ouvrages de gazons.

REVETIR, *en Charpenterie*. C'est peupler de poteaux une cloison ou un pan de bois; *en Menuiserie*, c'est couvrir un mur d'un lambris, qui, pour ce sujet, s'appelle *lambris de revêtement*.

REVIRER, *terme de Marine*. C'est tourner le navire par le jeu du gouvernail, & par la manœuvre des voiles, pour lui faire changer sa route.

RÉVOLUTION, *terme de Géométrie*. C'est le mouvement d'une figure quelconque, autour d'une ligne fixe, que l'on nomme *axe* de la figure ; ainſi un triangle rectangle qui tourne autour de l'un de ſes côtés , comme axe , engendre un cône par ſa *révolution.*

REVUE, *terme de Guerre.* Exercice que l'on fait faire aux ſoldats rangés en bataille , & qu'on fait défiler enſuite , pour voir ſi leur compagnie eſt complette & en bon état.

REZ DE CHAUSSÉE. C'eſt la ſuperficie de tout lieu conſidérée au niveau d'une chauſſée, d'une rue, d'un jardin , &c. *Rez de chauſſée* des caves , ou du premier étage d'une maiſon , ſe dit improprement.

REZ-MUR. C'eſt le nud d'un mur, dans œuvre ; ainſi on dit qu'une poutre , qu'une ſolive de brin , &c. a tant de portée de *rez-mur* , c'eſt-à-dire depuis un mur juſqu'à l'autre , ſans compter ce qui entre dans l'épaiſſeur des murs.

RHOMBE , *terme de Géométrie.* C'eſt un quadrilatere qui a ſes côtés égaux entr'eux , & qui a deux angles oppoſés aigus , & les deux autres obtus.

RHOMBOÏDE. C'eſt un quadrilatere qui a les angles oppoſés égaux , & les côtés oppoſés égaux & paralleles, mais dont il y en a deux plus grands , & deux autres plus petits.

RIDEAU, *en termes de Guerre.* Se dit d'une hauteur de terre qui s'étend en longueur en forme de colline, & dont l'ennemi ne manque guere de profiter pour ouvrir la tranchée , ou pour établir une place d'armes, quand il en trouve à ſa portée , parce qu'il ſe couvre, par ce moyen , contre le feu des aſſiégés.

RIFLART. Eſpece de gros rabot. Les menuiſiers appellent ainſi un outil de fer qui ſert à dégroſſir la beſogne. Il y en a de différentes grandeurs.

RIGOLE. C'eſt une ouverture longue & étroite, fouillée en terre , pour conduire de l'eau , comme il ſe pratique lorſqu'on veut faire l'eſſai d'un canal pour juger de ſon niveau de pente , ce qu'on nomme *canal de dérivation* ; on appelle aussi *rigoles*, les petites fondations peu profondes, & certains petits fossés qui bordent un cours, ou une avenue, pour en conserver les rangs d'arbres. La *rigole* est différente de la *tranchée* en ce que, pour l'ordinaire, elle n'est pas creusée quarrément.

RISBAN. Est un château que l'on bâtit dans la mer, un peu éloigné du rivage, sur quelque banc de sable, ce qui lui fait retenir le nom de *risban*, comme si l'on vouloit dire *richeban*, faisant allusion à la dépense excessive qu'on est obligé de faire pour la construction de ces châteaux.

RISBERME. Est une espece de glacis, quelquefois avec ressaut, s'élevant par dégrés, dont les girons sont fort grands & en pente ; on s'en sert pour les jettées de fascinage, dont les côtés exposés à la mer, sont conduits en *risbermes*, pour recevoir avec moins de danger l'impétuosité de ses flots.

RIVURE, *terme de Serrurier*. C'est la broche de fer qui entre dans les charnieres des fiches, pour en joindre les deux aîles.

ROC. Pierre dure, très-difficile à travailler, dont les éclats servent à jetter au pied des jettées, pour les fortifier contre les secousses des flots de la mer, &c. Cette pierre résiste au fardeau, & ne diminue pas à l'air, ni dans l'eau.

ROCAILLE, *terme de Décoration*. C'est une composition d'Architecture rustique, qui imite les rochers naturels, & qui se fait avec de la pierre de meuliere, qui est extrêmement poreuse, des coquillages, & des pétrifications de diverses couleurs, comme cela se pratique aux grottes & aux bassins des fontaines. La grotte des *Feuillans*, proche les Tuileries, est une des plus belles qui soit en ce genre, à Paris.

ROCHE. Se dit de la pierre la plus rustique & la moins propre à être taillée, comme de celles qui tiennent de la nature du caillou, & d'autres qui se délitent par écailles.

ROINETTE ou ROUANE. Petit outil dont les charpentiers se servent pour marquer le bois.

RONDE , *terme de Guerre. Voyez* CHEMIN DES RONDES.

ROSACE ou ROSASSE , *terme d'Architecture.* Grande rose qui se fait de différentes manieres, & qui se taille en relief dans les compartimens des voûtes & des plafonds ornés de sculpture.

ROSETTE , *terme d'Artillerie.* Ce n'est autre chose que le cuivre rouge qui entre dans l'alliage du métal, pour les canons & mortiers.

ROSSIGNOL. Les charpentiers appellent ainsi un coin de bois qu'ils mettent dans les mortaises qui sont trop longues , lorsqu'ils veulent serrer quelque piece de bois , comme jambe de force , ou autre.

ROUE , *terme de Méchanique.* La roue est une machine très-simple , accompagnée d'un aissieu ou treuil , dont on se sert pour enlever les fardeaux. La puissance est appliquée à la circonférence de la roue , où il y a des chevilles , comme aux roues de carrieres , & le poids est suspendu au treuil ; alors la puissance est au poids, dans l'état d'équilibre, comme le rayon du treuil est au rayon de la roue.

ROUE A FEU , *terme d'Artificier.* C'est un assemblage de plusieurs jets attachés sur une roue à pans , qui, étant allumés , font tourner la roue extrêmement vîte , & dont les étincelles forment un cercle de feu.

ROUET, *terme de Méchanique.* C'est une roue attachée sur l'arbre d'un moulin , qui est de huit à neuf pieds de diametre , & a environ quarante-huit chevilles ou dents, de quinze pouces de long, qui entrent dans les fuseaux de la lanterne du moulin , pour faire tourner les meules ; & généralement on le dit de toutes les roues dentées qui servent aux machines , dont les dents ou alichons sont posés à plomb.

ROUET. Assemblage circulaire , à queue d'ironde , de quatre ou plusieurs plateformes de bois de chêne,

sur lequel on pose en retraite la premiere assise de
pierre ou de moilon à sec, pour fonder un puits ou
un bassin de fontaine.

ROULEAUX. Sont des assemblages de fascines qu'on
lie ensemble & en rond ; les rouleaux servent à
pousser un travail, lorsqu'on est près d'une place
que l'on assiége, ou à couvrir la tête de ce travail.

ROULEAUX, *terme de Méchanique.* Ce sont des morceaux
de bois, de forme cylindrique, ferrés par les bouts
avec deux fretes de fer, & qui ont des mortaises pour
recevoir le bout des leviers ; ces rouleaux se mettent sous des gros fardeaux, pour les conduire d'un
lieu à un autre, & sont fort commodes dans la
construction des bâtimens, & dans l'artillerie.

ROULEAUX SANS FIN, que l'on nomme aussi *tours terrieres.* Sont des rouleaux de bois assemblés avec entretoises, qui servent à transporter de grands fardeaux, & à mener de grosses poutres du chantier à
l'attelier.

ROUTE, *terme de Navigation.* On entend par ce terme le *rumb de vent* selon lequel il faut faire naviger
un vaisseau pour le conduire au lieu de sa desti-
nation, & que le pilote suit par le moyen de la
boussole.

RUDENTURE. On appelle ainsi certains bâtons simples ou taillés en maniere de corde ou de roseau,
dont on remplit jusqu'au tiers les cannelures d'une
colonne, qui, pour ce sujet, sont appellées cannelures *rudentées.*

RUILLÉE, *terme de Couvreur.* C'est un enduit de plâtre
qui sert à raccorder l'ardoise ou la tuile avec les
murs ou les jouées d'une lucarne.

RUILLER ou CUEILLIR. C'est faire des repaires pour
dresser toutes sortes de plans & de surfaces.

RUINER & TAMPONNER. C'est hâcher des poteaux
de cloison par les côtés, & y mettre des tampons
ou grosses chevilles, pour retenir les panneaux de
maçonnerie.

RUINES. Ce mot se dit des bâtimens confidérables , dépéris par fucceffion de tems, & dont il ne refte que des matériaux confus.

RUINURE. C'eft l'entaille faite , avec la coignée, aux côtés des poteaux ou des folives, pour retenir les panneaux de maçonnerie , dans un pan de bois , ou une cloifon, & les entrevoux dans un plancher. ›

RUMB DE VENT. Ligne qui repréfente fur le globe terreftre , fur la bouffole , & fur les cartes marines, un des trente-deux vents. *Voyez* ci-après au mot Vents.

RUSTIQUE. Maniere de bâtir , en imitant plutôt la nature que l'art. On dit d'une façade d'archi- tecture qu'elle eft ruftique , lorfque les pierres ne font que piquées, ou vermiculées , ou taillées par boffages , au lieu d'être unies. *Colonne ruftique* eft une colonne de proportion Tofcane, & qui eft ornée de boffages.

SAB   SAB

SABLE. Terre graveleufe qu'on mêle avec de la chaux , pour faire du mortier ; il y en a de cave , qui eft noir ; de riviere , qui eft jaune , de rouge & de blanc , fuivant les différens terreins. On appelle *fable mâle* celui qui , dans un même lit , eft d'une couleur plus forte que celui qu'on nomme *fable femelle* ; le gros fable s'appelle *gravier* , & on en tire le fable fin & délié, en le paffant à la claie ferrée, pour fabler les aires battues des allées de jardin.

SABLIERE. Piece de bois qui fe pofe fur un poitrail, ou fur une affife de pierre dure, pour porter un pan de bois, ou une cloifon ; c'eft auffi la piece qui , à chaque étage d'un pan de bois , en reçoit les po- teaux , & porte les folives du plancher.

SABLIERE DE PLANCHER. Piece de bois, de fept à huit

pouces de gros, qui, étant soutenue par des corbeaux de fer, sert à porter les solives d'un plancher; on appelle aussi *sablieres*, des especes de membrures qu'on attache aux côtés d'une poutre, pour n'en pas altérer la force, & qui reçoivent par enclave les solives dans leurs entailles.

SABLIERES. *Voyez* PLATEFORMES.

SABORD, *terme de Marine*. Ce sont les embrasures ou cannonieres pratiquées dans le bordage du vaisseau, par où l'on tire le canon, & par lesquelles passe une partie de leur volée quand elles sont ouvertes. Les *sabords* se ferment dans les tempêtes, & l'on retire alors les canons en dedans du vaisseau.

SABOT ou SOULIER. Pointe de fer dont on arme le bas des pilots que l'on doit enfoncer dans un terrein pierreux, ou de trop grande résistance. Le *sabot* est du poids de quinze livres, & est garni de quatre bandes de fer que l'on cloue à têtes perdues dans les quatre faces du pilot. *Voyez* PILOT.

SAC A LAINE. Est un sac qui ne differe du sac à terre que parce qu'il est plus grand, & qu'il est rempli de laine ; on s'en sert pour former des logemens dans les endroits où il y a peu de terre.

SAC A POUDRE, *terme d'Artificier*. C'est l'enveloppe de papier qui renferme la chasse des pots à feu ou à aigrette.

SACS A POUDRE. Sont des sacs qui contiennent quatre ou cinq livres de poudre à canon, & qu'on jette sur l'ennemi avec la main, comme les grenades.

SACS A TERRE. Sont des sacs ordinaires de toile, d'une grandeur propre à tenir seulement environ un pied & demi cube de terre ; ses principaux usages sont pour faire des logemens, de même que pour faire des canonnieres dans le parapet de la tranchée, afin que les sentinelles puissent découvrir les sorties.

SAIGNÉE DE SAUCISSON. C'est ainsi que l'on nomme la coupure que l'on fait à un saucisson de toile rempli de poudre, pour y appliquer le *moine*, afin de mettre le feu à une mine. Ce *moine* n'est autre

chofe qu'un morceau de papier plié de la grandeur
d'une carte , fous lequel il y a du pulverin , & où
répond un morceau d'amadou qui fait faillie hors
du papier. Ce *moine* eft appliqué fur la poudre du
fauciffon par la fente de la faignée ; enfuite l'on met
le feu à l'amadou , qui le communique à la poudre
après deux ou trois minutes de tems , pour donner
aux mineurs la facilité de fe retirer avant que la minè
joue.

SAIGNER DU NEZ , *terme d'Artillerie.* On dit qu'une
piece de canon *faigne du nez* , lorfqu'étant montée
fur fon affut , la volée emporte la culaffe , ce qui
arrive quelquefois lorfque l'on tire du haut en bas ;
l'on dit encore qu'une piece *faigne du nez* , quand
le métal fe trouvant fort échauffé par le grand nombre de coups que l'on a tiré de fuite, la volée devient
courbe , & fait baiffer le bourlet & la bouche de la
piece au-deffous de la direction de l'axe.

SAIGNER LE FOSSÉ. C'eft en tirer l'eau par le moyen
d'une ou de plufieurs rigoles , afin de le paffer plus
facilement , en jettant des fafcines & des claies , ou
des fagots de joncs, deffus la boue qui refte au fond :
l'on doit prendre garde de ne pas donner cours à
l'eau qu'on tire de ces foffés par-dedans les tranchées , à caufe de l'incommodité que les troupes en
recevroient.

SAILLIE ou PROJECTURE. C'eft l'avance que font
les moulures & membres d'architecture au - delà
du nud du mur ,& qui eft proportionnée à leur hauteur ; c'eft auffi toute avance portée par encorbellement au-deffus d'un mur de face , comme fermes de
pignon , balcons , ménianes , galeries de charpente , trompes , &c.

SAÏQUE. C'eft un vaiffeau grec qui n'a qu'un mât ,
lequel , avec fon hunier , s'éleve à une hauteur ex-
traordinaire , & qui ne va bien que vent arriere ,
parce qu'il eft fort chargé de bois , ce qui empêche que la hauteur du mât ne le faffe puifer ,

outre qu’on le defarbore fouvent.

SALPETRE. Efpece de fel artificiel, qui fe tire des platras des vieux édifices ruinés ; il s’en forme auffi dans les terres, dans les endroits bas & humides : c’eft la principale matiere de la poudre à canon. On en trouve enfin de minéral ou naturel dans les Indes, en Mofcovie, & ailleurs.

SALPETRIERE. C’eft, dans un arfenal, une grande falle au rez de chauffée, où il y a plufieurs rangs de cuves & de fourneaux pour faire le falpêtre.

SAPINES. Solives de bois de fapin qu’on fcelle de niveau fur des taffeaux, lorfqu’on veut tendre des cordeaux, pour ouvrir des terres, ou dreffer des murs. Selon la Coutume de Paris, il eft défendu d’employer des *fapines* dans les planchers, ni dans la charpente des bâtimens.

SAPPE. Eft une efpece de galerie enfoncée dans terre, au milieu de laquelle on s’avance fecrettement vers quelques travaux de l’ennemi, en fe couvrant du feu de la place par des gabions farcis, & un mantelet. *Voyez* MANTELET.

Ce travail differe de la tranchée en ce que celle-ci fe fait à découvert, & que la fappe a moins de largeur ; mais quand elle a été élargie comme une tranchée, alors elle en porte le nom.

Il y a des fappes de plufieurs efpeces ; la *fimple*, qui a un feul parapet ; la *double*, qui en a des deux côtés, & la *fappe volante*, qui fe fait avec des gabions qu’on ne remplit point de terre. *Voyez*, pour ces différentes fappes, *l’attaque* & la *défenfe des places*, par Mr. *de Vauban*, & les *Elémens de la guerre des fiéges*, par Mr. *le Blond*.

SAPPER. C’eft abbattre, par fous-œuvre, & par le pied, un mur, avec des marteaux, maffes & pinces, ou une butte, en la chevalant & étrefillonnant pardeffous, avec des étaies & doffes qu’on brûle enfuite par le pied, pour faire ébouler, ou enfin une roche, par le moyen d’une mine. On appelle *fappe*, autant

l'ouverture, que l'action de *sapper*.

SAS. Eſt un eſpace enfermé par des écluſes, dans lequel on introduit les bateaux, pour faciliter leur navigation au-deſſus des montagnes, d'où on les fait deſcendre enſuite, par le moyen des nouveaux *Sas* dans leſquels on les introduit.

SAUCISSE ou SAUCISSON, *terme d'Artillerie.* Eſt un morceau de toile taillé en long, dont les côtés ſont couſus l'un avec l'autre, enforte que cela fait comme un boyau de boudin, que l'on remplit de poudre, afin de pouvoir mettre, par ce moyen, le feu à une mine, ou à un fourneau, en faiſant porter l'un des bouts de la ſauciſſe dans la poudre dont la mine eſt chargée, & l'autre bout répond à un endroit où ſe tient celui qui doit y mettre le feu.

SAUCISSONS, *terme de Guerre.* Ce ſont des fagots faits de groſſes branches d'arbres, ſervant à ſe couvrir, & à faire des épaulemens. Les *ſauciſſons* different des faſcines en ce que ces dernieres ne ſont formées que de menus branchages.

Saucissons volans, *terme de Pyrotechnie.* C'eſt une ſorte de pétard allongé, étranglé par la moitié de ſa longueur, dont une partie eſt remplie de compoſition, pour le faire pirouetter en l'air, & l'autre eſt pleine de poudre grenée, pour le faire finir par un coup éclatant.

SAUTERELLE, *terme d'Appareilleur & de Charpentier.* Inſtrument qui eſt ordinairement compoſé de deux regles de bois, d'égale largeur & longueur, aſſemblées par un de leurs bouts par le moyen d'une charniere, enforte qu'il s'ouvre & ſe ferme comme un compas; il ſert à former & à tracer des angles, ainſi que pour prendre des meſures ſur le trait & ſur l'ouvrage.

SCALENE, TRIANGLE SCALENE, *terme de Géométrie.* C'eſt un triangle qui a les trois angles & les trois côtés inégaux.

SCELLER. C'eſt arrêter, avec le plâtre ou le mortier,

des pieces de bois ou de fer. *Sceller en plomb*, c'eft arrêter dans des trous, avec du plomb fondu, des crampons, ou des barreaux de fer, ou de bronze; on dit auffi faire un *fcellement*, pour *fceller*.

SCENOGRAPHIE, *terme de Deſſein*. C'eft la vûe ou l'afpect d'une place de guerre, ou fa repréfentation naturelle, telle que la place nous paroît quand nous regardons par-dehors quelqu'une de fes faces, & que nous confiderons fon affiete, la forme de fon enceinte, le nombre & la figure de fes clochers, & le fommet de fes bâtimens, tant publics que particuliers.

SCHOLIE. Difcours qui éclaircit les doutes occafionnés par quelques obfcurités qui ont pû échapper dans une propofition; on y fait voir auffi l'ufage de la doctrine qu'on vient d'enfeigner.

SCIAGE, BOIS DE SCIAGE. Celui qui eft refendu ou équarri par des fcieurs de long. Les folives de bois de *fciage* ne font pas fi eftimées que celles de bois de *brin*.

SCIOGRAPHIE. C'eft le profil du dedans d'un bâtiment. *Voyez* au mot PROFIL ou COUPE.

SCORPION. Etoit une forte de grande arbalêtre, dont on fe fervoit anciennement pour jetter des fléches dans l'attaque & la défenfe des places.

SCOTIE, *terme d'Architecture*. Moulure concave, en forme de demi-canal, qui fe place entre le tore & l'aftragale, dans les bafes des colonnes, & quelquefois foûs le larmier de la corniche Dorique; on l'appelle auffi *cavet*, *nacelle* ou *trochille*.

SECANTE D'UN ARC, ou de l'angle que cet arc mefure. Eft le rayon prolongé, qui, paffant par l'une des extrêmités de l'arc, va rencontrer la tangente, pour en terminer la longueur.

SECOURIR UNE PLACE. Eft en faire lever le fiége à l'armée qui l'attaque.

SECTEUR, *terme de Géométrie*. On entend par ce terme, en général, une figure dont la bafe eft une partie

de la circonférence d'un cercle , & dont les côtés
font terminés par des lignes tirées du centre de
cette même figure.

SECTEUR DE CERCLE. Eſt une portion de cercle terminée
par deux rayons , & par une partie de la circonférence du même cercle.

SECTEUR D'UNE SPHERE. Eſt un ſolide terminé en pointe
au centre de la ſphere , ayant pour baſe la ſurface
d'un ſegment de ſphere ; ainſi ce ſolide reſſemble à
un cône qui auroit une baſe convexe.

SECTION. En général ce terme ſignifie la coupe d'un
plan par une ligne, ou la coupe d'un ſolide par un
plan.

SECTION CONIQUE. C'eſt la figure qui réſulte de la
ſection d'un cône , & l'on entend ordinairement par
les *ſections coniques* trois courbes qui prennent leur
origine dans ce ſolide, ſçavoir , la *parabole* , l'*ellipſe*
& l'*hyperbole*. Si l'on coupe un cône par un plan
parallele à un de ſes côtés , la courbe que la *ſection*
formera ſur la ſurface de ce cône , ſera *une parabole*.
(*Voyez* au mot PARABOLE. (Si on coupe le cône
par un plan obliquement à ſon axe , la *ſection* ſera
une ellipſe. (*Voyez* à ce mot.) On trouve auſſi l'ellipſe dans le cylindre , en le coupant obliquement
à l'axe. Enfin ſi l'on coupe le cône par un plan parallele à l'axe , la *ſection* ſera *une hyperbole*. (*Voyez*
au mot HYPERBOLE.) On trouvera la principale
propriété de chacune de ces courbes , en cherchant
leurs noms dans ce *Dictionnaire*. Il n'y a guere que
les Géométres d'un certain ordre qui connoiſſent
toute l'utilité des *ſections coniques* pour la réſolution
des problêmes de toutes ſortes de dégrés, parce qu'elles ſervent à conſtruire les dernieres équations , ou
les équations réduites , que les problêmes un peu
compoſés font naître.

SEGMENT , *terme de Géométrie*. C'eſt , en général , la
partie ſéparée d'une figure , qui eſt ou une ſurface ,
ou un corps ; ainſi le *ſegment d'un cercle* en eſt une

portion comprise entre un arc de cercle & sa corde. De même le *segment d'une sphere* est une partie de cette sphere terminée par une portion de sa surface, & par un plan qui la coupe hors de son centre. *Voyez* ci-après à ces deux articles.

SEGMENT DE CERCLE. Est la partie du cercle terminée par une portion de sa circonférence même, & par une ligne droite nommée *corde*, qui joint les extrémités de cette portion de circonference.

SEGMENT DE SPHERE, qu'on nomme aussi SECTION DE SPHERE. Est une des deux parties inégales d'une sphere coupée par un plan qui ne passe point par son centre, autrement au lieu d'une portion de sphere, on auroit la moitié d'une sphere, qu'on nomme *hemisphere*.

SELLETE, *en Méchanique*. Est une piece de bois située vers le haut du poinçon d'un engin, sur laquelle sont appuyés deux liens qui soutiennent le fauconneau qui porte les poulies.

SEMBLABLE. TRIANGLES SEMBLABLES, *terme de Géométrie*. On dit que deux triangles sont semblables, quoique d'inégale grandeur, lorsque leurs angles répondent parfaitement l'un à l'autre.

SEMELLE. Espece de tirant fait d'une plateforme, où sont assemblés les pieds de la ferme d'un comble, pour en empêcher l'écartement.

SEMELLE D'ÉTAIE. Piece de bois couchée à plat sous le pied d'une étaie, d'un achevalement, ou d'un pointal.

SEMELLE, *en Artillerie*. Est un bout de madrier qui se place entre les deux flasques d'un affut, & sur lequel la piece de canon repose.

SERPENTEAU. Ce mot, en général, signifie toutes sortes de petites fusées qui courent sur terre, ou qui s'élevent en l'air, en serpentant.

SERRE-FILE, *terme de Tactique*. C'est le soldat du dernier rang d'un bataillon, qui en termine la hauteur.

SERRURE.

SERRURE. Principale piece de menus ouvrages de ſerrurerie, qui a différens noms, garnitures & formes, ſelon les portes qu'elle doit ouvrir & fermer, & qui eſt au moins compoſée d'un pêne qui la ferme, d'un reſſort qui le fait agir, d'un foncet qui couvre ce reſſort, d'un canon qui conduit la clef, & de pluſieurs autres pieces renfermées dans ſa cloiſon, avec une entrée ou écuſſon au dehors. Les *ſerrures benardes* s'ouvrent des deux côtés ; celles à reſſort, ſe ferment en tirant la porte, & s'ouvrent en dedans avec un bouton ; celles à pêne dormant de pluſieurs façons, ne ſe ferment & ne s'ouvrent qu'avec la clef ; celles à clenches, ſont pour les portes cocheres ; & celles qu'on nomme *paſſe-par-tout*, ſont pour les portes d'entrée de maiſon.

SERRURERIE. Se dit auſſi-bien de l'ouvrage, que de l'art de travailler le fer.

SERVICE. Ce mot s'entend, dans l'art de bâtir, du tranſport des matériaux, du chantier au pied du bâtiment qu'on éleve, & de cet endroit, ſur le tas ; ainſi plus l'édifice eſt haut, plus le *ſervice* eſt long & difficile en l'achevant.

SEUIL. Piece de bois ou de pierre qui eſt au bas d'une porte, & qui la traverſe.

SEUIL D'ÉCLUSE. Piece de bois poſée de travers entre deux poteaux, au fond de l'eau, qui ſert à appuyer, par le bas, la porte ou les aiguilles d'une écluſe, ou d'un pertuis

SEUIL DE PONT-LEVIS. Groſſe piece de bois, avec feuillure, arrêtée au bord de la contreſcarpe d'un foſſé, pour recevoir le battement d'un pont-levis, quand on l'abbaiſſe ; on l'appelle auſſi *ſommier*.

SEXTANT, *terme de Mathématique*. Inſtrument dont on ſe ſert pour meſurer les angles. C'eſt un ſegment de cercle, ou un arc de ſoixante dégrés, qui fait la ſixiéme partie d'un cercle.

SIÉGE. Faire le ſiége d'une place, c'eſt l'attaquer avec une armée qui y reſſerre l'ennemi de tous côtés, en s'en approchant par le moyen des tranchées, pour tâcher de l'obliger à se rendre, soit par la ruine de ses fortifications, soit par la destruction de sa garnison.

SIGNE , *terme d'Algebre.* On appelle ainsi, dans cette science, les caracteres qui distinguent les quantités positives des négatives. Tels sont les signes $+$ (plus,) $-$ (moins,) $=$ (égal,) &c.

SILLAGE , *terme de Marine.* C'est la trace du cours du vaisseau. On juge par cette trace de la vîtesse d'un navire, lorsqu'il est en mouvement, & qu'il fait route. Ainsi mesurer le sillage du vaisseau, c'est mesurer sa vîtesse, ou celle de l'eau qu'il fend. Mr. *Saverien* a écrit un ouvrage sur cette matiere, intitulé l'*Art de mesurer le sillage du vaisseau.*

SILLON ou ENVELOPPE, *terme de Fortification.* C'est une élévation de terre, au milieu d'un fossé, pour le fortifier quand il est trop large : le *sillon* suit les mêmes contours que la ligne magistrale du corps de la place.

SIMBLEAU ou CIMBLEAU, *terme de Charpenterie.* C'est ainsi que les Charpentiers appellent un cordeau qui leur sert à tracer des courbes d'une certaine grandeur qui passe la portée du compas. Ce cordeau est fait de chanvre, ou encore mieux de *til*, (*voyez à ce mot*,) parce qu'il ne s'allonge pas comme le chanvre.

SINGE , *terme de Méchanique.* Lorsqu'un aissieu ou moulinet, au lieu d'être appuyé sur deux jambettes, est posé sur deux pieces de bois en croix de saint André, une semblable machine s'appelle *singe* ; on s'en sert pour tirer de l'eau d'un puits, ou pour élever ou descendre des fardeaux.

SINGE , *terme de Dessein.* C'est un instrument d'une merveilleuse invention, & fort simple, qui sert à copier des desseins, & à les réduire du grand au petit pied, ou du petit au grand, en la proportion requise. Il est composé de quatre régles plates, percées de

divers trous en diftances égales , pour l'allonger &
le raccourcir fuivant la proportion qu'on defire : il eft
mobile fur quatre pointes qu'on fiche dans quatre
de ces trous, l'une defquelles fe promene fur les
traits de l'original , & elle fait tracer cependant par
celle qui lui eft oppofée & armée d'un crayon , une
copie parfaitement femblable à fon original. *Voyez*
ci-devant au mot Pantographe.

SINUS DROIT D'UN ARC , ou de l'angle dont cet
arc eft la mefure. C'eft une ligne droite qui tombe
de l'une des extrêmités du même arc , perpendiculairement fur le diametre , ou fur le côté qui termine
fon autre extrêmité. Le *finus* droit d'un arc eft auffi
le finus de fon fuplément au demi-cercle , c'eft-à-
dire de l'arc qui acheve le demi-cercle ; c'eft pourquoi le finus d'un angle obtus eft le même que celui
de fon fuplément.

Sinus total , ou le Sinus de l'angle droit. Eft toujours égal au demi-cercle du quart de cercle qui
mefure cet angle droit.

Sinus verse d'un arc , ou de l'angle dont cet arc
eft la mefure. Eft la partie du diametre comprife
entre le finus droit, & l'extrêmité de cet arc qui y
aboutit

SINUSOÏDE. Eft une courbe géométrique que l'Auteur
a imaginée pour mettre les tabliers des ponts-levis
en équilibre , dans quelque fituation qu'ils fe trouvent , avec les poids qui doivent fervir de bafcule , &
cela , pour fupprimer les fléches qui font qu'on eft
obligé de couper les ornemens d'architecture des
frontifpices des portes de ville , pour les loger.
Voyez la fcience des Ingénieurs , Livre IV *Voyez*
auffi la conftruction de cette courbe , propofée par
Mr. le Marquis *de L'hopital* , dans les *acta erudito-*
rum , année 1695 , & démontrée par Mr. *Bernoulli*
qui trouva alors que cette courbe n'étoit autre chofe
que l'*épicycloïde* , qui fe forme lorfqu'un cercle fe
meut fur un autre cercle.

T ij

SIPHON, *terme d'Hydraulique.* Inftrument compofé de deux branches de longueur inégale, jointes par une traverfe, & qui fert à furvuider quelque liqueur d'un vafe fupérieur dans un autre placé au-deffous : on plonge la plus courte branche dans le vafe qu'on veut vuider. Cet inftrument eft d'ailleurs trop connu pour nous y arrêter.

SOCLE ou ZOCLE. C'eft un corps quarré plus bas que fa largeur, qui fe met fous les bafes des piédeftaux des ftatues, des vafes, &c.

SOFITE, *terme d'Architecture.* Ce mot fe dit, en général, de tout plafond enrichi de compartimens de fculpture, ou d'ornemens d'architecture, dans quelqu'ordonnance de colonnes qu'il fe trouve.

SOL. On appelle ainfi l'aire, la fuperficie du terrein fur lequel on bâtit. *Voyez* ci-devant au mot REZ DE CHAUSSÉE.

SOLES. On appelle ainfi toutes les pieces de bois pofées de plat, qui fervent à faire les empattemens des machines, comme des grues, engins, &c. On les nomme *racinaux*, quand au lieu d'être plates, elles font prefque quarrées.

SOLIDE. Se dit auffi-bien de la confiftance du terrein fur lequel on fonde, que d'un maffif de maçonnerie de groffe épaiffeur, fans vuide au dedans.

SOLIDE, *terme de Géométrie.* C'eft un corps dont on confidere les trois dimenfions, longueur, largeur & épaiffeur ; on le peut concevoir formé par le mouvement direct d'une furface quelconque.

SOLIDITÉ, *terme de Géométrie.* C'eft la quantité d'efpace qu'occupe un corps en longueur, largeur & épaiffeur ; on trouve cet efpace, c'eft-à-dire la folidité d'un corps, en formant un produit de ces trois dimenfions.

SOLINS. Ce font les efpaces qui font entre les folives au-deffus des poutres ; ce font auffi les bouts des entrevoux des folives qui font fcellés avec du plâtre fur les poutres & les fablieres, ou bien dans les murs.

SOLIVE. Piece de bois de brin ou de sciage, dont on peuple les planchers; il y en a de plusieurs grosseurs, selon la longueur de leur portée. Elles se posent toujours de champ, & à distance égale de leur hauteur, ce qui donne plus de grace à leur entrevoux.

SOLIVE DE BRIN. Celle qui est de toute la grosseur d'un arbre; elles sont plus estimées que celles de sciage.

SOLIVE D'ENCHEVÊTRURE. Ce sont les deux plus fortes solives d'un plancher, qui servent à porter les chevêtres, & sont ordinairement de brin; on donne aussi ce nom aux plus courtes, qui sont assemblées dans le chevêtre.

SOLIVE DE SCIAGE. Celle qui est débitée dans un gros arbre, suivant sa longueur.

SOLIVE PASSANTE. Celle de bois de brin, qui fait la largeur d'un plancher sans poutre.

SOLIVE. Mesure dont on se sert dans le toisé des bois, & qu'on suppose valoir trois pieds cubes; ainsi la *solive* est pour le toisé des bois, ce que la toise cube est à l'égard du toisé des terres & de la maçonnerie.

La solive est divisée en six pieds, qu'on nomme *pieds de solive*; le pied en douze pouces, nommés *pouces de solive*; & le pouce en douze lignes, qu'on nomme aussi *lignes de solive*. Pour avoir une idée juste de la *solive*, eu égard à ses parties, il faut la considérer comme un parallelipipede, qui a pour base un rectangle de douze pouces de largeur sur six de hauteur, & pour longueur la toise, ce solide valant trois pieds cubes.

SOLIVEAU. Moyenne piece de bois d'environ cinq à six pouces de gros, plus courte qu'une solive ordinaire.

SOLUTION, *terme de Mathématique.* Éclaircissement, réponse à une difficulté; donner la *solution* d'un problême quelconque, n'est autre chose que satisfaire à la question qui y est proposée; & le problême

eſt *réſolu* , quand on a rempli les conditions qu'il exigeoit. *Voyez* aux mots PROBLÊME & THEORÊME

SOMME. C'eſt l'aſſemblage de pluſieurs nombres , ou de pluſieurs quantités exprimées par un nombre , ou par une quantité égale aux autres priſes enſemble ; par exemple , 18 eſt la *ſomme* de 3 , 6 , 9.

SOMMET , *terme de Géométrie*. Pointe d'un angle quelconque. Le *ſommet* d'une pyramide ou d'un cône , eſt l'extrêmité ſupérieure de ſon axe , ou plutôt c'eſt le haut ou la pointe qui termine ces ſolides.

SOMMIER. C'eſt la pierre qui , poſant ſur un piédroit , ou ſur une colonne , eſt en coupe pour recevoir le premier claveau d'une platebande , ou le premier vouſſoir d'une voûte.

SOMMIER , *en Charpenterie*. C'eſt une groſſe piece de bois qui , portée ſur deux piédroits de maçonnerie , ſert de linteau à une porte , ou à une croiſée.

SOMMIER D'UN PONT-LEVIS. *Voyez* SEUIL DE PONT-LEVIS.

SONDE , *terme de Marine*. Piece de plomb , en forme de cône creux , attachée au bout d'une corde , appellée *ligne* , que l'on jette de tems en tems à la mer , en navigeant , pour connoître la profondeur & la nature du terrein au-deſſus duquel on ſe trouve.

SONDER. Pour ſonder des lieux propres à bâtir , on a des ſondes qui ſont en forme de tarrieres ou de vis ; elles entrent dans la terre , & en retirent des échantillons , ſur leſquels on juge de la qualité des terres.

SONDER , *terme de Marine*. Eſt jetter un plomb de ſonde dans la mer , pour en reconnoître le fond & la profondeur.

SONNETTE , *machine en uſage dans l'Architecture hydraulique*. C'eſt un aſſemblage de cinq pieces de charpente qui ſe joignent par le haut , où eſt attachée une poulie , dans laquelle on paſſe une corde qui eſt

liée à un *mouton* ; on s'en sert pour enfoncer des pilots, en tirant à force de bras la corde, & la laissant aller aussi-tôt, ce qui fait retomber le *mouton* sur le pilot. *Voyez* ci-devant au mot MOUTON.

SORTIE. Est la marche de quelques troupes qui sortent d'une place assiégée pour tomber brusquement sur l'ennemi, & détruire ses travaux, ou qui viennent insulter quelquefois un quartier du camp, lorsque les lignes de contrevallation ne sont pas en défense, ou bordées de mousquetaires.

SOUBASSEMENT D'UN MUR. Est la partie d'un mur, depuis la fondation jusqu'à une certaine hauteur, faite ordinairement de graisserie, un peu plus épaisse que le reste du mur, & qui va se terminer en chanfrein par le haut, pour se joindre à la maçonnerie qui est élevée dessus ; les soubassemens que l'on fait aux revêtemens des ouvrages de fortification, contribuent beaucoup à les rendre solides, & capables d'une plus grande résistance contre la poussée des terres, parce que le bras de levier se trouve allongé en faveur de la puissance résistante, comme on l'a fait voir dans le premier livre de *la Science des Ingénieurs*.

SOUCHE DE CHEMINÉE. C'est un ou plusieurs tuyaux de cheminée ensemble, qui paroissent au-dessus d'un comble, & qui ne doivent être que de trois pieds plus hauts que le faîte.

SOUFLAGE, *terme de Marine*. C'est la partie du vaisseau qui a été renflée vers la flotaison, pour lui faire mieux porter la voile.

SOUFFLE, *en Artillerie*. La compression de l'air, formée par la sortie du boulet, hors d'une piece de canon, est ce que l'on appelle le *souffle* de la piece : il est si violent qu'il détruit en peu de tems les embrasures des batteries de canon.

SOUFFLURE. On entend, par ce terme, certaines concavités, ou certaines bouteilles qui se forment dans l'épaisseur du métal, quand il a été fondu trop chaud.

SOUFRE. Matiere onctueuſe & inflammable, qui ſe trouve dans la terre, & qui entre dans la compoſition de la poudre à canon, ainſi que dans celle des feux d'artifices, ſoit pour la guerre, ou pour les réjouiſſances.

SOUILLARD, *terme d'Architecture hydraulique.* C'eſt une piece de bois aſſemblée ſur des pieux, que l'on poſe au-devant des glacis qui ſont entre les piles des ponts de pierre ; on en met auſſi aux ponts de bois.

SOUPAPE, *terme d'Hydraulique.* Dans les pompes, c'eſt une platine ronde, de cuivre, laquelle ſert à retenir l'eau ; celles qui ſont plates, & retenues avec une charniere, ſe nomment auſſi *clapets* ; & celles qui ſont en forme de cône, ſont appellées ſimplement *ſoupapes.* Pour fermer les buſes, on ſe ſert d'un *clapet* ou *volet*, qui eſt attaché avec une penture à charniere, & qui en facilite l'ouverture. On peut voir la figure & la deſcription de différentes ſoupapes dans le tome ſecond de notre *Architecture hydraulique*, premiere partie.

SOUPENTE DE CHEMINÉE. Eſpece de potence ou lien de fer, qui retient la hotte ou le faux manteau d'une cheminée de cuiſine.

SOUPENTE DE MACHINE. Piece de bois qui, retenue à plomb par le haut, eſt ſuſpendue pour ſoutenir le treuil & la roue d'une machine, comme les ſoupentes d'une grue.

SOUPIRAIL D'AQUEDUC. On appelle ainſi certaine ouverture en abajour, dans un aqueduc couvert, ou à plomb, dans un aqueduc ſouterrein, laquelle ſe fait d'eſpace en eſpace, pour donner de l'échappée aux vents qui, ſe trouvant renfermés, empêcheroient le cours de l'eau.

SOURCES. Lorſqu'il ſe rencontre quelque ſource dans les fondations d'un bâtiment, il faut faire jetter auſſitôt beaucoup de cendrée & de chaux ſur l'endroit, & garnir le deſſus avec de bons moilons ou briques, posés en bain de mortier gras & de bonne qualité, observant d'élever le travail avec beaucoup de diligence, pour surmonter promptement l'eau.

SOUS-BANDE. Bande de fer qui s'applique sur un affut à mortier, à l'endroit où posent les tourillons.

SOUS-FAITE, *terme de Charpenterie.* C'est une longue piece de bois de six à sept pouces de gros, qui se met sous le faîte, & qui lui est parallele ; elle sert à rendre les assemblages plus solides, & est liée au faîte par des entretoises, des liernes, & des croix de saint André.

SOUS-MULTIPLE, *terme d'Arithmétique.* On appelle ainsi un nombre plus petit qu'un autre, & qui se trouve compris exactement un certain nombre de fois dans un autre plus grand. Par exemple, 3 est sous-multiple de 12, parce qu'il s'y trouve précisément quatre fois.

SOUS-TANGENTE, *terme de Géométrie.* C'est, dans une figure curviligne, une ligne qui détermine l'intersection de la tangente dans l'axe, c'est-à-dire qui donne le point où la tangente coupe l'axe prolongé.

SOUS-TENDANTE, *terme de Géométrie.* C'est une ligne qui joint les deux extrêmités d'une portion de cercle ; c'est la même chose que la corde d'un arc. *Voyez* au mot Corde.

SOUSTRACTION. Une des quatre regles fondamentales de l'Arithmétique ; c'est une opération par laquelle on retranche une petite quantité d'une plus grande, pour sçavoir ce qui doit rester du plus grand nombre. *Voyez*-en les principes dans le *Dictionnaire de Mathématique* déjà cité.

SPHERE. Est un solide terminé par une seule surface courbe, qu'on appelle *superficie sphérique*, au dedans de laquelle il y a un point, appellé *centre de la sphere*, duquel toutes les lignes droites tirées jusqu'à la surface, qu'on appelle *rayons*, sont égales entr'elles.

SPHEROÏDE. Solide engendré par la circonvolution d'une ellipse autour de son axe. *Voyez* Conoïde.

SPIRALE ou LIGNE SPIRALE. Est une ligne courbe formée par le mouvement d'un point qui se meut également sur une ligne droite, pendant que cette ligne droite se meut aussi également sur la circonférence d'un cercle autour de son centre, où elle commence la spirale ; ensorte que quand le point aura parcouru toute la ligne, cette ligne aura aussi parcourue toute la circonférence de son cercle.

STAMPE, BATTE ou DEMOISELLE. Est une même chose, qui n'est simplement qu'un billot de bois, au bout duquel est attaché un manche ou bâton que l'on tient en main ; elle pese ordinairement vingt à trente livres.

STAMPER. C'est faire usage de la *stampe* ou *batte*, c'est-à-dire battre les terres, gazons, allées de jardins, &c. pour les affermir.

STATIONS. C'est, dans le nivellement, l'endroit où l'on pose le niveau, pour en faire l'opération ; c'est pourquoi un coup de niveau est compris entre deux stations.

STATIQUE. Est une science qui enseigne la connoissance des poids, des centres de gravité, & de l'équilibre des corps naturels; l'*Hydrostatique*, au contraire, est une science dans laquelle on considere la pesanteur des corps fluides, ou celle des corps solides qui sont plongés dans quelque liquide, ou qui nagent dessus.

STÉRÉOMÉTRIE. La stéréométrie est une partie de la géométrie pratique, qui enseigne à mesurer ou à toiser les corps solides.

STÉRÉOTOMIE. Science qui enseigne à tailler les corps solides; on entend aussi par ce terme, la *Coupe des pierres. Voyez* à ce mot. Mr. *Frezier* a fait un sçavant ouvrage sur cette matiere, qu'il a intitulé *Traité de stéréotomie.*

STRIBORD, *terme de Marine.* C'est le côté d'un vaisseau,

qui eſt à la droite de celui qui regarde de la pouppe à la proue. *Voyez* auſſi au mot BAS-BORD.

STUC, *terme de Maçonnerie.* C'eſt une compoſition de chaux & de poudre de marbre blanc, qui ſert à faire des enduits, & des ornemens d'architecture.

SUBSTITUTION, *terme d'Algebre.* C'eſt l'action de ſubſtituer, dans une équation, à la place d'une quantité quelconque, une autre quantité qui lui ſoit égale, mais exprimée d'une autre maniere.

SUITE ou SERIE, *terme de Mathématique.* Ce mot, en général, ſignifie un aſſemblage de choſes qui procedent par ordre. En Algebre, on entend par *ſuite infinie*, certaines progreſſions de quantités qui, marchant par ordre, s'approchent continuellement de la quantité que l'on cherche, & qui deviendroient enfin parfaitement égales à cette quantité, ſi on les continuoit à l'infini. *Voyez* à ce ſujet le *Dictionnaire de Mathématique* de Mr. *Saverien.*

SUPERFICIE. Étendue en longueur & largeur, ſans profondeur; il y a des ſuperficies planes, des courbes, convexes, concaves, &c. *Voyez* au mot SURFACE.

SUPPLÉMENT D'UN ANGLE. Eſt la quantité de dégrés qui manque à un angle, pour valoir deux angles droits.

SURBAISSEMENT. C'eſt le trait de tout arc bandé en portion circulaire ou elliptique, qui a moins de hauteur que la moitié de ſa baſe, & qui eſt par conſéquent au-deſſous du plein ceintre; *ſurhauſſement*, eſt le contraire; ainſi on dit *ſurhauſſer* & *ſurbaiſſer*, pour dire donner à un arc plus ou moins de hauteur que la moitié de ſa baſe.

SURFACE, *terme de Géométrie.* C'eſt un eſpace conſidéré ſuivant ſa longueur & ſa largeur, ſans aucune épaiſſeur; ainſi une ligne qui ſe meut parallelement à elle-même, produit une *ſurface.*

SURHAUSSÉ, *terme d'Architecture.* On appelle *voûte ſurhauſſée*, une voûte plus élevée que celle en plein ceintre; telle eſt la voûte en tiers point, ou gothique.

Voûte surbaissée, est celle qui est plus basse que le plein ceintre, comme les voûtes en anse de pannier, les voûtes elliptiques, &c.

SURPLOMB, qui n'est pas *à plomb*. On dit qu'un mur est *en surplomb*, quand il penche, ou lorsqu'il se deverse, & qu'il n'est plus *à plomb*.

SUSBANDE, *terme d'Artillerie*. C'est la bande de fer qui couvre le tourillon d'une piece de canon ou d'un mortier, quand ils sont sur leurs affuts ; elle est ordinairement à charniere.

SUSBOUT, ARBRE SUR BOUT. C'est une grosse piece de bois posée à plomb, & tournante sur un pivot, comme l'arbre d'un moulin, qui reçoit divers assemblages de charpente, pour communiquer le mouvement à des machines. *Voyez* au mot ARBRE.

SYPHON, *terme d'Hydraulique. Voyez* au mot SIPHON.

SYSTÊMES. C'est, dans la fortification, une disposition particuliere des parties de l'enceinte d'une place, suivant les idées de son inventeur. Les principaux systêmes de fortification, sont ceux de Mrs. de Vauban, Coëhorn, de Ville, Pagan, &c. L'Auteur de ce *Dictionnaire* a inventé de nouveaux *systêmes* de fortification, qui seront développés dans le *Traité* complet qu'il est sur le point de donner au public sur cette matiere.

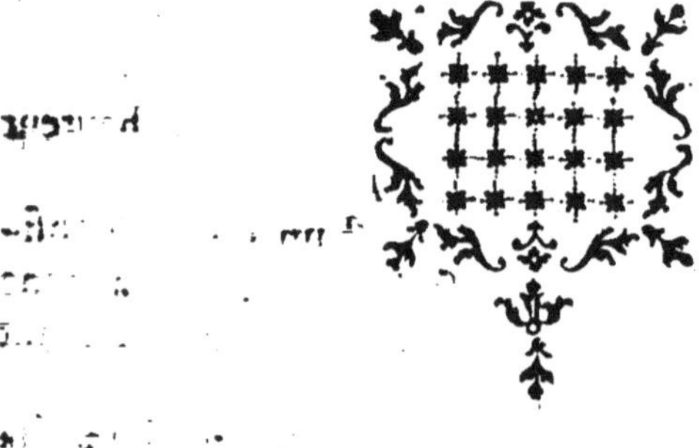

TABLE, *terme d'Architecture*. C'eft une partie fimple & unie, ordinairement de la forme d'un quarré-long, dont on orne les trumeaux des façades des bâtimens.

TABLEAU, *terme d'Architecture*. C'eft, dans la baye d'une porte ou d'une fenêtre, la partie de l'épaiffeur du mur, qui paroît au dehors depuis la feuillure, & qui eft le plus fouvent d'équerre avec le parement ; on nomme auffi *tableau*, le côté d'un piédroit ou d'un jambage d'arcade, fans fermeture.

TABLETTE. C'eft une pierre débitée de peu d'épaiffeur, pour couvrir un mur de terraffe, le bord d'un réfervoir ou d'un baffin, un mur d'appui, &c.

TABLIER DE PONT - LEVIS. Eft la partie d'un pont qui fe leve pour fermer une porte, & pour couper le paffage, & fur laquelle on marchoit avant qu'elle fût levée.

TABOURET ou TAMBOURET. Efpece de lanterne garnie de fufeaux en limande, à l'ufage des machines fervant à épuifer les eaux dans les carrieres.

TACTIQUE. Étoit chez les anciens la fcience qui enfeignoit à conftruire les machines de guerre pour lancer des fléches, des dards, des pierres & des globes de feu, par la force des arcs bandés, bafcules, contrepoids, &c. Aujourd'hui on appelle *Tactique*, la fcience de ranger les foldats en bataille, & de faire les évolutions militaires. Mrs. *Folard*, *Feuquieres*, *Puyfegur*, *Turpin de Criffé*, *Ray de Saint-Geniès*, &c. font les principaux Auteurs qui ont écrit fur la *Tactique*.

TAILLER, COUPER, RETRANCHER. La taille du bois fe fait en long avec des coins, de travers avec la fcie, & en toutes fortes de fens avec la coignée, la ferpe & le cifeau.

TAILLEUR DE PIERRE. Eft celui qui équarrit & taille les pierres, après que l'appareilleur les lui a tracé.

TAILLOIR, *en Architecture.* Eſt ordinairement un membre quarré qui forme la partie ſupérieure d'un chapiteau ; on l'appelle auſſi *abaque.*

TALON. C'eſt une moulure concave par le bas, & convexe par en haut, qui fait l'effet contraire de la doucine ; on l'appelle *talon renverſé*, lorſque la partie concave eſt en haut ; on lui donne auſſi le nom de *cymaiſe droite, & renverſée.*

TALUD ou TALUT. Eſt la pente que l'on donne à un ouvrage de fortification, tant à ceux qui ſont conſtruits de maçonnerie, qu'à ceux qui ſont ſimplement revêtus de gazons de placage, afin qu'ils ſe ſoutiennent mieux, & que par le moyen de ce *talus*, on puiſſe découvrir les ennemis ; la pente qui eſt depuis le terreplein du rempart, juſqu'au haut du parapet, s'appelle *talut ſupérieur du rempart.* Lorſque l'ouvrage eſt revêtu de maçonnerie, le talut eſt moins conſidérable, & alors il ſe nomme *eſcarpe* ; aux ouvrages qui ne ſont que de terre gazonnée, comme le talut eſt beaucoup plus grand, on le nomme *glacis.*

TAMBOUR, *en Architecture.* C'eſt une avance de maçonnerie ou de menuiſerie, dans un bâtiment, pour y faire une double porte, comme on le pratique aſſez ordinairement aux portes des égliſes. *Voyez* au mot PORCHE.

TAMBOUR, *en Méchanique.* C'eſt ainſi que l'on nomme l'aiſſieu cylindrique d'une roue qui ſert à tirer les pierres d'une carriere ; cet aiſſieu ſe nomme auſſi *tympan.*

TAMBOURS, *en Fortification.* Ce ſont des ſolides de terre, pratiqués dans le chemin couvert qui eſt joint au parapet, proche les traverſes, dont ils ne ſont éloignés que de trois pieds ; ils ſervent à empêcher que le chemin couvert ne ſoit enfilé, & que l'ennemi ne découvre le paſſage à l'extrêmité des traverſes. Quand on fait des *tambours* dans le chemin couvert, ils tiennent lieu de crémillieres & de renfoncemens. On entend encore par *tambour*, une traverse isolée, qui sert à fermer le chemin couvert à l'endroit où l'on auroit pratiqué, dans le glacis, une communication pour aller dans quelque ouvrage détaché.

TAMPON, *terme d'Artificier*. Morceau de bois dont on se sert pour boucher les petards, les boîtes, &c. & que l'on y fait entrer à force, en le chassant avec un maillet.

TAMPONS, *terme de Maçonnerie*. Ce sont des chevilles de bois qu'on fiche dans les rainures des poteaux d'une cloison de charpente, pour retenir les panneaux de maçonnerie dont on les garnit. On met aussi des *tampons* dans les solives d'un plancher, pour en arrêter les entrevoux. On dit que les planchers qui doivent être plafonnés, seront *ruinés & tamponnés. Voyez* au mot RUINER.

TANGENTE, *terme de Trigonométrie*. Ligne droite qui touche un cercle sans le couper. La *tangente* d'un arc ou d'un angle dont cet arc est la mesure, est une ligne droite élevée perpendiculairement à l'extrêmité d'un des rayons de l'arc, & terminée par le prolongement de l'autre rayon qui passe par l'autre extrêmité du même arc.

TAPECUL. C'est la partie chargée d'une bascule, qui sert à baisser & à lever un pont-levis.

TARAU. Est un rouleau d'acier, en forme de cône, & taillé spiralement en vis, pour faire des écrous; il y a des taraux pour faire les écrous de fer, & d'autres pour faire les écrous de bois.

TARAUDER. C'est faire un écrou ou un trou, en façon d'écrou, dans une piece de bois ou de métal, pour y arrêter une vis.

TARGETTE, *terme de Serrurerie*. On appelle ainsi une plaque de fer ou de cuivre, portant un petit verrou plat, arrêté sur cette plaque par deux crampons, entre lesquels il peut se mouvoir, pour fermer & ouvrir des volets, fenêtres, armoires, &c. *Voyez* encore au mot VERROU.

TARIERE. Outil de fer acéré, emmanché de bois en potence, & qui, en tournant, perce le bois, & fait de grands trous propres à recevoir de grosses chevilles ; il y en a de différentes sortes & grosseurs.

TARIERE ou TERIERE. Instrument de mineur, avec lequel il sonde & perce les terres ; elle est ordinairement formée de plusieurs barres de fer qui s'ajustent l'une au bout de l'autre, avec une mêche au bout : son usage est pour éventer les contremines.

TARTANE. Barque de pêcheur ou de transport, qui n'a ni la pouppe ni la proue élevée ; elle ne porte qu'un grand mât avec une misaine ; sa voile est à tiers point, & quand elle est de trait quarré, on l'appelle *voile de fortune* ; elle va aussi quelquefois à rames.

TAS, *terme de Gazonneur.* Quand on revêt les ouvrages de fortification avec du gazon & des fascines, ou avec du placage, on fait des lits de terre de six pouces de hauteur, que l'on bat bien en long & en large, jusqu'à ce qu'ils soient réduits à n'en avoir plus que quatre ; alors on nomme *tas*, le placage mêlé de chiendent, où l'assise de gazon qui a été levée, a cette hauteur ; & on continue à établir un nouveau lit de terre, & à élever un autre *tas* de gazon ou de placage.

TAS DE CHARGE, *terme d'Architecture.* On appelle ainsi, dans les voûtes gothiques, les coussinets à branches, d'où prennent naissance les *ogives*, formerets, arcs doubleaux, &c. c'est aussi une maniere de voûter.

TAS DROIT, *terme de Paveur.* C'est un rang de pavé sur le haut d'une chaussée, d'après laquelle s'étendent les ailes en pente à droite & à gauche, jusqu'aux ruisseaux d'une rue large, ou jusqu'aux bordures de pierre rustique d'un grand chemin pavé.

TASSÉ. Se dit d'un bâtiment qui a pris sa charge dans toute ou une partie de son étendue.

TASSEAU. Petit morceau de bois arrêté par tenon & mortaise sur la force d'un comble, pour en porter les pannes.

TÉ.

TÉ , *terme de Mineur.* On nomme ainſi une mine faite en figure de T , c'eſt-à-dire qui eſt compoſée d'une galerie, au bout de laquelle il y a deux rameaux ou retours en angle droit , qui ſont d'égale longueur. A l'extrêmité de ces rameaux eſt un fourneau , de ſorte que quand on met le feu à cette mine , elle fait deux entonnoirs à la fois Le ſimple *Té* a quatre fourneaux , & le double *Té* en a huit.

TEMOIN. C'eſt , dans la fouille des terres , une petite butte , le plus ſouvent couverte de gazon , que les terraſſiers laiſſent afin qu'on puiſſe juger de l'état où étoient ces terres , pour les toiſer ; on peut appeller *faux temoins* , ces buttes ſur le ſommet deſquelles on a rapporté ſecrettement des tranches de terre , pour en augmenter la hauteur, contre la vérité.

TENAILLE , *en Fortification.* Eſt un dehors dont la gorge & les branches ſont diſpoſées comme celles d'un ouvrage à corne , & défendu par deux demi-baſtions; mais avec cette différence que ceux de la *tenaille* n'ont qu'un angle rentrant , lorſqu'elle eſt ſimple, & deux lorſqu'elle eſt double.

TENAILLE DANS LE FOSSÉ. Eſt une eſpece de fauſſe-braie, mais beaucoup plus parfaite. Cette tenaille eſt compoſée de deux demi-baſtions fort bas , qui ſe communiquent par une courtine ; elle n'a d'ordinaire point de rempart , mais ſeulement un parapet ; on la ſépare du corps de la place par le moyen d'un petit foſſé d'environ trois ou quatre toiſes de large , afin que les ruines du rempart ne puiſſent pas nuire aux troupes qui la défendent.

TENAILLON. C'eſt le même ouvrage que celui qu'on appelle auſſi *grande lunette.* Il eſt compoſé de deux parties , dont chacune couvre les faces de la demilune devant laquelle il eſt conſtruit.

TENON. C'eſt le bout d'une piece de bois , diminué quarrément , & réduit au tiers de ſon épaiſſeur , pour entrer dans une mortaiſe. *Faire tirer les tenons* , c'eſt percer le trou de biais vers l'épaulement du tenon , pour mieux faire joindre le bois ; on dit auffi , *faire un décollement à un tenon* , pour dire , en couper du côté de l'épaulement , afin qu'on ne puiffe pas appercevoir la gorge de la mortaife.

Tenon a queue d'ironde. Celui qui eft taillé en queue d'ironde , c'eft-à-dire qui eft plus large à fon about qu'à fon décollement , pour être encaftré dans une entaille.

Tenon en about. Celui qui n'eft pas d'équerre avec fa mortaife , mais coupé en diagonale , parce que la piece eft rampante pour fervir de décharge , ou inclinée pour contreventer & arbalêtrer , comme font les *tenons* des contrefiches , guettes , croix de faint André , &c.

TERME , *en Géométrie.* Se prend pour les limites d'une quantité quelconque. Ainfi le point eft le *terme* de la ligne ; la ligne , celui de la furface ; & celle-ci , le *terme* du folide.

Terme , *en Algebre.* Se dit des divers membres dont une équation algebrique eft compofée ; ainfi , dans cette équation , $a\,a + a\,b = X$, les trois termes font $a\,a$, $a\,b$, & X.

Terme, *en Architecture.* Eft une efpece de ftatue, repréfentant par le haut un bufte d'homme ou de femme , allégorique aux faifons , aux Dieux de l'antiquité , aux vertus , &c. & terminée en bas par un piédeftal en forme de gaîne. Ces termes fervent quelquefois d'ornement dans les jardins , ou à porter quelque balcon en faillie , ou un entablement , dans les bâtimens.

TERRASSE. C'eft un ouvrage de terre , élevé & revêtu d'une forte muraille , pour raccorder l'inégalité du terrein.

Terrasse de Hollande. C'eft une efpece de poudre faite d'une terre qui fe trouve affez près du bas Rhin, en Allemagne , & aux environs de Cologne ; on la cuit comme le plâtre , & on la réduit enfuite en poudre. Cette poudre eft excellente pour la compofition du mortier quand on bâtit dans l'eau.

TERRASSIER. On donne ce nom aussi-bien à l'entrepreneur qui se charge de la fouille & du transport des terres, qu'aux gens qui travaillent sous lui à la tâche ou à la journée.

TERRE. S'entend de la consistance du terrein sur lequel on veut bâtir.

TERRE FRANCHE. Est une espece de terre grasse, sans gravier, dont on fait du mortier.

TERRE GLAISE. *Voyez* GLAISE.

TERRE MASSIVE. C'est toute terre solide & sans vuide, & toisée cubiquement, ou réduite à la toise cube, pour faire l'estimation de sa fouille.

TERRE NATURELLE, ou TERRE VIERGE. C'est celle qui n'a point encore été fouillée.

TERRE RAPPORTÉE. C'est celle qui a été transportée d'un lieu à un autre, pour combler quelque fossé, ou pour regaler & dresser de niveau un terrein.

TERRES JECTISSES. Ce sont non seulement les terres qui sont remuées pour être enlevées, mais encore celles qui restent pour faire quelque exhaussement de terrasse.

TERREIN. C'est le fond sur lequel on bâtit, qui est de différente consistance, comme de roche, de tuf, de gravier, de sable, de glaise, de vase, &c.

TERREIN DE NIVEAU. C'est une étendue, en superficie, de terre dressée sans aucune pente.

TERREIN PAR CHUTES. Celui dont la continuité est interrompue & raccordée avec un autre terrein par des perrons ou glacis

TERRE-PLEIN, *en Fortification*. C'est le nom qu'on donne aux plans supérieurs des ouvrages de terre qui sont élevés & couverts d'un parapet; ainsi on appelle terre-plein d'un bastion, le niveau supérieur de ce bastion.

TESSONS. Morceaux de pots de terre & de grès, que l'on réduit en poudre pour faire le mortier de ciment.

TÊTE DE CHEVALEMENT. Piece de bois qui porte sur deux étaies, pour soutenir quelque pan de mur, ou quelqu'encoignure, pendant qu'on fait une reprise par sous-œuvre.

TÊTE DE LA SAPPE, **TÊTE DE LA TRANCHÉE**, **TETE DU TRAVAIL.** C'est le front, le devant, ou la partie la plus avancée, & la plus proche de l'ennemi.

TÊTE DE MUR. C'est ce qui paroît de l'épaisseur d'un mur, dans une ouverture, qui est le plus souvent revêtu d'une chaîne de pierre, ou d'une jambe étriere.

TÊTE DE VOUSSOIR. C'est la partie du devant ou du derriere d'un voussoir d'arc.

TÊTE DU CAMP. C'est le terrein du campement qui fait face vers la campagne; c'est à la tête du camp que l'on monte le bivouac.

TÊTE PERDUE. On appelle ainsi toutes les têtes de boulons, vis & clous, qui n'excedent point le parement de ce qu'ils attachent ou retiennent.

TETRAÈDRE. Est un des cinq corps réguliers, terminé par quatre triangles équilatéraux & égaux.

THÉORÊME. *Proposition purement spéculative*, dans laquelle on se contente d'énoncer une vérité, sans en donner la construction, & sans en faire l'application à la pratique.

THÉORIE. Partie d'une science qui s'arrête à la spéculation, sans descendre à la *pratique* : presque toutes les sciences & les arts se divisent en *théorie* & en *pratique*.

THERMES. Bâtimens antiques où l'on prenoit les bains.

THERMOMETRE. Instrument de Physique qui sert à mesurer les dégrés de chaleur ou de froid qu'il fait dans chaque saison. *Voyez le Dictionnaire de Mathématique & de Physique.*

TIERCERON ou TIERCERET, *terme d'Architecture.* Ce sont, dans les voûtes gothiques, des arcs qui prennent leur naissance dans les angles, & qui vont se joindre aux liernes.

V

TIERS-POINT. C'eſt le point de ſection, qui ſe fait au ſommet d'un triangle équilatéral, ou au-deſſus, ou au-deſſous ; il eſt ainſi nommé, parce ce qu'il eſt le troiſiéme point après les deux qui en font la baſe.

TIERS-POTEAU. Piece de bois de ſciage, de cinq & trois pouces & demi de groſſeur, faite d'un poteau de cinq & ſept pouces, refendu, laquelle ſert pour les cloiſons légeres, & celles qui portent à faux.

TIGE, *terme d'Architecture*. On appelle ainſi le fuſt d'une colonne. *Voyez* Fust.

Tige, Bois de tige. On appelle ainſi le bois de haute futaie, qui eſt parvenu à ſa plus grande hauteur.

TIGETTE. C'eſt, dans le chapiteau Corinthien, une maniere de *tige*, le plus ſouvent cannelée & ornée de feuilles, d'où naiſſent les volutes & les hélices.

TIL ou **TILLE.** On appelle ainſi l'écorce des jeunes tilleuls dont on fait des cordes à puits, & dont les ouvriers ſe ſervent pour tracer des épures : cette eſpece de cordeau n'étant point ſujette à s'allonger comme le fait la corde de chanvre.

TILLAC, *terme de Marine*. Le *tillac* ou le pont du vaiſſeau, que les Levantins appellent *courvette*, eſt un des étages du vaiſſeau ſur lequel, comme ſur un plancher, ou ſur une plateforme, on met une batterie ; quand il eſt léger, & qu'il ne peut ſupporter le canon, on l'appelle *pont volant* ; mais on appelle *franc tillac*, le premier pont, c'eſt-à-dire celui qui eſt le plus proche de l'eau ; & *faux tillac*, ou *faux pont*, une eſpece de pont que l'on fait à fond de cale des vaiſſeaux qui n'ont qu'un pont, pour la conſervation & pour la commodité de la cargaiſon, ſur lequel couche une partie de l'équipage.

TIMON, *terme de Marine*. C'eſt une longue piece de bois qui répond à la manivelle du gouvernail d'un navire. *Voyez* encore au mot Gouvernail.

TIMPAN DE MACHINE. Se dit de toute roue creuſe, dans laquelle un ou pluſieurs hommes marchent pour la faire tourner ; tel eſt le *timpan* d'une grue, le tambour d'une machine hydraulique , &c.

TINGUES. Sont des planchettes barlongues , sur lesquelles on met de la glaise & de la mousse par-dessus, dont on se sert à recouvrir les joints & coutures des planches qui forment les quais de charpente , derriere lesquelles elles sont clouées.

TINS, *terme de Marine.* Les charpentiers de vaisseau appellent ainsi de grosses pieces de bois que l'on couche à terre pour soutenir la quille & les varangues d'un vaisseau que l'on construit, tant qu'il est sur le chantier.

TIR. Est proprement la ligne que décrit le boulet d'un canon, ou la balle d'une arme à feu. On se sert plus ordinairement du terme de *jet* , pour exprimer la même chose , particulierement pour les bombes ; ainsi on dit *le tir* du canon , & *le jet* des bombes.

TIRAGE. C'est une espace qu'on pratique sur le bord d'un canal , d'une riviere , &c. pour le passage des hommes & des chevaux qui servent à tirer des bateaux.

TIRANT. Est une barre de fer fort longue , au bout de laquelle il a été percé un trou , autrement dit *œil* , pour passer une ancre ; ils servent ordinairement à retenir les colliers des portes des écluses.

TIRANT. Se dit aussi d'une longue piece de bois, de toute la largeur d'un lieu qui , arrêtée dans ses extrémités par des ancres , sert , sous une ferme de comble , pour en empêcher l'écartement , aussi-bien que celui des murs qui la portent ; on l'appelle aussi *entrait.*

TIREBOURRE. Instrument de fer fait en forme de tirebouchon , que l'on attache à un long bâton ; il sert à décharger une piece , ou à retirer le fourage dont le boulet & la poudre sont couverts.

TIRELIGNE. Instrument qui sert à tirer des lignes. Sa perfection consiste en ce qu'il trace une ligne parfaitement égale, en quelque sens que ce soit. Sa forme est celle d'un porte-crayon, ou d'une plume.

TOISE. Mesure en usage parmi les architectes ; elle contient six pieds de Roi : trois de ces mesures sont une *perche* de la Prevôté de Paris. *Voyez* ci-devant aux mots PERCHE, & PIED DE ROI.

TOISE COURANTE. Est celle qui est mesurée suivant sa longueur seulement, en faisant abstraction de sa largeur.

TOISE QUARRÉE OU SUPERFICIELLE. Est une superficie qui a une toise de longueur sur autant de largeur, & dont le produit est de trente-six pieds quarrés.

TOISE CUBE. Est un solide qui, ayant une toise de longueur, sur autant de largeur, & autant de hauteur ou profondeur, produit deux cens seize pieds cubes.

TOISÉ. C'est le mémoire ou le dénombrement, par écrit, des toises de chaque sorte d'ouvrage qui entre dans la construction d'un bâtiment, lequel se fait pour juger de la dépense, ou pour estimer & régler le prix & quantité de ces mêmes ouvrages.

TOISÉ DU BOUT-AVANT. En charpenterie, c'est le dénombrement des bois d'un bâtiment, calculé sur les longueurs mises en œuvre ; cette maniere de toiser est usitée dans les ouvrages du Roi, & dans plusieurs Provinces.

TOISER. C'est mesurer un ouvrage avec la toise, pour en prendre les dimensions, ou pour en faire l'estimation.

TOISER LA COUVERTURE. C'est en mesurer la superficie, sans avoir égard aux ouvertures, ni aux croupes.

TOISER LA TAILLE DE PIERRE. C'est réduire la taille de toutes les faces d'une pierre au *parement*, seulement mesurées à un pied de hauteur sur six pieds courans pour toise.

TOISER LE BOIS. C'est réduire & évaluer des pieces de bois, de plusieurs grosseurs, à la solive, qui est une mesure de trois pieds cubes, ou de douze pieds de longueur sur six pouces de gros.

TOISER EN BOUT-AVANT. C'est, en maçonnerie, toiser

les ouvrages, fans retour, ni demi-faces, & les murs
tant pleins que vuides, le tout quarrément, fans
avoir égard aux faillies, qui doivent néanmoins être
proportionnées au lieu qu'elles décorent.

TOLE. Fer mince ou en feuilles, qui fert à faire les
cloifons des moyennes ferrures, les platines des
verroux & targettes, & les ornemens de relief em-
boutis, c'eft-à-dire cifelés en coquilles.

TONDIN, *terme d'Architecture peu ufité*. C'eft la
même chofe que l'*aftragale* ou *baguette* qui fe met au
bas des colonnes.

TONNE, *terme de Marine*. C'eft une groffe bouée
faite comme un baril, qui eft mife dans la mer en un
lieu près des côtes, pour marquer quelque écueil,
banc de fable, ou roche cachée fous l'eau, afin
d'avertir les vaiffeaux de ne s'en point approcher.
Voyez au mot BOUÉE.

TONNEAU, *terme de Marine*. Le tonneau de mer
tient à peu-près trois muids & demi de France, ou
vingt-huit pieds cubes, & pefe 2000 livres ; de forte
que quand on dit qu'un vaiffeau eft du port de trois
cens tonneaux, on doit entendre qu'il porte trois
cens fois la valeur de 2000 livres pefant, c'eft-à-dire
600000 livres, & pour cela il faut que l'eau de la
mer qui rempliroit la place qu'occupe le vaiffeau,
en s'enfonçant, pefe autant que le vaiffeau & fa
charge. *Voyez* encore au mot PORTÉE.

TORCHES, *terme de Maçonnerie*. Ce font des nattes,
ou fimplement des tampons de paille, que les manœuvres qui portent le bar, ou qui traînent le binard, mettent fur ces voitures lorfqu'ils veulent y
voiturer des pierres toutes taillées, de crainte que
leurs arrêtes ne s'écornent.

TORCHIERE, *terme de Décoration*. Efpeçe de guéridon
fort haut, fur lequel on pofe des girandoles dans
une falle décorée, pour porter des bougies allumées.
Les torchiers fe placent ordinairement dans les angles des fallons. *Voyez-en* des deffeins à la fin du

tome fecond de la *Décoration des édifices*, par Mr.
Blondel.

TORCHIS, *terme de Maçonnerie.* Terre graffe détrempée avec de la paille hachée, dont on fait les murailles de bauge, ainfi que les murs des granges,
des métairies, & des autres maifons de peu de conféquence, à la campagne.

TORE, *en Architecture.* Eft une groffe moulure ronde,
fervant aux bafes des colonnes, dont la faillie eft
égale à la moitié de fa hauteur.

TORSE, COLONNE TORSE, *terme d'Architecture.*
C'eft une colonne dont le fuft eft contourné en vis,
moitié en creux, moitié en faillie, fuivant une
ligne qui rampe régulierement le long de la colonne,
en maniere d'hélice. On en trouve plufieurs modeles
dans le *Cours d'Architecture de d'Aviler.*

TORTILLIS ou VERMICULÉ, *terme de Décoration.*
Efpece d'ornement qui fe taille fur le boffage des
pierres, dans une décoration ruftique, & qui imite
le travail des vers, dans une étoffe. On peut voir un
très-bel ouvrage de cette efpece à la porte faint Martin, & à quelques parties des galeries du Louvre,
à Paris.

TORTUE. C'étoient autrefois de grandes tours de bois,
dont les anciens fe fervoient dans l'attaque des
places; on les faifoit rouler jufqu'au pied de la muraille fur plufieurs roues, & elles fervoient à mettre à
couvert les mineurs, ou ceux qui étoient occupés à
faire brêche avec le bélier. On appelloit auffi *tortue,*
parmi les Gaulois & les Romains, une troupe de
foldats affemblés & ferrés de fort près, qui fe couvroient la tête & leurs côtés d'une quantité de boucliers, enforte que le premier rang étoit plus élevé
que le dernier, & qui formoient enfemble une efpece
de toît, afin que tout ce qu'on jetteroit fur cette
tortue, pût gliffer.

TOSCAN. *Voyez* ORDRE TOSCAN.

TOUER, *terme de Marine.* C'eft faire avancer un vaif

feau par le moyen d'un cable attaché à un point fixe fur le rivage , ou à une ancre dans la mer , fur lequel on fe hâle , & qu'on fait roidir avec un cabeftan. Les moyennes ancres s'appellent *toueux* , ou ancres de *touage.*

TOUR. C'eft un gros bâtiment élevé , rond , quarré ou à pans , qui flanque les murs de l'enceinte d'une ville ou d'un château.

TOUR BASTIONNÉE. Eft un petit baftion dont le parapet eft prefque tout de maçonnerie. Cette tour eft couverte d'une bonne contregarde ou baftion détaché , difpofée de maniere que *la tour baftionnée* a de la peine à être vue , que l'ennemi ne foit maître de la contregarde , laquelle eft fort affujettie fous le feu de cette tour : on communique de l'un dans l'autre par deux petits ponts.

TOUR ISOLÉE. Celle qui eft détachée de tout bâtiment , & qui fert à plufieurs ufages , comme de clocher , de fort , &c. ainfi que celles qui font fur les côtes de mer, de fanal , de pompes , &c.

TOUR ou TREUIL. Gros cylindre ou aiffieu , en forme de rouleau, fervant aux machines propres à élever des fardeaux , qui fe remue avec une roue ou des leviers , & fur lequel la corde tourne.

TOURELLE. Petite tour ronde ou quarrée , portée par encorbellement , ou fur un cul-de-lampe.

TOURILLONS D'UNE PIECE DE CANON. Ce font les deux petits bras qui font environ au milieu de la longueur de la piece, & qui fervent à la porter fur fon affut ; ils font placés dans deux entailles faites dans l'affut , qu'on appelle *jour du tourillon.*

TOURILLON. Efpece de pivot fur lequel tournent les bafcules des ponts-levis , & autres machines ; c'eft auffi un gros pivot de fer qu'on met au bas des portes cocheres , des portes d'éclufes , & aux extrêmités des aiffieux d'une roue de moulin , pour les faire mouvoir plus facilement.

TOURNER UN OUVRAGE. C'eft , dans l'attaque

des places , lui couper la communication avec la place , en cherchant à le prendre par la gorge.

TOURNEVIRE , *terme de Marine.* C'eſt un gros cable à neuf tourons , qui ſert à retirer l'ancre du fond de la mer , par le moyen d'un cabeſtan.

TOURNIQUET. Eſpece de moulinet , ordinairement de bois , à quatre bras , qui tourne verticalement ſur un poteau à hauteur d'appui , dans une ruelle , ou à côté d'une barriere , pour empêcher les chevaux d'y paſſer.

Tourniquet , *terme d'Artificier.* Eſt une piece d'artifice compoſée de deux fuſées ou jets , attachées queue contre queue à un culot de bois à deux tenons & percé dans le centre , pour pouvoir tourner ſur un pivot ou broche de fer où il eſt arrêté. On obſervera que ces deux fuſées ſont étranglées & tamponnées par les deux extrêmités , & ne ſont percées que par le côté : c'eſt ce qu'on appelle auſſi un *ſoleil tour-nant.*

TOURS TERRIERES. *Voyez* Rouleaux sans fin.

TOURTEAU GOUDRONNÉ. Eſt une eſpece de cou-ronne faite avec de la vieille mêche détortillée , que l'on trempe dans la poix & le goudron, & qu'on laiſſe ſéeher pour s'en ſervir à éclairer dans la défenſe d'une place ; on les poſe ordinairement dans des ré-chauds de rempart.

TOUTE VOLÉE. Tirer un canon ou un mortier à toute volée , c'eſt le tirer pointé ſous un angle de quarante-cinq dégrés.

TRABÉATION. *Voyez* Entablement.

TRACER. C'eſt marquer , par des lignes , les extrêmités d'un corps , pour lui donner une forme; c'eſt auſſi deſſiner ſur le papier , ou ſur le terrein , un parterre, un bois , des boſquets , le plan d'un bâtiment , d'une piece de fortification , &c.

Tracer en grand. C'eſt , en maçonnerie , tracer ſur un mur , ou ſur un enduit fait exprès , une épure pour quelque piece de trait difficile , ou repréſenter en grand une colonne, un entablement, un fronton, ou tout autre morceau d'architecture.

TRACER EN GRAND, *terme de Charpentier.* C'est tracer sur l'ételon une enrayure, une ferme, ou tout autre assemblage de charpente, le tout aussi grand que l'ouvrage doit être.

TRACER AU SIMBLEAU. C'est tracer d'après plusieurs centres sur l'ételon (*voyez* à ce mot) des ellipses, arcs surbaissés, rampans, coquilles d'escalier, courbes, noyaux, &c. avec le simbleau, pour faire les figures plus en grand qu'avec le compas.

TRACERET. Petit outil de fer pointu, dont les charpentiers se servent pour marquer & piquer le bois.

TRAIN, *terme de Navigation.* Espece de radeau formé par une grande quantité de pieces de bois de charpente, ou propre à brûler, qu'on lie ensemble avec des perches & des rouettes, pour les faire flotter sur les rivieres.

TRAINER EN PLATRE, *terme d'Architecture.* C'est faire une corniche ou autre moulure avec un calibre de bois, découpé suivant le profil qu'on veut exécuter. On *traine* ce calibre sur deux régles scellées par les bouts, en garnissant de plâtre très-fin & bien clair, l'épaisseur de ce profil, & le passant & repassant à plusieurs reprises, jusqu'à ce que la corniche ait acquis une solidité parfaite, & la forme qu'on desire lui donner.

TRAIT, *terme d'Appareilleur.* La *science du trait* n'est autre chose que l'art qui enseigne à tailler les pierres, suivant un dessein donné, pour qu'étant assemblées & posées en place, elles produisent l'effet que l'on s'est proposé pour former une voûte, un escalier suspendu, une arriere-voussure, &c. ou toute autre piece de *trait. Voyez* au mot COUPE DES PIERRES.

TRAIT DE BUIS, *terme de Jardinage.* C'est, dans un parterre, différens ornemens, feuillages, ou compartimens, formés sur le terrein avec un filet de buis nain planté près à près ; il se tond tous les ans , pour le maintenir plus net, & pour laisser appercevoir plus facilement les formes du dessein.

Trait. C’est une ligne pour marquer un repaire ou un coup de niveau ; ce mot se dit aussi de l’art de la coupe des pierres , & de toute ligne qui forme quelque figure.

Trait corrompu. Celui qui n’est fait ni au compas, ni à la régle , mais à la main , & différent des figures régulieres de la géométrie.

Trait quarré. C’est une ligne qui, en coupant une autre perpendiculairement , & à angles droits , rend les angles d’équerre ; & *trait biais* , est une ligne inclinée sur une autre , ou en diagonale dans une figure.

Traits , *en Artillerie.* Ce sont des cordages qui servent au charroi & au transport des pieces & des munitions ; ils font partie du harnachement des chevaux , & se comptent par paires de traits.

Tranchée ou ligne d’approche. Est le travail que les assiégeans font depuis le commencement de leurs attaques , jusqu’au pied du glacis , pour approcher à couvert du corps de la place qu’ils attaquent , & ce travail est d’ordinaire un fossé bordé d’un parapet du côté d’où le feu des assiégés peut venir ; s’il y a des endroits couverts autour d’une forteresse, les ennemis les choisissent d’ordinaire pour faire l’ouverture de la tranchée , afin d’être moins exposés au feu des assiégés. *Ouvrir la tranchée*, c’est commencer à creuser le terrein de la ligne d’approche ; *monter la tranchée , relever la tranchée* , c’est-à-dire monter la garde à la tranchée, relever la garde, & descendre la garde.

Tranchée , *en termes d’Architecture.* C’est une ouverture faite en terre , creusée en long & quarrément , pour fonder un bâtiment , ou pour poser & réparer des conduites de plomb , de fer ou de terre , ou enfin pour planter des arbres.

Tranchée de mur. C'eſt une ouverture en longueur, hachée dans un mur, pour y recevoir & ſceller un poteau de cloiſon ou une tringle, qui ſert à porter de la tapiſſerie ; c'eſt auſſi une entaille dans une chaîne de pierre, au dehors d'un mur, pour y encaſtrer l'ancre du tirant d'une porte, & la recouvrir de plâtre.

TRANSPIRATION, *en termes d'Hydraulique*. S'entend de l'eau qui tranſpire & qui ſe perd à travers les pores de la terre. Quand on creuſe un canal de navigation dans un terrein ſablonneux, les tranſpirations ſont quelquefois ſi conſidérables, que la plus grande partie des eaux s'y perd, & qu'il n'en reſte point aſſez pour la navigation projettée. C'eſt ce qui eſt arrivé au canal que l'on fit au Neuf-Briſack, pour le tranſport des matériaux qui devoient ſervir à la conſtruction de cette place ; les eaux y ayant été lâchées, il n'en reſta pas une goutte vingt-quatre heures après ; mais ce mal n'eſt pas ſans remede, comme je l'ai inſinué dans le quatriéme volume de l'*Archi-tecture hydraulique*.

TRAPE. Fermeture de bois compoſée d'un fort chaſſis, & d'un ou deux venteaux, qui, étant au niveau de l'aire de l'étage au rez de chauſſée, couvre une deſ-cente de cave.

TRAPEZE. Eſt un quadrilatere dont deux côtés oppo-ſés ſont paralleles & inégaux, & les deux autres égaux.

TRAPEZOÏDE. Eſt un quadrilatere qui a deux côtés oppoſés paralleles entr'eux.

TRATTES, *terme de Charpentier*. C'eſt ainſi qu'on appelle les groſſes pieces de bois, de trois toiſes de long ſur ſeize pouces de gros, que l'on poſe au-deſſus de la chaiſe d'un moulin à vent, pour en porter la cage.

TRAVAILLER. S'entend de pluſieurs manieres, dans l'art de bâtir. On dit qu'un bâtiment *travaille* lorſ-que, n'étant pas bien fondé, ou bien conſtruit, les

murs bouclent & fortent de leur à plomb, les voûtes s'écartent , les planchers s'affaiffent , &c. On
dit auffi que du bois *travaille* lorfqu'étant employé
verd , ou mis en œuvre dans quelque lieu trop humide , il fe tourmente , enforte que les panneaux
s'ouvrent & fe cambrent , les languettes quittent
leurs rainures , & les tenons les mortaifes.

TRAVAILLER A LA JOURNÉE. *Voyez* JOURNÉE.

TRAVAILLER A LA PIECE. C'eft faire des pieces pareil-
les pour un prix égal , comme bafes , chapiteaux ,
baluftres , &c. qui ont chacun leur prix.

TRAVAILLER A LA TACHE. C'eft , pour un prix convenu ,
faire une partie d'ouvrage , comme la taille d'une
pierre où il y a de l'architecture & de la fculpture , &c.

TRAVAILLER A LA TOISE. C'eft la maniere dont s'exé-
cutent les ouvrages de fortification.

TRAVAILLER PAR ÉPAULÉES. C'eft reprendre peu à peu ,
& non de fuite , quelque ouvrage *par fous-œuvre* ,
ou fonder dans l'eau ; c'eft auffi employer beaucoup
de tems à conftruire quelque bâtiment , parce que
les matériaux ou les moyens ne permettent pas de
l'exécuter diligemment.

TRAVAILLEURS. Sont des pionniers , & le plus fouvent des foldats commandés pour remuer les terres ,
ou pour quelques autres travaux.

TRAVAUX AVANCÉS. *Voyez* DEHORS.

TRAVAUX D'UN SIÉGE. *Voyez* aux mots SIÉGE , ATTA-
QUE , TRANCHÉE , &c.

TRAVÉE. C'eft un rang de folives pofées entre deux
poutres , dans un plancher.

TRAVÉE DE COMBLE. C'eft , fur deux ou plufieurs pannes ,
la diftance d'une ferme à une autre , peuplée de chevrons de quatre à la latte.

TRAVÉE DE PONT. C'eft une partie du plancher d'un
pont de bois , contenue entre deux files de pieux ,
ou entre deux chevalets , & faite de travons foulagés
par des liens ou contrefiches , dont les entrevoux

font recouverts de groffes doffes ou madriers, pour en porter la couche.

TRAVERSE, *terme de Fortification.* Ce mot demande explication, puifqu'il peut fe prendre en deux fens, ou comme une excavation, ou comme une élévation de terre ; auffi y en a-t-il de plufieurs façons, qui font ici expliquées.

TRAVERSE CONTRE UN COMMANDEMENT. Eft une maffe de terre qu'on éleve dans un baftion, fur une courtine, ou dans un autre endroit de la place, pour en couvrir quelque partie qui feroit vue ou enfilée d'un endroit élevé, & dont l'ennemi fe pourroit prévaloir, pour découvrir ceux qui font deftinés à la défenfe de la place.

TRAVERSE DANS LE FOSSÉ. Eft une efpece de tranchée que les affiégeans font au travers d'un foffé fec, devant la pointe d'un baftion, pour paffer le mineur & ceux qui font deftinés à le fervir ou à le protéger ; ce foffé eft toujours bordé de deux parapets du côté du feu des affiégés, & on le couvre par-deffus contre les feux d'artifice.

TRAVERSE D'ATTAQUE. Eft une efpece de place d'armes, c'eft-à-dire un foffé bordé d'un parapet, que l'on fait de diftance en diftance à droite & à gauche du boyau de la tranchée, pour mettre une garde d'infanterie ; afin de protéger les travailleurs, & qui exige que ce foffé ait une largeur affez confidérable ; il fert auffi à placer ce qui eft néceffaire à l'avancement du travail ; & quelquefois pour mettre les bombes & les grenades de cette attaque.

TRAVERSE DE TRANCHÉE, ou TRAVERSE TOURNANTE. Eft une partie du terre-plein de la campagne, qu'on laiffe au travers du boyau de la tranchée, dont il occupe la largeur, pour empêcher les affiégés de voir dans le boyau, lorfqu'un Ingénieur s'eft laiffé enfiler, foit par mégarde, ou par néceffité.

TRAVERSE DU CHEMIN COUVERT. C'eft un maffif de terre, ou pour mieux dire un parapet, qui occupe la
largeur

largeur d'un chemin couvert , & qui en fépare là branche d'avec la place d'armes , ou d'avec l'angle faillant qui eft devant la pointe du baftion ou de la demi-lune.

TRAVERSE ou TRAVERSIER. Piece de bois qui s'aſſemble avec les battans d'une porte , ou qui ſe croiſe quarrément ſur le meneau montant d'une croiſée ; on appelle auſſi *traverſes* , des barres de bois poſées obliquement , & clouées ſur une porte de menuiſerie.

TRAVERSIER. Eſt un petit bâtiment de mer qui ſert pour de petites traverſes , ou pour la pêche ; il n'a qu'un mât , quoiqu'il ait ſouvent trois voiles , & va quelquefois à rames ; ſur la mer du Levant , on le nomme *tartane*.

TRAVERSINES. Ce ſont des pièces de bois, ou racinaux, poſées ſur la largeur ou le travers d'une écluſe , qui ſe mettent quarrément ſur les *longrines* , (*voyez à ce mot*) & qui font partie de la grille qui ſe met en fondation dans l'aſſemblage des planchers des écluſes ; les autres pieces qui ſont en travers, s'appellent auſſi *traverſines*.

TRAVONS ou SOMMIERS. Ce ſont , dans un pont de bois, les maîtreſſes pieces qui en traverſent la largeur , autant pour porter les travées des poutreſles , que pour ſervir de chapeau aux files de pieux.

TREFLE , *terme de Mineur*. Fourneau de mine qui a la forme d'un trefle. La différence qui ſe trouve entre le Té & le trefle , eſt que celui-ci n'a que deux logemens qui s'arcboutent proche de la chambre de la mine, au lieu que le ſimple Té a quatre logemens. Le double trefle a quatre logemens, & il lui faut huit portes ; le double Té au contraire n'a beſoin que de quatre portes, quoiqu'il renferme huit logemens.

TRÉMIE. Grande cage quarrée , large par le haut , & fort étroite par le bas , faite en pyramide renverſée,

qui fert au moulin , pour faire écouler peu à peu,
par un auget , le bled fur les meules, pour en faire
de la farine.

TRÉMION , *terme de Meunier*. Bois qui foutient la
trémie ; on appelle auffi *tremion*, la barre de bois
qui fert à foutenir la hotte d'une cheminée.

TRÉPAN. Eft un inftrument dont les mineurs fe fervent
pour donner de l'air à une galerie de mine , lorfqu'il
arrive qu'après avoir cheminé par différens retours,
la chandelle ne brûle plus. Alors ils ont une efpece
de forêt , avec lequel ils percent le ciel de la galerie,
& à mefure que ce trépan avance dans les terres ,
ils l'allongent par le moyen de plufieurs antes , dont
les extrêmités fonr faites en vis & en écrou, pour
s'ajufter bout à bout , & ils difent avoir *trépanné* la
mine , ou avoir donné un coup de *trépan*.

TREUIL ou TOUR , *terme de Méchanique*. Dans les
cabeftans , *vindas* , *chevres* & *bouriquets* , c'eft le rouleau de bois pofé verticalement, autour duquel file
le cable ; on le nomme auffi *virveau*.

TRIANGLE. Eft une figure terminée par trois lignes
droites ; il y en a de plufieurs fortes. On nomme
triangle équilatéral , celui qui a fes trois côtés égaux ;
triangle ifofcelle , celui qui a deux côtés égaux , auffi-
bien que les angles de fa bafe ; *triangle fcalene* , celui qui a fes trois côtés inégaux ; *triangle rectangle* ,
celui qui a un angle droit ; *triangle oxigone* , celui
qui a fes trois angles aigus ; *triangle obtus* ou *am-
bligone* , celui qui a un angle obtus. *Voyez* plus au
long les définitions & les propriétés de ces différens
triangles , dans le *Dictionnaire de Mathématique* ,
déjà cité.

TRIANGLE. Les charpentiers appellent ainfi un outil
compofé de deux régles affemblées à angle droit,
en forme d'équerre, dont ils fe fervent pour tracer
un trait quarré.

TRIGLYPHE , *en Architecture*. C'eft , par intervalles
égaux , dans la frife Dorique , une efpece de boffage,

qui a deux gravures entieres en angles, appellés *glyphes* ou *canaux*, & séparées par trois cuisses ou côtes d'avec les deux demi-canaux des côtés.

TRIGONOMÉTRIE. L'art de trouver, par le moyen de trois parties connues d'un triangle, les trois autres parties inconnues : c'est une partie essentielle de la géométrie. Chacun sçait que tout triangle a trois angles & trois côtés ; or deux côtés & un angle d'un triangle étant donnés, on trouve, par la trigonométrie, son troisiéme côté & ses deux autres angles, & ainsi du reste.

La Trigonométrie se divise en *rectiligne*, & en *sphérique* ; dans la premiere on considere les triangles rectilignes ; la seconde donne la connoissance des triangles sphériques. Ceux qui voudront s'instruire plus à fond sur l'objet de cette science, & sur son étendue dans les mathématiques, pourront avoir recours au *Dictionnaire de Mathématique de Mr. Saverien.*

TRINGLE. Est une espece de régle longue, qui sert à divers usages dans la menuiserie.

TRINGLER, SINGLER, ou CINGLER. C'est marquer, sur une piece de bois, ou sur toute autre superficie, une ligne droite, avec un cordeau frotté de pierre blanche, noire, ou rouge, que l'on tient bandé par ses deux extrêmités. En élevant ce cordeau par le milieu, il fait ressort, & par sa percussion, il marque la surface sur laquelle il est tendu, de la couleur dont il a été frotté.

TRINOME, *terme d'Algebre.* C'est une quantité produite de l'addition de trois nombres, ou de trois grandeurs incommensurables.

TRIQUEBALE. Machine très-simple, composée d'une fléche de bois, ou timon, appuyée sur un aissieu à deux roues, servant à transporter des pieces de canon ou des mortiers, par le moyen de la fléche qui a un abattage considérable, à cause de la longueur du levier qu'elle porte ; il sert aussi, dans la construction des bâtimens , pour transporter des poutres & autres fardeaux.

TRISECTION , *terme de Géométrie.* Ce mot n'est guere usité qu'en parlant du fameux problême de la *trisection de l'angle* , ou de sa division en trois parties égales , qui a fait , ainsi que la quadrature du cercle , l'objet des recherches de bien des Mathématiciens.

TROMPE. Est une espece de voûte qui se fait aux dernieres arcades d'un pont , pour en élargir l'entrée ; on appelle aussi *trompe* , une voûte en saillie qui semble se soutenir en l'air , & qui est ainsi nommée parce qu'effectivement elle a la figure d'une *trompe*, ou conque marine. Il y a des trompes de différentes especes, suivant les endroits où elles sont placées. Telles sont la trompe dans l'angle , trompe sur le coin , trompe réglée , trompe d'Anet , trompe de Montpellier , &c. *Voyez*-en les développemens dans le traité sur la *coupe des pierres* , par Mr. *Frezier* ; on en peut voir aussi les définitions dans la nouvelle édition du *Dictionnaire d'Architecture de d'Aviler* , qui vient de paroître.

TRONCHE. Grosse & courte piece de bois , comme un bout de poutre , dont on peut tirer une courbe rampante pour un escalier.

TROTTOIR. *Voyez* au mot Banquette.

TROU , *terme de Mine.* Pour exprimer que le mineur travaille , on dit quelquefois que le mineur est dans son *trou*.

TROUSSEPAS. Est une maniere de bêche de fer , plus longue que large , diminuée par le milieu , & aiguisée par le bas , dont on se sert, dans les travaux de gazonnage , à tailler le gazon , & le ragréer sur le tas , avec cet instrument.

TRUMEAU. C'est l'espace ou la partie de mur qui se trouve entre deux croisées , dans une façade de bâtiment , & qui porte de fond les sommiers ou linteaux des platebandes des portes & des croisées.

TUF ou TUFEAU. C'est un terrein qui fait une masse

folide, & fur lequel on peut fonder ; on en tire une pierre tendre & trouée, dont on bâtit en quelques endroits de France & d'Italie.

TUILE, Eſt un carreau de terre graſſe, pêtrie, féchée & cuite, de certaine épaiſſeur, dont on couvre les bâtimens. La *tuile* ſe fait au grand & au petit moule ; pour celle du moule bâtard, ou de moyenne grandeur, elle n'eſt plus en uſage.

TUILE FAITIERE. C'eſt une tuile creuſe, dont pluſieurs couvrent le faîte du comble ; cette ſorte de tuile, étant retournée, ſert à couronner un œil de beuf.

TUILE FLAMANDE. C'eſt une tuile creuſe, dont le profil eſt en S.

TUILEAUX. Morceaux de tuiles caſſées, dont on fait du ciment.

TUNES. Eſt un entrelas de menus branchages, autour de pluſieurs piquets alignés, lequel ſert à retenir les faſcines, & à en faire une eſpece de liaiſon.

TURCIE. Eſpece de digue ou de levée, en forme de quai, pour réſiſter aux inondations.

TUYAU. C'eſt un corps long, rond & creux, qui ſert à divers uſages ; il y en a de fer, de plomb, de terre cuite, & de bois.

TUYAU DE CHEMINÉE. C'eſt le conduit par où paſſe la fumée, depüis le deſſus du manteau d'une cheminée juſques hors du comble ; on appelle *tuyau apparent*, celui qui eſt pris hors d'un mur, & dont la ſaillie paroît de ſon épaiſſeur, dans une piece d'appartement ; *tuyau dans œuvre*, celui qui eſt dans le corps d'un mur ; *tuyau adoſſé*, celui qui eſt double ſur un autre ; & *tuyau dévoyé*, celui qui eſt détourné de ſon àplomb.

TUYAU DE CONDUITE. Eſt une ſorte de canal, en forme de tuyau, pour conduire l'eau où l'on veut, & empêcher qu'elle ne ſe perde.

TUYAU DE DESCENTE. C'eſt un tuyau de fer ou de plomb, placé ordinairement dans l'angle d'un bâtiment, ou encore mieux pratiqué dans l'épaiſſeur des murs, qui fert à conduire l'eau des combles au pied de l'édifice.

TYMPAN , *en Architecture.* C'eft l'efpace qui fe trouve renfermé entre les trois corniches d'un fronton triangulaire , ou les deux d'un fronton céintré ; il eft ordinairement orné de fculpture en bas-relief.

Tympan. Eft auffi une machine ronde tout autour , comme un tambour, ayant deux fonds, l'un d'un côté, l'autre de l'autre , de même que les tambours. Cette machine fert à faire des épuifemens ; elle n'éleve pas l'eau bien haut , mais elle en tire une grande quantité en peu de tems.

VAG   VAI

Vague , *terme de Marine.* C'eft l'élévation des eaux de la mer au-deffus de fa furface ordinaire , caufée par l'agitation du vent ; on l'appelle auffi *flot.*

VAIGRES. Ce font les planches qui forment le revêtement intérieur d'un vaiffeau.

VAISSEAU , *en termes de Marine.* Eft un bâtiment de bois de charpente, conftruit d'une maniere propre à floter, & à tranfporter des hommes & des marchandifes par mer , & quelquefois fur de grands fleuves.

On appelle *vaiffeaux de haut-bord* , ceux qui vont feulement à voiles, & dont on fe fert pour courir fur toutes les mers ; à la différence des galeres , des vaiffeaux plats , & des autres petits bâtimens qui vont à rames & à voiles, qu'on nomme *vaiffeaux de bas-bord.*

On dit qu'un vaiffeau eft de cent ou deux cens tonneaux, lorfqu'il peut porter la charge de pareil nombre de tonneaux d'eau de mer , c'eft-à-dire le poids de 2000 livres pour chaque tonneau.

Il y a cinq rangs de vaisseaux de guerre, qui se distinguent par leur grandeur, leur capacité, leur port, le nombre de leurs ponts, & la quantité de leur artillerie. Par une ordonnance du Roi, pour la marine, les vaisseaux du premier rang doivent être depuis 1600 jusqu'à 2200 tonneaux; ils portent depuis 70 jusqu'à 120 pieces de canon, & ont trois ponts entiers: ceux du second rang portent depuis 1300 jusqu'à 1500 tonneaux, ont trois ponts, & sont montés depuis cinquante-six jusqu'à soixante & dix pieces de canon; ceux du troisiéme rang portent depuis 800 jusqu'à 1200 tonneaux, sont montés de quarante à cinquante pieces de canon, & n'ont que deux ponts; ceux du quatriéme rang portent depuis 500 jusqu'à 700 tonneaux, sont montés de quarante pieces de canon, & ont deux pont courans; enfin ceux du cinquiéme & dernier rang, ne sont que de 300 jusqu'à 400 tonneaux, sont montés de dix-huit à vingt pieces de canon, & ont deux ponts courans.

Il y a de plus des frégates légeres, des brulots, des flutes, des corvettes, des galiotes à bombes, &c. Il faut les chercher dans ce Dictionnaire, chacun à leur article, pour en sçavoir les propriétés. *Voyez* aussi à ce sujet le *Traité du navire* de Mr. *Bouguer*, & les *Elémens de l'Architecture navale*, par Mr. *Duhamel*.

On appelle *vaisseau de ligne*, un vaisseau de guerre, assez grand, & assez bien armé pour être mis en ordre de bataille dans une armée navale.

VANNE, PALE, ou VENTAIL. Est une fermeture de bois qui sert à arrêter & à conserver l'eau d'un moulin, d'un pertuis, ou de tout autre endroit où l'on veut faire une retenue d'eau. *Voyez* aussi au mot PALE.

VANNES. Gros venteaux de bois de chêne, qui se haussent & se baissent dans des coulisses, pour lâcher ou retenir l'eau d'un étang, ou d'une écluse; on nomme aussi *vannes*, les deux cloisons d'un batardeau.

VARANGUE, *terme de Marine.* C'eſt la premiere des trois pieces qui compoſent la côte d'un navire, & qui eſt encaſtrée dans la quille, pour former le fond ou le plat d'un vaiſſeau. Lorſqu'un vaiſſeau a le fond plat, on dit qu'il eſt plat de varangue. *Voyez*, pour une plus grande explication de ce terme, les deux ouvrages de Mrs. *Bouguer* & *Duhamel*, ſur la conſ-truction des navires, qu'on vient de citer.

VARLET ou VALET, *terme d'écluſe.* Eſt un aſſem-blage de pluſieurs pieces de charpente qui compoſent enſemble une eſpece de potence appliquée contre l'un des bajoyers d'une écluſe, fermée par une porte tournante. Ce *varlet* a par en bas un pivot qui tourne dans ſa crapaudine, & eſt retenu par en haut avec un collier de fer ou de fonte. Quand la porte tournante eſt ouverte, le *varlet* eſt appliqué contre le bajoyer, & quand on veut la fermer, le *varlet* ſe tourne, & vient s'accrocher à la porte, pour la maintenir dans cet état, contre la pouſſée de l'eau : c'eſt ainſi que cela eſt pratiqué à la porte tournante de la grande écluſe de Gravelines.

VARLOPE, *outil de Menuiſier.* C'eſt un grand rabot qui ſert à polir le bois, & à le rendre fort uni.

VASE. Eſt une terre graſſe, mollaſſe, & ſans conſiſ-tance, qui ſe forme, dans les ports de mer, des im-mondices qui y ſont jettées.

VASE, *terme de Décoration.* Ornement d'architecture de pierre, de marbre, de bronze, ou de plomb doré, qu'on place de diſtance en diſtance ſur les tablettes des baluſtrades, au haut des bâtimens, ou que l'on poſe ſur des piédeſtaux, pour la décoration des jardins.

VEAU. Les charpentiers appellent ainſi le morceau de bois qu'ils ôtent, avec la ſcie, du dedans d'une courbe droite ou rampante, pour la tailler.

VEDETTE, *terme de Guerre.* Sentinelle à cheval, pour découvrir ce qui ſe paſſe aux environs.

VEINES DES PIERRES. C'eſt un défaut qui procede le plus ſouvent de l'inégalité de conſiſtance, par le dur & le tendre, qui fait que la pierre fe mouline & fe délie en certains endroits ; & quelquefois c'eft une tache au parement, qui fait qu'on rebute cette pierre dans les ouvrages faits proprement.

VELUE. Lorfque la pierre fort de la carriere, quoi-qu'elle foit à la voïe de libage ou de moilon, on l'appelle *velue*, c'eft-à-dire *brute*, fans être aucune-ment travaillée.

VENT, *en termes d'Artillerie*. Doit s'entendre de la différence qu'il y a du diametre du boulet d'une piece de canon, avec le diametre de l'ame de la même piece, afin que le boulet puiffe y entrer aifé-ment ; par exemple, le vent d'une piece de 24, eft de deux lignes.

VENTAILS ou VENTEAUX. Ce font les deux parties qui compofent les portes d'une éclufe, lorfqu'elles s'ouvrent & fe ferment à deux battans, comme les portes ordinaires.

VENTAIL. Eft encore la partie mobile, compofée d'une ou de deux feuilles d'affemblage, qui fert à fermer une porte, ou une croifée, & qu'on nomme auffi *battant*.

VENTOUSE. Bout de tuyau de plomb, debout, qui fort hors de terre, pour faciliter l'échappée des vents qui s'engendrent dans les tuyaux de conduite.

VENTRE, *terme de Maçon*. Pour fignifier le bombe-ment d'un mur trop vieux, foible ou chargé, qui boucle, & eft hors de fon àplomb, on dit qu'il fait le ventre.

VENTRE. Se dit auffi d'une piece de canon qui n'eft point fur fon affut, & qui eft couchée à terre ; alors on dit qu'elle eft fur fon ventre.

VENTRIERE, *terme d'Architecture hydraulique*. C'eft une groffe piece de bois équarrie, qu'on met devant une rangée de palplanches, afin de mieux couvrir un ouvrage de maçonnerie, foit contre l'effort du cou-rant d'une riviere, foit contre la pouffée des terres.

VENTRIERES. Sont auffi des pieces de bois pofées

horizontalement au-deſſous des liſſes qui couren-
nent les quais de charpente, où ſont attachées les
têtes des clefs qui en forment l'aſſemblage. Dans les
combles des bâtimens ordinaires, elles ſervent de
pannes.

VENTS ou RUMBS DE VENTS. Pour la facilité de
la navigation, les mariniers ont diviſé l'horizon en
trente-deux parties égales, qu'ils ont nommé *rumbs
de vent*, ou *airs de vent*, marqués ſur la bouſſole.
Entre ces trente-deux vents, il y en a quatre principaux qui répondent aux quatre points cardinaux du
monde, dont voici les noms. *Nord* ſignifie le *Septentrion*, toujours diſtingué par une fleur de lys, ſur la
bouſſole; *Sud* eſt le midi; *Eſt*, le *Levant* ou *l'Orient*;
Oueſt, le *Couchant* ou *l'Occident*. Ces quatre *vents*
ſont appellés *vents primitifs*, & ſont éloignés entr'eux chacun de quatre-vingt-dix dégrés. Diviſant
chaque quart de cercle en deux également, l'on
aura les *vents collatéraux*, dont les noms ſont formés des compoſés des deux vents primitifs entre leſquels ils ſe trouvent placés. Par exemple, le *vent* qui
eſt entre le *Septentrion* & le *Couchant*, ſe nomme
Nord-Oueſt; celui qui eſt entre le *Midi* & *l'Occident*, *Sud-Oueſt*; celui qui eſt entre le *Septentrion*
& le *Levant*, *Nord-Eſt*; celui qui eſt entre le *Midi*
& *l'Orient*, *Sud-Eſt*. Ces quatre vents collatéraux,
& les quatre primitifs, qui ſont éloignés chacun de
quarante - cinq dégrés, s'appellent *rumbs entiers*.
Voyez, pour les autres ſubdiviſions des *vents*, le
*Dictionnaire univerſel de Mathématique & de Phy-
ſique*, déjà cité pluſieurs fois dans cet ouvrage.

VERBOQUET. Eſt une petite corde que l'on attache à
un cable, à l'extrêmité duquel il y auroit une piece
de bois, ou quelque groſſe pierre longue, qu'on
voudroit élever, par le moyen des machines, à la
hauteur où elle doit être poſée dans un édifice; &
pour empêcher que la choſe qu'on enleve vienne
rencontrer & choquer quelque ornement d'archi-

tecture ; on se sert du *verboquet*, pour tirer le cable à l'écart, & par conséquent ce qui est au bout.

VERGES. Sont des baguettes ou branchages, de dix à douze pieds de long, qui servent à la construction des ouvrages de fascinage, & dont on compose les *tunes*; une botte de verges est comptée pour deux fascines, dans l'évaluation du fascinage.

VERGUES, *terme de Marine*. Ce sont de longues pieces de bois arrondies, plus grosses par le milieu que par les extrêmités, qui servent à porter les voiles d'un vaisseau, & que l'on croise sur les mâts auxquels elles sont attachées.

VERMICULÉ, *terme de Décoration*. On donne cette épithéte à un ouvrage rustique, taillé dans la pierre, pour représenter, en quelque maniere, le travail des vers. *Voyez* au mot TORTILLIS.

VERRIN. Est une machine, en maniere de presse, composée de deux vis, & de deux pieces de bois horizontales, dont on se sert à lever & baisser les venteaux des portes des écluses, des moulins, ou des inondations, à retirer les pilots de terre où ils ont été enfoncés, à relever à plomb quelque pan de mur, avec un pointal, &c.

VERROU. Piece de menus ouvrages de serrurerie, qu'on fait mouvoir, dans des crampons, sur une platine de tole ciselée ou gravée, pour ouvrir ou fermer une porte; il y en a de grands à queue, avec bouton ou poignée tournante, pour les grandes portes & fenêtres; & des petits, qu'on nomme *targettes*, attachés avec des cramponets sur des écussons, pour les guichets des croisées.

VERTUGADIN, *terme de Jardinage*. C'est un glacis de gazon formé en amphithéâtre, dont les lignes circulaires qui le composent ne sont point paralleles.

VESTIBULE, *terme d'Architecture*. Espece de portique, qui se pratique à l'entrée des édifices considérables, & qui communique aux premieres pieces d'un appartement. Les grands escaliers sont souvent précédés d'un *vestibule*.

VESTIBULE, *en Fortification*. Est l'espace compris entre le corps de garde de l'Officier, & celui de la troupe, pratiqué aux portes de ville, & qui se trouve au-dessous du bâtiment du Capitaine des portes, lequel est au rez de chaussée du rempart ; en un mot le *vestibule* d'un corps de garde, est l'endroit, devant le corps de garde, où les soldats peuvent se promener à couvert.

VETILLE, *terme d'Artificier*. Ce sont de petits serpenteaux, qu'on fait avec une simple carte à jouer, collée par le moyen d'une bande de papier. Les *vétilles* n'ont ordinairement que trois lignes de diametre.

VIBRATION. *Voyez* MOUVEMENT de VIBRATION.

VIF. Se dit en parlant d'une pierre que l'on a taillée de façon qu'il ne reste plus de bouzin ; ainsi l'on dit qu'elle est taillée jusqu'au *vif*, quand on en a ôté le tendre, & qu'il ne reste plus que le dur.

VILLEBREQUIN ou VIREBREQUIN. Outil qui sert à percer le bois ou autre chose, par le moyen d'un petit fer qui a un taillant arrondi par le bout, & qui est armé d'une pointe, que l'on appelle mêche ; on le fait entrer, en le tournant avec une manivelle de bois ou de fer.

VINDAS, que les marins appellent *vireveau*. C'est une machine composée de deux tables de bois, & d'un treuil ou fusée qu'on tourne verticalement avec des leviers ; cette machine sert sur les vaisseaux, à lever l'ancre, & sur terre, à transporter de grands fardeaux d'un lieu à un autre.

VIRER, *terme de Marine*. On vire au cabestan, pour faire monter les bateaux, ou pour en décharger & amener les marchandises, d'un poids considérable, sur le port. *Virer l'ancre*, c'est la tirer du fond de la mer, par le moyen d'un cable, & du *vireveau*.

VIREVEAU. *Voyez* VINDAS.

VIS, *terme de Méchanique.* Est un cylindre, lequel est entaillé tout autour par une rainure angulaire, qui descend en spirale ; on appelle *pas de vis*, la largeur de la rainure prise par le haut. La *vis* tourne dans un écrou qui est fait avec un tareau, ensorte que s'engageant l'une dans l'autre, elles font un très-grand effort pour élever ou presser les corps solides.

VIS D'ARCHIMEDE. Est une machine hydraulique, composée d'un tuyau, en forme de vis, autour d'un cylindre incliné, qu'on appelle *noyau*; on met l'une des extrêmités dans l'eau que l'on veut élever ; l'eau trouvant de la pente pour descendre, elle monte dans le canal tout autour du cylindre, & ainsi elle s'éleve en descendant ; on l'appelle aussi *limace*.

VIS SANS FIN. On appelle ainsi une vis qui engraine dans une roue dentée ; de sorte que faisant tourner la vis avec une manivelle, elle oblige la roue à tourner, ce qui lui donne une grande force ; on l'appelle *vis sans fin*, parce qu'elle fait tourner sans fin la roue, aux dents de laquelle elle est engrainée.

VIS ou NOYAU D'ESCALIER, *terme d'Architecture.* On appelle ainsi la piece de bois du milieu d'un escalier, dans laquelle sont emmortaisées toutes les marches, qui tournent autour en ligne spirale.

VIS. Se dit encore de tout l'escalier, quand il est rond. *Voyez* au mot NOYAU.

VIS A JOUR. C'est lorsque le noyau d'un escalier rampe & tourne, laissant un vuide au milieu, ensorte que ceux qui sont au haut de l'escalier peuvent découvrir jusqu'à l'extrêmité de la premiere marche d'en bas.

VIS POTOYERE. C'est l'escalier d'une cave, qui tourne autour d'un noyau ou poteau, & qui porte de fond l'escalier d'une maison.

VIS SAINT GILLES. On appelle ainsi toutes sortes d'escaliers qui sont rampans, & voûtés par le dessous des marches.

VITRAGE. S'entend de toutes les vitres d'un bâtiment.

VITRAIL. Grande fenêtre d'une église, avec croifillons de pierre ou de fer ; les vitres qui font à ces fenêtres, s'appellent *vitraux*.

VITRERIE. S'entend de tout ce qui appartient à l'art d'employer le verre.

VIVE-EAU. *Voyez* MARÉE.

VOILE, *terme de Marine*. C'eft une grande piece de toile qu'on attache aux vergues ou antennes des vaiffeaux, pour les faire mouvoir fur la mer, ou fur les grandes rivieres, par le moyen du vent qui s'y arrête, & y caufe une impulfion plus ou moins grande, fuivant fa force, la grandeur de la *voile*, ou la direction de la ligne de rumb que fuit le vaiffeau.

VOLANTS. Ce font deux pieces de bois, attachées environ à angles droits, à l'arbre du tournant qui fort hors de la cage d'un moulin à vent, & aufquelles font attachés les échelons qui fervent à foutenir les toiles qu'on y déploie, pour recevoir l'impulfion du vent, lorfqu'on veut faire agir le moulin.

VOLÉE D'UNE PIECE DE CANON. Eft la partie comprife depuis les tourillons, jufqu'à la bouche. On dit tirer à *toute volée*, lorfqu'il n'y a point de coin de mire fous la culaffe, & que cette culaffe répond fur l'entretoife; alors la piece eft pointée au plus haut point qu'elle peut être. *Volée* s'entend auffi de la décharge de plufieurs pieces de canon, qui tirent toutes à la fois.

VOLET ou OISEAU. Eft une petite planche arrondie d'un côté, & droite de l'autre, avec un rebord, laquelle eft attachée fur deux bâtons faillans, enforte qu'ils embraffent la tête des manœuvres qui le portent fur leurs épaules, après avoir mis deffus une quantité de mortier fuffifante.

VOLET. Se dit auffi des panneaux de menuiferie, qui fervent à fermer les croifées ou fenêtres des appartemens. On appelle *volets brifés*, ceux qui fe plient en deux, & s'enfoncent dans l'embrafure des croifées.

VOLIGE ou VOLILLE , *terme de Menuiserie*. Petite planche de bois de sapin ou de peuplier , extrême-ment mince & légere ; elles ont depuis trois jusqu'à cinq lignes d'épaisseur , sur environ dix pouces de largeur , & six pieds de longueur.

VOLISSE ou VOLICE , *terme de Charpenterie*. C'est le nom que l'on donne à la latte à ardoise , qui est deux fois plus large que la latte ordinaire. La *latte volice* est de même longueur & épaisseur que l'autre, mais il n'y en a que vingt-cinq à la botte.

VOLTE-FACE , *terme de Tactique*. Commandement qu'on fait à un corps de troupes rangées en bataille , pour leur faire tourner le visage du côté où ils avoient le dos.

VOLUTE. C'est un enroulement en ligne spirale , qui se taille aux chapiteaux Ioniques & Composites ; il y a aussi huit volutes angulaires au chapiteau Co-rinthien , accompagnées de huit autres plus petites , qu'on appelle *hélices*. *Voyez* le *Dictionnaire d'Ar-chitecture* de *d'Aviler*.

VOUSSOIRS. Sont les pierres qui forment les ceintres des voûtes & arcades.

VOUTE. Corps de maçonnerie ceintré par son profil , qui se soutient en l'air par l'appareil des pierres qui le composent , pour couvrir quelque lieu. On ap-pelle *maîtresse voûte* , la principale d'un édifice , à la différence des petites qui n'en couvrent qu'une par-tie , comme un passage , une rampe , une porte , une croisée , &c. & on nomme *double voûte* , celle qui , étant construite au-dessus d'une autre pour le raccordement de la décoration extérieure avec l'in-térieure , laisse une entrecoupe entre la convexité de l'une & la concavité de l'autre. *Voyez* à ce sujet l'*Architecture des voûtes* du P. *Derand* , & le Traité de la *Coupe des pierres* de M. *Frezier*.

VOUTE A LUNETTE. Celle qui , dans sa longueur , est traversée par des lunettes directement opposées , pour en empêcher la poussée , ou pour y pratiquer des jours, lefquels font en plein ceintre, ou en arc *parabolique*, ou bombées.

VOUTE BIAISE, OU DE CÔTÉ. Celle dont les murs latéraux, ne font pas d'équerre avec les piédroits de l'entrée, & dont les vouffoirs font biais par tête.

VOUTE D'ARÊTE. Celle dont les angles paroiffent en dehors, & qui eft faite de la rencontre de quatre lunettes égales, ou de deux berceaux qui fe croifent.

VOUTE D'OGIVE. Celle qui eft formée de formerets, d'arcs doubleaux, d'ogives, & de pendentifs, & dont le ceintre eft fait de deux lignes courbes égales, qui fe coupent en un point au fommet; cette voûte eft auffi appellée *gothique*, ou *à la moderne*.

VOUTE EN ARC DE CLOÎTRE. Celle qui eft formée de quatre portions de cercle, & dont les angles en dedans font un effet contraire à la voûte d'arête.

VOUTE EN CANONNIERE. Efpece de berceau qui, n'étant pas contenu entre deux lignes paralleles, eft étroit par un bout & large par l'autre.

VOUTE EN COMPARTIMENT. Celle dont la douelle, ou le parement intérieur, eft ornée de panneaux de fculpture, féparés par des platebandes.

VOUTE EN LIMAÇON. C'eft toute voûte fphérique, ronde, ou ovale, furbaiffée, ou furmontée, dont les affifes ne font pas pofées de niveau, mais font conduites en fpirale, depuis les couffinets jufqu'à la clef ou fermeture.

VOUTE EN PLEIN CEINTRE, qu'on appelle auffi **BERCEAU DROIT.** Celle dont la courbure eft en demi-cercle.

VOUTE EN TIERS-POINT. Celle qui, étant plus élevée que le plein ceintre, eft formée par deux portions de cercle égales, qui ont leur centre dans la même ligne.

VOUTE RAMPANTE. Celle qui eft inclinée, & qui fuit parallelement à la defcente d'un efcalier.

VOUTE SPHÉRIQUE. Celle qui eft circulaire par fon plan, & par fon profil; on la nomme auffi cul-de-four: la plus parfaite eft en plein ceintre.

VOUTE SURBAISSÉE, OU EN ANSE DE PANIER. Celle qui eft plus baffe que le demi-cercle.   VOUTE

VOUTE SUR LE NOYAU. Celle qui tourne autour d'un cylindre, & qu'on appelle auſſi *berceau tournant*.

VOUTE SURMONTÉE. Celle qui eſt plus haute que le demi-cercle parfait, afin que la ſaillie d'une impoſte ou corniche n'en cache pas les premieres retombées.

VOUTER. C'eſt conſtruire une voûte ſur des ceintres & doſſes, ou ſur un noyau de maçonnerie.

VOYE ou VOIE D'EAU, *terme de Navigation.* C'eſt une ouverture qui ſe fait au fond de cale, ou dans le bordage d'un navire, ſoit par vetuſté, ou par quelque accident, par laquelle l'eau entre dans le bâtiment, & le met en danger d'être ſubmergé.

VOIE DE PIERRE. C'eſt une charretée d'un ou pluſieurs quartiers de pierre, qui ne contient pas moins de quinze pieds cubes.

VRILLER, *terme d'Artificier.* Il ſignifie l'action de pirouetter, en montant d'un mouvement *hélicoïde*, ou en vis; tel eſt celui des ſauciſſons volans. Il y a des fuſées volantes qui, au lieu de s'élever en droite ligne, ne font que pirouetter & *vriller* en montant: c'eſt un défaut qui provient ſouvent du trop de légéreté, ou de la courbure de la baguette qui y eſt attachée.

VUE ou BÉE. Signifie toute ſorte d'ouverture par où l'on reçoit le jour; les vûes d'*appui* ſont les plus ordinaires, à trois pieds d'enſeuillement, & au-deſſous.

VUE A PLOMB. C'eſt une inſpection perpendiculaire du deſſus des combles & terraſſes d'un bâtiment, conſiderés dans leur étendue ſans raccourci, ce que quelques-uns nomment improprement *plan des combles.*

VUE DE BATIMENT. C'en eſt l'aſpect, qu'on nomme *vûe de front*, lorſqu'on le regarde du point du milieu; *vûe de côté*, lorſqu'on le voit par le flanc; & *vûe d'angle*, lorſqu'il eſt apperçu par l'encoignure.

X

Vue d'oiseau. C'eſt la repréſentation d'un plan relevé en perſpective, ſuppoſé vû d'un lieu très-élevé.

Vuidange d'eau. C'eſt l'épuiſement qui ſe fait de l'eau d'un batardeau, par le moyen des moulins, chapelets, vis d'Archimede, & autres machines, pour le mettre à ſec, & y fonder. *Voyez* la deſcription de toutes ces machines, dans la premiere partie de notre *Architecture hydraulique.*

Vuidange de terre. C'eſt le tranſport des terres fouillées, qui ſe marchande par toiſes cubes, & dont le prix ſe regle ſelon la qualité de la terre, & la diſtance qu'il y a de la fouille au lieu où elles doivent être portées.

Vuide, tant plein que vuide. On ſe ſert de cette expreſſion pour dire peupler de ſolives un plancher, enſorte que les entrevoux n'occupent pas plus d'eſpace que l'épaiſſeur des ſolives. On dit auſſi d'une façade de bâtiment, qu'elle eſt *eſpacée tant plein que vuide*, quand les trumeaux ſont de même largeur que les croiſées. Enfin *tirer au vuide, pouſſer au vuide*, ſe dit d'un pan de mur qui ſe deverſe, & qui ſort de ſon à plomb.

Zig-zag ou ZIGZAC, *terme de Méchanique.* A la Machine de Marly, les balanciers qui communiquent le mouvement aux corps de pompe, depuis la riviere juſqu'au haut de la montagne, forment une eſpece de *zig-zag.*

Zocle ou SOCLE. Eſpece de petit piédeſtal ou dé quarré, qui ſert de ſoubaſſement à une ſtatue, un vaſe, &c. *Voyez* au mot Socle.

Zone, *terme de Géométrie.* Eſt la partie de la ſurface

d'une sphere terminée par la circonférence de deux cercles paralleles.

ZOOPHORE ou FRISE, *terme d'Architecture.* On nommoit ainsi, en grec, la frise d'un Ordre de colonnes, parce qu'elle étoit autrefois chargée de représentations d'animaux mêlés d'ornemens. *Voyez* au mot FRISE.

F I N.

CATALOGUE

des Ouvrages de M. BELIDOR.

Nouveau Cours de Mathématique à l'usage de l'Artillerie & du Génie, où l'on applique les parties les plus utiles de cette Science à la théorie & à la pratique des différens sujets qui peuvent avoir rapport à la guerre, *in-*4°. avec 34 planches, nouvelle édition. *Sous presse.*   15. liv.

Le Bombardier François, ou nouvelle Méthode pour jetter les bombes avec précision ; avec un Traité des Feux d'artifice, *in* 4°.

La Science des Ingénieurs dans la conduite des travaux de fortification & d'architecture civile, *in-*4° grand papier.   24 liv.

'Architecture hydraulique. *Premiere Partie.* Qui contient l'art de conduire, d'élever & de ménager les eaux pour les différens besoins de la vie. En deux volumes *in-*4°. grand papier, avec 100 planches.   40 liv.

'Architecture hydraulique. *Seconde Partie.* Qui comprend l'art de diriger les eaux de la mer & des rivieres à l'avantage de la défense des places, du commerce & de l'agriculture. En deux volumes *in-*4°. grand papier, enrichis de 120 planches.   50 liv.

Petit Dictionnaire portatif de l'Ingénieur, où l'on explique les principales parties des Sciences les plus nécessaires à un Ingénieur. *in* 8°,   3 liv. 12 s.